松本隆晴 著

汲古叢書29

明代北辺防衛体制の研究

汲古書院

目次

第一章　明代前期の北辺防衛と北京遷都　3
序　3
一　永楽元年変革の北辺衛所配備　4
二　永楽・宣徳年間の北辺衛所の変遷　9
三　成祖構築の北辺辺防策の不備　12
四　北辺辺防策の補塡　16
結　25
第二章　宣徳・正統期の文官重視と巡撫・総督軍務　29
序　29
一　宣徳期の祖法のいきづまりと督撫の出現　29
二　税糧の総督と巡撫　32
三　文官鎮守の出鎮と巡撫　36
四　総督軍務の出現　40

五　文官による軍政掌握の背景　45
結　48

第三章　宣徳・正統期の官員推薦制と「会官挙保」　53
序　53
一　明初の銓選　54
二　保挙令の変遷　56
三　京官への推挙　64
四　内閣の人事権掌握　67
結　73

第四章　明代の武挙と世襲武官　78
序　78
一　明初の武官任用法　79
二　宣徳・正統年間の武官任用法の変革　85
三　天順八年の武挙法　92
四　武挙の確立　98
結　106

第五章　余子俊の「万里の長城」とその失脚　110
第一節　余子俊修築の「万里の長城」試論　110
序　110
一　余子俊修築の辺墻　111
二　成化年間頃の北虜による延綏侵寇状況　116
三　成化年間前期の延綏情勢　126
四　成化八年頃の軍餉問題と辺墻修築案　134
五　辺墻修築の経済的効果と軍事的成果　136
結　144
第二節　宣大総督余子俊の失脚について　149
序　149
一　失脚にいたる経緯　150
二　余子俊批判の内容　155
三　辺鎮の腐敗構造　161
結　164
第六章　明代中期の寧夏鎮の乱　166

第七章　翁万達と嘉靖年間の馬市開設問題　177
序　177
一　翁万達の宣大総督としての治績　178
二　翁万達の「併守」案と辺備修飭　181
三　明中期の北虜朝貢貿易　187
四　嘉靖年間の俺答「求貢」の性格　197
五　馬市開設における翁万達の役割　204
結　209

第八章　明中期北辺防衛史考——「北虜」との関係を中心にして——　218
序　218
一　明代北辺防衛史の時代的区分　219
二　明中期における北辺防衛の展開　223

付論一　明代中都建設始末　260
序　260
一　中都造営の規模　261

二　中都の意味　269
三　中都建設の政治的意図　273
四　中都の縮小化　277
結　280
付論二　明代屯田子粒統計の再吟味——永楽年間を中心にして——　284
序　284
一　永楽初年の屯田子粒総額について　285
二　成祖の屯田科則改定の意図　291
三　屯田子粒額激減の背景　295
結　305
付論三　『元史』の編纂意図について　310
序　310
一　『元史』の編纂経緯　311
二　編纂の時機と纂修官　313
三　『元史』の編纂意図　320
結　327

6 明代北辺地図 330
あとがき 331
索　引 1

明代北辺防衛体制の研究

第一章　明代前期の北辺防衛と北京遷都

序

靖難の変の戦乱を経た一四〇二年、燕王朱棣が明朝第三代皇帝として即位した。成祖永楽帝である。彼は北京に遷都し、明朝の全盛時を出現させた皇帝と評されてきた。盛時とされる主な指標は、成祖の積極的な対外進出政策に負うところが大きい。中国史上突出した事件とされる鄭和の七回に及ぶ南海遠征、モンゴルに対して皇帝自ら軍を率いて出征したいわゆる五出三犂、さらに張輔等による安南遠征、東北ヌルカン都司の設置や西北哈密への進出等、いずれも成祖治世中に行われた。確かに太祖洪武帝の外交政策に比べれば、成祖は前記のように対外進出に邁進していて、華々しい成果を獲得している。したがってこの観点からも成祖は太祖の忠実な後継者ではなく、元の世祖クビライの再来を自認していたとも言われ、あるいは元王朝のような世界帝国の再興を目指していたともされる。(1)

しかし成祖の北辺防衛策を検討していくと、北京に最も近い北辺の大寧や大同・宣府では、軍備力配置の上で地域的に後退させている。それは大寧都司の全ての衛所と山西行都司に所属した約半数の衛所の内徙によってもたらされたものである。この退縮は、同じ成祖の対外政策のなかで、必ずしも積極的とはいえず他と矛盾した側面をみせる。

そして北京遷都と密接な関連があると思われ、また洪武時代と異なる別の政治的原理によって実行されたとも考えられる。いずれにしても成祖の北京遷都と北辺防衛策はつぎの宣徳・正統年間だけでなくある意味で明後期まで、政治・経済・軍事等の各分野で大きな影響を与え続けた。本章では主に永楽と宣徳年間に焦点をあわせて明朝前期の北辺防衛問題について若干の私見を述べたいと思う。

一　永楽元年変革の北辺衛所配備

洪武末年までに形成された明側の北辺防衛拠点は、東側から順次、遼東都司（遼陽）・北平行都司（大寧）・北平都司（北平）・山西行都司（大同）・山西都司（太原）・陝西都司（西安）・陝西行都司（甘州）と布列されるが、その骨格が組上がったのは洪武二十年（一三八七）以降のことである。洪武二十年は、馮勝・傅友徳・藍玉等がモンゴル遠征を果たし、那哈出（ナガチュ）が明側に投降した年である。これらを受けて北辺の防衛体制の構築が本格化した。(2)

遼東都司では、洪武二十年から二十三年にかけて開原付近に三万衛、鉄嶺衛・遼海衛等の諸衛が設置され、二十五年に太祖第十五子の遼王が広寧に就藩し、(3)二十六年に広寧七衛が置かれ、(4)遼東の守備体制が布かれた。

北平行都司は、洪武二十年九月に大寧中・左・右の三衛と会州・木楡・新城等の衛を配下にもつ大寧都司として発足した。(5)翌年北平行都司と改名した後、二十六年に営州前屯衛等の四屯衛が創設され、(6)また二十六年に太祖第十七子の寧王が大寧に就藩した。そして二十九年になると、元の旧上都の地にあった開平衛の周辺に、開平五屯衛がおかれ、いずれも北平行都司の管轄下に入った。

山西行都司では、それまで白羊城にあったが、洪武二十五年八月に大同に移治した。そして二十六年に『太祖実録』

洪武二十六年二月辛巳の条に、

> 置大同後衛及東勝左・右・陽和・天城・懐安・万全左・右・宣府左・右十衛于大同之東、高山・鎮朔・定辺・玉林・雲川・鎮虜・宣徳七衛于大同之西、皆築城置兵屯守。

とあり、十七衛を大同の西と東に置き、山西行都司は旧来の衛に加えて合計二十六衛まで増強がおこなわれた。また二十五年に大同に第十三子代王が、二十八年には宣府に第十九子谷王が就藩した。

陝西行都司は、はじめ河州衛（臨夏県）におかれ、洪武十二年荘浪衛（永登県）に移り、二十六年に甘州衛に再移し、甘州諸衛および粛州衛・山丹衛などを管轄し、寧夏から粛州嘉峪関までの防衛を使命とした。そして二十五年に第十四子粛王が甘州に就藩した。

以上洪武末年までに、東から開原・遼陽・大寧・開平・雲川・東勝・寧夏・荘浪衛・嘉峪関の各地を結ぶ北辺防衛の前線が形成されることになった。

靖難の変を経た永楽年間では、北辺地域に設置された各都司とその衛所の配置について、遼東都司・山西都司・陝西都司・陝西行都司は、原則的に洪武末年の配置を継承している。それに対し、北京に近い北平行都司と山西行都司は永楽元年に大きな変動がみられた。つぎの表は『明史』巻四十及び四十一の地理志、正徳『大明会典』巻一百八、兵部によって、その状況をまとめたものである。

北平行都司

大寧中衛	洪武二十年置	永楽元年二月徙京師、直隷後軍都督府
会州衛	洪武二十年置	永楽元年廃
大寧前衛	洪武二十年置	永楽元年二月徙京師、直隷後軍都督府
新城衛	洪武二十年置	永楽元年廃

富峪衛	洪武二十四年置	永楽元年二月徙置京師、直隷後軍都督府
楡木衛	洪武二十年置	永楽元年廃
全寧衛	洪武二十二年置	永楽元年廃
営州左屯衛	洪武二十六年置	永楽元年三月徙治順義県、属大寧都司
営州右屯衛	洪武二十六年置	永楽元年三月徙治薊州、属大寧都司
営州中屯衛	洪武二十六年置	永楽元年三月徙治平谷県、属大寧都司
営州前屯衛	洪武二十六年置	永楽元年三月徙治香河県、属大寧都司
営州後屯衛	洪武二十五年置	永楽元年三月徙治三河県、属大寧都司
興州左屯衛	洪武中置	永楽元年二月徙治玉田県、直隷後軍都督府
興州右屯衛	洪武中置	永楽元年二月徙治遷安県、直隷後軍都督府
興州中屯衛	洪武中置	永楽元年二月徙治良郷県、直隷後軍都督府
興州前屯衛	洪武中置	永楽元年二月徙治豊潤県、直隷後軍都督府
興州後屯衛	洪武中置	永楽元年二月徙治三河県、直隷後軍都督府
開平衛	洪武中置	永楽元年二月徙衛治京師、四年還旧治、属直隷後軍都督府、宣徳五年遷治独石堡
開平左屯衛	洪武二十九年置	永楽元年廃
開平右屯衛	洪武二十九年置	永楽元年廃
開平中屯衛	洪武二十九年置	永楽元年二月徙治真定府、直隷後軍都督府
開平前屯衛	洪武二十九年置	永楽元年廃
開平後屯衛	洪武二十九年置	永楽元年廃
興和千戸所	洪武三十年置	永楽元年二月直隷後軍都督府、二十年徙治宣府衛城
寛河千戸所	洪武二十二年置	永楽元年二月徙治遵化県、属大寧都司
宜興千戸所	洪武三年置	永楽元年廃

山西行都司

大同左衛	洪武二十五年置	三十五年罷、永楽元年九月復置、七年徙治鎮朔衛城
大同右衛	洪武二十五年置	三十五年罷、永楽元年九月復置、七年徙治定辺衛城
大同前衛	洪武七年置	

大同中衛	洪武二十五年置	後罷
大同後衛	洪武二十六年復置	
陽和衛	洪武二十六年置	
鎮虜衛	洪武二十六年置	永楽元年二月徙治北直畿内、直隷後軍都督府、宣徳元年還旧治、正統十四年、徙治天成衛城
玉林衛	洪武二十六年置	永楽元年二月徙治北直畿内、直隷後軍都督府、宣徳元年還旧治、正統十四年、徙治旧定辺衛城
雲川衛	洪武二十六年置	永楽元年二月徙治北直畿内、直隷後軍都督府、宣徳元年還旧治、正統十四年、徙治旧鎮朔衛城
高山衛	洪武二十六年置	永楽元年二月徙治北直畿内、直隷後軍都督府、宣徳元年徙陽和城衛同治
天成衛	洪武二十六年置	
鎮朔衛	洪武二十六年置	永楽元年二月徙治北直薊州、直隷後軍都督府
定辺衛	洪武二十六年置	永楽元年二月徙治北直通州、直隷後軍都督府
宣徳衛	洪武二十六年置	後廃
東勝左衛	洪武二十五年置	永楽元年二月徙治北直盧竜県、直隷後軍都督府
東勝右衛	洪武二十五年置	永楽元年二月徙治北直遵化県、直隷後軍都督府
万全左衛	洪武二十六年置	洪武三十五年徙治山西蔚州、永楽元年二月徙治通州、直隷後軍都督府、尋還故治
万全右衛	洪武二十六年置	洪武三十五年徙治山西蔚州、永楽元年二月徙治通州、直隷後軍都督府、永楽二年徙治徳勝堡
宣府左衛	洪武二十六年置	洪武三十五年徙治保定、永楽元年二月直隷後軍都督府、宣徳五年還旧治
宣府右衛	洪武二十六年置	洪武三十五年徙治定州、永楽元年二月直隷後軍都督府、宣徳五年還旧治
宣府前衛	洪武二十六年置	永楽元年二月直隷後軍都督府
懐安衛	洪武二十六年置	永楽元年二月直隷後軍都督府
懐来千戸所	洪武三十四年置	永楽十五年改為懐来左衛、明年曰懐来衛、直隷後軍都督府

この表から、つぎのような点が指摘できる。

①永楽元年、大寧の北平行都司は完全に放棄されて、北京南方の保定に大寧都司として遷徙された。

②永楽元年、山西行都司の約半数以上の十二衛所は、北京周辺に内徙された[7]。

③永楽元年、内徙された北平行都司の十衛一千戸所と山西行都司の十二衛は後軍都督府の管轄下に入った。

④永楽元年、北平行都司の八衛と一千戸所が廃止された。

北辺からの北京周辺への大規模な衛所内徙と一部衛所の廃止は、洪武末年の防衛体制から地域的後退を意味し、北京が北辺防衛の前面にたったことになる。また『太宗実録』永楽元年二月辛亥の条に、

以燕山左・燕山右・燕山前・大興左・済州・済陽・真定・遵化・通州・薊州・密雲中・密雲後・永平・山海・万全左・万全右・宣府前・懐安・開平・開平中・興州左屯・興州右屯・興州中屯・興州前屯・興州後屯・隆慶・東勝左・東勝右・鎮朔・涿鹿・定辺・玉林・雲州・高山・義勇左・右・中・前・後・神武左・右・中・前・後・武成左・右・中・前・後・忠義左・右・中・前・後・武功中・盧竜・鎮虜・武清・撫寧・天津右・寧山六十一衛、梁成・興和・常山三守禦千戸所、倶隷北京留守行後軍都督府。

とある。永楽元年二月庚戌三日に北京留守行後軍都督府が設立されると[8]、翌辛亥四日に六十一衛がそれに編入され、編入された衛に北辺から内徙された十九衛が記載されている。この点から判断すると、大寧都司と山西行都司の半数以上の衛内徙は、成祖政権成立直後の不安定な情勢に対する緊急処置の意味も含めて、成祖の支持基盤である北京を防衛するための兵力増強であった[9]。そして国内における皇帝権力の強化に役だてようとしたのである。

一方、宣府地域に布置していた宣府前衛・懐安衛等が北京留守行後軍都督府に編入され、北京留守行後軍都督府が宣府防衛を直接指揮し、山海関から薊州を経た宣府まで北辺防衛を担うようになった。しかし北京と北辺が近接したことは変わりなく、新たな永楽元年の北辺防衛体制は国防上重大なる問題を生じさせたと思われる。その問題を考察する前に、永楽から正統末に至る北平行都司及び山西行都司の管轄下にあったこの地域の衛所配置の変化を確認しておきたい。

二　永楽・宣徳年間の北辺衛所の変遷

まず北平行都司は、大寧都司と再び改称されて、永楽元年（一四〇三）に北京南方の保定に従った。それは、保定左衛・保定右衛・保定中衛・保定前衛・保定後衛・営州左屯衛・営州右屯衛・営州前屯衛・営州後屯衛・寛河千戸所の九衛一千戸所で構成されていた。その後永楽七年に茂山衛が加えられた以外、永楽・宣徳・正統年間では、大きな変動はみられない。また旧所の大寧地域も放棄したままであり、基本的に成祖による永楽初年の処置が固定化したと考えられる。

北平行都司の管轄地であった宣府地域における洪武末年の前線の衛所配備は、永楽年間に変動がみられた。それはわずか開平衛と興和守禦千戸所にすぎないが、北辺防衛問題を検討していく上で注目すべき出来事と考えられる。興和守禦千戸所については、『明史』巻四十、地理志に、

興和守禦千戸所…〔洪武〕三十年正月置所。永楽元年二月直隷後軍都督府。二十年為阿魯台所攻、徙治宣府衛城、而所地逐虚。

とある。この記事から興和守禦千戸所は洪武三十年に設置され、永楽元年に北京留守行後軍都督府に隷することになったとわかり、成祖のモンゴル親征の拠点として重要視された。『明通鑑』永楽二十年三月乙亥の条に、

阿嚕台復大挙寇興和、殺守将都指揮王喚。

とある。永楽二十年に興和守禦千戸所が阿魯台に攻略され、守将の都指揮王喚が戦死するという事件が起きた。この影響であろう、永楽二十年に興和は宣府衛城に内徙することになり、興和旧址は廃墟となった。これによって「地を

棄てること、蓋し二百里」に及んだという。(10) 興和失陥が直接的契機となって、成祖の第三次親征に繋がったことは後述する。

開平衛は独石の北三百里に位置するかつての元朝上都の地にあり、(11) 北平行都司に所属していた。『太祖実録』洪武二十九年八月庚寅の条に、

置開平左・右・前・後四屯衛指揮使司。

とあり、開平衛に付随して開平四屯衛が開設されたとわかる。これらに中屯衛を加えた(12)五屯衛が洪武二十九年に置かれた。それら開平地区の衛所は、前述したようにすべて永楽元年に一旦内徙されるか廃止された。ただ開平衛だけは、永楽四年に京師から旧処に再徙し復設されていたことが、『太宗実録』永楽四年二月壬申の条に、

復設開平衛、命兵部以有罪当戍辺者実之。

とある記事からわかる。この時、開平五屯衛の再設置や復徙は行われなかった。したがって兵力の規模からすると、モンゴルに対する軍事的威圧は洪武時代に比べれば弱く、前哨的基地としての性格であったと思われる。また北方に三百里突出した開平衛への、軍餉補給を主とする支援体制に問題が起き、その永続性にも不安がつきまとった。そしてこの開平衛も後述のように成祖親征の拠点基地として利用された。興和守禦千戸所と開平衛は大同・宣府から北に突出した位置にあり、洪武末年の北辺守備体制からすれば、この両者だけではこの地域の恒常的守辺兵力としてはきわめて弱体であったし、開平衛の復設をもって、洪武末年の北辺防衛体制の復活とはとてもいえない。

長城線内の大同・宣府地域には、永楽年間に増設や復徙があった。それは永楽二年の隆慶右衛の設置、永楽七年の内徙していた鎮朔衛と定辺衛の旧処への復徙、永楽十五年の懐来左衛と保安右衛の設置等である。恐らく北京防衛の緊急性が緩和されていくに従い、永楽元年の北辺防衛体制で手薄になった宣府・大同地区の兵力を補完していこうと

する意図であったと思われる。

つぎに短い洪煕をへた宣宗治世の宣徳年間（一四二六〜一四三五）をみていきたい。『明史』巻四十一、地理志によると、内徙されていた玉林衛・雲川衛・鎮虜衛の三衛が、宣徳元年に旧処に再び移され、やはり内徙されていた高山衛が陽和に移り、陽和衛と同治となった。高山衛以外は、いずれも大同からみて長城外西北方面に位置していた諸衛である。これら三衛の復活の直接的な目的については、史料上明確にできないが、この地域への衛所復活計画は永楽四年頃からあったらしい(13)。ただ開平地区と同じようにその兵力は洪武末年と比べると、この地域に東勝諸衛および高山衛が布置していないだけに弱体であったことは否めない。また寧夏と連動してオルドス防衛にも重要な役割を担わせようとしたと思われる。なお、これら玉林衛・雲川衛・鎮虜衛は土木の変が起きた正統十四年に内徙する結果となった。

一方、宣徳年間の開平衛については宣宗が、この衛への軍餉補給問題の深刻化した中で維持しようと腐心した。しかし宣徳五年に至って『国榷』宣徳五年四月戊寅の条に、

遂棄開平。……自大寧徙、興和廢、開平孤立、無可犄角。宣徳中乃棄之虜、横亙三百余里。而移衛于独石城。

とある。開平衛は大寧と興和の連携を失い孤立したため、後退して長城線上の独石に移った。さらに『宣宗実録』宣徳五年六月壬午の条に、

置万全都指揮使司。時関外衛所皆隷後軍都督府。上以諸軍散処辺境、倅有緩急無所統一、乃命于宣府立都司。……宣府等十六衛所皆隷焉。

とある。開平衛の独石後退の二ヶ月後、長城内宣府地域に散処していた衛所は統一がとれないとして、万全都司を宣府に設立したことがわかる。所属した衛所は開平衛の他に、万全左衛・万全右衛・宣府前衛・宣府左衛・宣府右衛・

懐安衛・隆慶左衛・隆慶右衛・保安衛・竜門衛・保安右衛・蔚州衛・永寧衛・懐来衛・興和千戸所等である。[14]いずれの衛所も後軍都督府から切り離したもので、宣府左衛と宣府右衛はそれまで北京周辺に内徙していたが、それを宣府地域に復帰させている。このようにして永楽初期からの指揮系統を変えて万全都司が独立し、大同の山西行都司と並立して北辺の前面に立って防衛することになったわけである。しかし開平の地は完全に放棄したわけではない。万全都司では軍士を編成し、春と秋に交互に開平に巡行させ前哨基地としての役割を維持しようとしたことが注目される。

以上検討してきたことを整理したい。永楽末年まで長城外の防衛前線の拠点は、開平の復徙がみられたが、おおむね永楽元年に実施した戦力配備に大きな変化はなかった。また成祖政権成立直後の緊急性が薄れたのであろう、大同・宣府地域の軍事力を回復させようとする動きもあったが、洪武末年に形成された北辺防衛体制からすればまだ弱体であり、地域的にも三百里後退し、それに北京に京師を置いたことも留意すれば、成祖は北辺防衛策の大転換を永楽元年に果たしたといえる。宣徳年間では、元年に大同西北部に玉林衛等三衛を復徙した。そして五年に開平衛の宣府への内徙が実行され、万全都司が後軍都督府から独立して宣府に設立された。その際、内徙していた宣府左衛と右衛がやはり宣府地域に復徙している。この時点で永楽元年に内徙した山西行都司の衛所は、大部分が大同・宣府地域に戻されたのである。このような宣宗による諸衛の復徙策は洪武末年体制の復帰を目指すのではなく、成祖の北辺策の継承を根幹とした軍事的修整にすぎないと考えられる。なぜなら北京の実質的京師化、北辺諸王の勢力削減策[15]、大寧地区の放棄、軍事力配備の地域的退縮等は永楽年間と変化がなく継続されたからである。

三　成祖構築の北辺辺防策の不備

永楽元年に成祖が構築した北辺防衛体制は、以下の点を考慮すると国防上大きな欠陥があったと思われる。その第一の理由は永楽十九年に果たされた北京遷都である。明初の京師選定問題は多くの史家が述べているので[16]多言はいらないが、洪武元年に太祖が南京を京師と定めた後、華北に遷都する動きがあった。洪武年間にのぼった京師候補地は、中都・汴梁・洛陽・北平・関中であった。その中でも有力なものは中都[17]と汴梁及び関中[18]で、とくに関中は洪武二十四年頃まで、皇太子標の主動で西安遷都が推進されていた[19]。有力候補地のいずれの位置も黄河流域までで、それが北限である。その中で北平は洪武二年に「或言、北平元之宮室完備、就之可省民力者[20]」と候補地にあげられたが、その後有力な候補地とはならなかった。主な理由は、黄河よりもさらに北にあるその地理的位置であったと思われる。『明経済文編』巻六十三、為修飭武備以防不虞事疏に、

　太宗文皇帝、嗣承大業、遷都北平。密邇胡虜、其于武備、尤為注意。

とある。成祖が北平に遷都したため、胡虜の境域に密邇し、武備に尤も注意する必要があると撰者の馬文升は述べている。また、『大学衍義補』巻一百五十四、四方夷落之情中に、

　臣按、……自秦・漢以来、建都于関中・洛陽・汴梁。其辺圉皆付之将臣。惟我朝都于幽燕、蓋天子自為守也。前此都此者、若金、若元皆夷也。而夷居於近夷之地、将以臨中国而内侵也。而我朝則居中国之尽処、而北臨辺夷、我之所以控而制之者、固重而要。而彼之所以来而侵者、亦速而近、所以思其患而預為之防者、比漢・唐尤宜倍加意焉。

とある。撰者の丘濬は、秦・漢以来、歴代の王朝は京師を関中・洛陽・汴梁に置いた。異民族王朝の金と元は燕の地に京師を置いたが、それは彼らの居住地区に近い地を選んだにすぎない。漢民族王朝で辺夷に近接した中国の「尽処」の燕を選択したのは、我が王朝（明）のみであり、したがってその防衛が重要である。北京が京師であるため、夷の

侵入が国家中枢部に速く近づくため、漢・唐に比べれば倍の軍事的留意が必要だと指摘している。黄河を北に越えた北平を京師とするには、夷の地に近すぎたのである。にも関わらず成祖は永楽元年北平を北京とし、永楽四年に北京の宮殿造営に着手し、永楽十八年宮殿が完成すると、正式に北京を京師と定めた。成祖は即位から十九年後に北京遷都を行ったが、一連の政治的動向を考えれば、北京遷都は永楽初年からの既定方針であったと思われる。北平を北京として国家中枢の地位に据えたことにより、国家中枢部が北辺と近接することになり、軍事的危機が増大したのは当然であろう。

つぎの理由は既述した永楽元年の大寧都司と山西行都司の軍事力を北京周辺に徙し、それによって主力防衛拠点を長城線まで後退させたことである。『明経済文編』巻三十八、璽書録序に、

国家建都北方、控制胡虜為近。自都城至居庸不百里、至独石不数百里、即虜境。

とある。国家が北京に建都して、胡虜の控制を天子は居所の近くで行った。京師北京から居庸関まで百里もなく、独石までは数百里もないとし、その北は虜境となるとして北辺が京師に近すぎると示唆している。また『昭代経済言』巻九にある陳建の「建都論」に、

幽燕形勢、自昔称雄、会通漕運、今日頗便、建都宜矣。然北太近□、南太遠越、北距塞不二百里。……苟辺圉不固、則胡騎疾馳、自潮河川・古北口、一日可至城下。

とある。北京は「塞」に隔たること二百里もなく、北京周辺の守りが強固でなければ、胡騎は潮河川や古北口から疾駆して一日で北京に到達できると陳建は指摘している。国家中枢の地に「一日」に到達できる北辺と北京の地理的関係は、北辺の退縮によって生じたものであり、まさに軍事的弱点であった。今述べてきたことを考慮すれば、北京の占める比重が政権として大きいだけに、永楽初年から重大な国防上の問題が発生していたといえるであろう。

事実、朝鮮側の根本史料である『李朝実録』の太宗九年十一月甲戌の条に、

　時通事孔明義回自北京言、韃靼軍去京不遠、皇都危窘。西北面都巡問使亦上言、人有自遼東来言、王師畏韃韃、盡入城堡。

とある。永楽七年（太宗九年）十一月の記録で、この年に約十万を率いた明将丘福が本雅失里（ベンヤシリ）にモンゴル高原で惨敗を喫していた。その余波と思われるが、モンゴル軍が北京周辺に出没していた。北京から帰国した朝鮮の通事は、北京が「皇都危窘」という軍事的危機状態になっていたと報告している。また翌永楽八年正月のこととして、『李朝実録』太宗十年正月癸未の条に、

　義州通事李竜自遼東還言、遼兵一万赴北京、遇達達軍於山海衛、与戦大敗、死傷過半。遼東自正月初二日、厳兵城守昼夜不懈。

とある。遼東への道筋で北京東北方の軍事的要衝である山海衛にモンゴルが侵攻し、明軍は「大敗し、死傷するものが過半」に達していた。このような状況は、永楽七・八年当時北京は正式な京師ではなかったが、京師とすべく宮殿造営をすでに始め、また成祖政権興起の地であり基盤でもあった点も含めば、成祖にとって深刻な事態であったに違いない。「皇都危窘」となったのは、夷に近い地理的位置と、永楽元年に退縮した新防衛線によって、モンゴルは容易に北京周辺に侵攻できたことにある。これは北京防衛に軍事的欠陥があったために生じた現象であると判断したい。宣徳五年に成った永楽年間の根本史料である『太宗実録』は、北辺防衛問題に関しては意識的に明側の不利な記録を隠蔽しているので[21]、前記『李朝実録』記事に対応した明側の証言が見いだせないのが遺憾である。さらに永楽二十年の記録である『李朝実録』世宗四年五月辛巳の条に、

　賀節日使呉陞・馬籍、賚進官許晐等回自京師言、達達布満遼東・広寧・山海衛等処、掠奪不已。……伝聞北京以

北及西北甘粛等処、皆被其害。三月二十二日皇帝親率大軍北征。

とある。興和が犯された頃、遼東・広寧・山海衛にはモンゴル軍が「布満」し、さらに北京以北や西北・甘粛まで、モンゴルの侵寇を受けていた。これらは、北京京師体制のもつ軍事的危険性の除去が容易でなかったことを示す。

北京の京師定都は漢民族王朝では前例がない。これをもって成祖はモンゴルへの積極的な軍事的控制の根拠地化を意図したと解釈される場合がある。しかし、大寧都司と山西行都司の半数の衛所を北京付近に内徙し、防衛線を三百里後退させた。この点をみれば、成祖が対モンゴル防衛に関して積極政策を必ずしも採っていたわけではなく、むしろ消極的な姿勢であったと判断できる。つまり北辺防衛が内部に対する北京京師体制の強化、あるいは成祖政権の基盤強化のために犠牲になったのであり、結果として明朝政府は常に国防上の危機を内包することになった。

永楽二十二年成祖は楡木川で死去し、その後に即位した仁宗は再び京師を南京に移す決定をした。背景に、永楽年間の北京造営や成祖北征に代表される膨大な出費の重圧があった。財賦を東南に仰ぎ、その漕運に依存する北京京師体制では財政悪化をくい止めることはできないと判断したのである。つぎの宣宗は治世中、仁宗の南京定都に公式には反対の意志を表明しないままに、南京に向かおうとはしなかった[22]。逆に宣徳年間、北京が実質的な京師として位置づけられた。したがって永楽年間に抱えていた国防問題は、前述したように宣宗も成祖の北辺防衛構想を継承していたことを加味すると、宣徳年間においても同様な危機を孕んでいたと考えてよいであろう。

四　北辺辺防策の補塡

北京京師体制を布けば、国防上大きな問題を引き起こすことは予見できたであろう。その上成祖は北辺防衛の第一線を後退させれば、問題はさらにより深刻化し、軍事的欠陥ともいえる状況が起こりうることも予見できたはずである。成祖はその問題をいかに補塡したであろうか。想起されるのは、五度に亘る成祖のモンゴル親征であるし、宣徳年間では成祖の北京京師体制を継承した宣宗の三度に亘る北辺「巡辺」である。それらを順次述べると、

＊永楽　七年　丘福のモンゴル遠征
永楽　八年　第一次モンゴル親征
永楽　十二年　第二次モンゴル親征
永楽　二十年　第三次モンゴル親征
永楽二十一年　第四次モンゴル親征
永楽二十二年　第五次モンゴル親征
宣徳　三年　第一次巡辺（兀良哈親征）
宣徳　五年　第二次巡辺
宣徳　九年　第三次巡辺
＊正統　十四年　英宗の親征（土木の変）

となる。まず成祖による一連の親征の経過について簡単に述べたい。

第一次親征は、直接的には永楽七年の丘福による北征の失敗に起因している。成祖は撫諭に応じないタタールの本雅失里に対して、丘福を大将軍に任じ十万余の軍勢を授け遠征させた。丘福は部隊を軽進させたこともあってケルレン河畔で大敗し戦死した。この失態回復を計って成祖は翌八年二月、五十万の軍を結集して興和より出塞し、五月にはオノン河岸で本雅失里軍を捕捉し撃破した。そのまま東行して翌六月興安嶺で阿魯台を征討し、七月に開平経由で

北京に帰還した。

第二次親征は、今度はオイラトに対する遠征であった。それは永楽十二年三月に五十万の軍勢を擁して北京を進発し、四月に興和で部隊を整え、六月に北進してオイラト軍と会戦し破った。この時明軍も痛手を受けて追撃できず、そのまま興和を通って八月初めに北京に帰還した。

第三次親征は、永楽二十年三月に阿魯台が興和を犯すや、直ちに同じ月に進発した。開平を経て七月にフルンノールの北の殺胡原に達したが、阿魯台軍は遠くに逃れており遭遇を果たさず、九月に北京に戻った。

第四次と五次の親征は、阿魯台を捕捉すべく永楽二十一年、二十二年と連続して敢行された。第四次は二十一年七月に北京を出たが、遠遁した阿魯台の消息がつかめず、宣府付近で数ヶ月過ごし十一月に北京に帰還したし、第五次は二十二年四月に北京を発って、阿魯台を目指したがやはり捕捉できず、成祖は七月に帰路楡木川で死去した。

以上が、永楽年間に果たした明側からモンゴルに対する遠征である。明蒙関係に限って親征を大局的にみると、モンゴル民族の分裂と分立を促し、彼らの統一を阻み、それらによって明に対する軍事的脅威を和らげ、モンゴルの明北辺への侵寇を防ぐためであったとするのが通説である。(23) 成祖はこの五度の親征によってモンゴル地域の主導権を一応確立することができたが、戸部尚書夏元吉の失脚事件でもわかるように、その戦備の調達も膨大で財政的危機をもたらした。成祖のこのような大規模なモンゴルへの皇帝親征は前例がなく歴史的にも突出した出来事であったといえる。

つぎに宣徳年間の「巡辺」についてみてみよう。第一次は、宣徳三年八月丁未から翌九月癸酉までの二十七日間で、薊州方面への巡辺であった。第二次は、宣徳五年十月丙子から同月壬辰までの十七日間で、大同方面の洗馬林までであったし、第三次は、宣徳九年九月癸未から翌十月丙午までの二十四日間、第二次と同じ洗馬林までの出巡であった。

『宣宗実録』宣徳三年八月癸巳の条に、

上御奉天門、召公侯伯五軍都督府都督諭之曰、……朕将因田猟親歴諸関、警飭兵備、卿等整斉士馬以俟。

とある。宣宗は田猟を行いながら、「兵備を警飭」するための巡辺であったと述べている。また『宣宗実録』宣徳九年九月己亥の条に、

上曰、朕比来飭辺備耳。非為捕虜、且嘗遣人撫虜矣。

とあるように、「兵備を飭」することと「撫虜」が強調されている。巡辺は、皇帝による北辺の軍備視察を主要目的としていたのである。したがって一見、宣宗の対モンゴル防衛策は成祖と異なって守辺に偏重したとも受け取れる。確かに成祖の北虜親征に比べると、その距離と期間及び兵力は遙かに見劣りする。さりとて宣宗の対モンゴル防衛意識が守辺に偏重していたと断ずることはできない。第一次巡辺では、途中から大寧方面に南入していた兀良哈（ウリヤンハ）に対する親征に切り替えられ、会州まで進軍した(24)。第三次では途中からモンゴルへの親征に切り替えるよう進言した武官もあらわれ議論された(25)。つまり巡辺は軍事的威嚇が大いに含まれていたといえる。また『宣宗実録』宣徳二年九月丙申の条に、

勅鎮守山西都督李謙及都司・布政司・按察司曰、近有人自虜中回言、韃寇蜂屯飲馬河、簡閲壮夫健馬、似図南侵。……寇至堅壁清野、勿与之戦使彼無所得。朕将親率六師按辺待之、必勦滅乃已。

とある。宣徳二年九月、タタールが飲馬（ケルレン）河で軍馬を集中させて南侵を図っているのではないかとの北辺からの情報があり、これに宣宗は自ら六師を率いて迎え撃とうと親征が練られていたのである。さらに『宣宗実録』宣徳四年三月丁卯の条に、

勅都督僉事史昭・趙安、率平涼・荘浪・西寧・鞏昌・岷州・臨洮・洮州・河州八衛官軍、還原衛備禦。先是、兀

良哈・韃寇余孽侵掠永平・山海、上欲親率兵勦之。命昭等率八衛原選操随征官軍赴京。至是、兀良哈三衛大小頭目親来朝貢、上以虜既帰誠、遂勅昭等各回衛備禦。

とある。宣徳四年、兀良哈とタタールが永平や山海を侵掠した。宣宗は平涼等の西北の八衛を京師に集中させ、まさに親征しようとしていたのである。これらの親征計画があったことを交えて宣宗の三回の巡辺を考えると、皇帝自ら軍を動かし、モンゴルから北辺を守ろうとした意図がわかる。それは成祖の親征と本質的に同じ方針であり、同じ性格であった。『殊域周咨録』巻十七、韃靼に、

按、宣廟在位十年、巡辺者四、故虜不敢窺隙、其振揚威武、後世莫継。

とある。巡辺の「四回」とあるのは三回の誤りである。厳従簡は宣宗の巡辺が北虜の侵入の動きを封じる効果があったと論じている。さらに鄭暁の『皇明北虜考』序に、

靖難之后、臚朐挫跌、五師不還。文皇赫怒、仗鉞四征、雖嘗蹂虜庭、降名王、俘其輜畜、而我之財力亦已大窘。至于末歳、猶議勤兵、廷臣力阻、上意益堅、司徒匏系于掖庭、本兵雉経于私第、楡木之変、雖悔曷追。宣宗時出近郊、大蒐講武、喜峯之役、薄伐山戎而已。

とある。鄭暁は、最初に成祖の親征を、つぎに宣宗の巡辺が威武のためであることを述べて、両者がもつモンゴルへの対応の同質性と連続性を認めた形で議論している。またこの史料から、親征による永楽末以来の経済的危機が大きな要因で、宣宗が「巡辺」とし、出動軍を小規模にとどめようとしたとする主張も汲み取れる。

成祖の親征と宣宗の巡辺は、明朝の他帝にみられない定期的ともいえる行動で、この時期の北辺防衛策の一大特徴である。その目的は、夷に近接しすぎた京師北京と、北辺防衛前線にあった衛所の大部分を内徙させて生じた軍事的欠陥の補塡のためであったといえる。それは興和や永楽四年に旧処に再徙させた開平衛の役割を考察すればより一層

明確となろう。

まず興和と開平の役割に関して指摘できることは、塞外遠征の拠点として利用されたことである。丘福の出塞と第一次と第二次の成祖親征は興和を起点とし、第三次から第五次までの親征は開平を起点としている。つまり成祖は興和及び開平から直線的に北上して、モンゴルを東西に分断した後、タタール部及びオイラト部を撃つ方策を採用したことである。(26) 意図的にモンゴルの統一行動を阻むためで、興和と開平は北征軍の重要な中継基地や軍餉供給基地として使っている。この役割はつぎに述べる成祖の辺防構想の一部を成していたと思われる。

『北征録』永楽八年二月二十日の条に、

今滅此残虜、惟守開平・興和・寧夏・甘粛・大寧・遼東、則辺境可永無事矣。

とある。永楽八年の第一次親征中、宣府から宣平に移動した時、成祖がこの史料の撰者でもある侍講金幼孜に述べたであろう言である。(27)「残虜」はタタール部の本雅失里を指すが、これを撃破すれば開平・興和・寧夏・甘粛・大寧・遼東を守るのみで、北辺は「永く事無し」としたものである。直接的には宣平付近で発した言であるから、興和や開平の軍事的重要性を説いたものである。ただのちの明・清の史家達がこの言を引用重視していて、成祖の辺防構想の基本を端的に示していると思われる。『北征録』にある成祖が述べた守るべき北辺防衛線は、明らかに太祖が洪武末年までに建設したもので、永楽八年当時、遼東・寧夏・甘粛の各防衛拠点については確かに強固に維持されていたが、大寧・開平・興和地域は洪武末年と状況は激変している。

当時の大寧から大同西北の黄河近辺の東勝までは、前述したように興和と開平を残す以外、明側の防衛拠点は撤去されていた。『皇明職方地図』巻中、内三関図に、

五鎮図説、実録所記、洪武初以東勝・興和・開平・大寧為辺。永楽初以大寧・東勝諸衛所移入内地、以実京師、

に、

二地仍為辺。

とある。洪武時代は、東勝・興和・開平・大寧が北辺であった。永楽に入ると、大寧と東勝諸衛が内徙して京師に配転されたため、「二地」すなわち興和と開平が「辺」となったと述べている。また『皇明世法録』巻六十三、宣府鎮に、

成祖北伐還曰、滅此、惟守開平・興和・大寧・遼東・甘粛・寧夏、則辺境無虞。時、葢重興和、而宣府特為内防耳。

とある。陳仁錫は、その頃成祖は興和を重んじていて、宣府はただ「内防」にすぎなかった、と論じている。現実には「辺」となった興和は守禦千戸所であり、開平衛は単独だけで開平五屯衛は復活されずに存在していた。洪武末年に比べれば、戦力的には広大な地域に対し極端に劣る状況で、これからすれば防衛前線の維持は不可能に近い。『北征録』にある成祖の述べた辺防策は、ほとんど虚構であったといえる。

しかしつぎの二点に留意すべきであろう。(一)、北平行都司内徙後の大寧地域は『明史』が述べるように靖難の変後に兀良哈に与えられたのではなく、その南遷は景泰年間以降らしく、それまで永楽以降も兀良哈の南移を認めず、軍事的空白地帯であった。[28] (二)、宣府・大同地区の縁辺に、永楽五年から「出塞焼荒」策を開始した。焼荒とは、秋に縁辺の草原を焼き、放牧できないようにすることで、モンゴルの南牧を阻止することに目的があった。[29] この方策は、モンゴルを北辺に近づけないことに有効であったとみえ、以降継続して実行された。これら二点はいずれも、長城以北に軍事的空白地帯を設定しようとしたことであり、モンゴルの牧地との間に一定の地理的距離を保とうとするもので、成祖が実施した辺防策であった。成祖の辺防構想とは、大寧から東勝に至る長城外の衛所を京師周辺に内徙させ、ただ興和守禦千戸所と開平衛のみを前哨基地として置き、洪武末年の防衛前線を維持しようとしたことである。その

ため縁辺を無人化させ、それでもモンゴルが南入を図れば、皇帝自ら軍を率いて出撃するというものであった。成祖が親征にこだわったのは、成祖自身の志向もあるであろうが、天子の出塞という軍事的重みと、親征は大部隊の出動が可能であった点が重要な理由であろう。『皇明職方地図』巻中、辺鎮図表序に

蓋成祖所重在守開平・興和、則北虜可馭。

とある。成祖が開平と興和を重視した理由は、この両者を守れば北虜を馭せると判断したとしている。この議論は、興和と開平は成祖の辺防構想の根幹であるとの理解が背景にあるに違いない。永楽二十年の興和失陥は、成祖にとって衝撃であったろうし、辺防体制維持のために、二十年に始まる三次から五次に亘る連年の親征実行の重要な動機となったとしてもよいであろう。

そしてこの辺防構想は、宣宗も受け継いだ。前述した宣徳三年の第一次巡辺の際、宣宗による会州親征への切り替えは、大寧地区の設定した空白地帯を維持するために、ここに南移した兀良哈の掃討が主目的であった。さらに宣徳九年の第三次巡辺時に諸将が、宣宗に塞外へ出兵するよう進言した理由は、『宣宗実録』宣徳九年九月己亥の条に、

猟諸将密請於上曰、此外不百里、虜人常至。囲猟可出兵掩撃之。

とあるように、長城線の洗馬林から百里も北に至らない地域にモンゴルが常に出没するためであった。諸将の進言は実現しなかったが、成祖以来の長城以北の軍事的空白地帯維持構想があった故の主張と考えられる。

京営の設立も、欠陥ある北辺防衛体制と密接な関係があった。『明史窃』巻十二、軍法志に、

文皇時、五軍仍旧増置七十二衛、燕都去虜障僅百里、文皇常帥五府之軍北伐。師旋不即散還、五府遂乃結営。

とある。「燕都」すなわち北京は、「虜障」までわずか百里しかなく、そのため成祖は常に五府の軍を帥いて北伐した。北伐から帰還しても遠征軍を解散せず、結局「営」を結ぶことになったと述べている。京営の起源は成祖の親征の際、

それも永楽二十年頃から親征軍の編成を解かずに固定化して形成されたとしている。そしてそれが制度的に完成したのは、宣徳二年の班軍の制の導入によってであった(30)。つまり成祖が北辺防衛のために設けた京営は、その北辺策を継承したために宣宗が必然的に維持し完成させねばならないものであった。

そして宣徳五年に放棄した開平衛については、『宣宗実録』宣徳五年六月癸酉の条に、

初築独石・雲州・赤城・鵰鶚城堡完。上命兵部尚書張本往独石、与陽武侯薛禄議守備之方、勅禄曰、……馬歩精兵二千分為二班、令都督馮興総之、都指揮唐銘・卞福各領一班、自帯粮料更番往来開封（平）故城哨備。其各城堡守備軍数則独石二千、雲州・赤城各五百、鵰鶚三百倶于隆慶左・右二衛調発。如不足則以保安衛足之、其山海・懐来各衛留守、開平官軍悉令還衛。本復奏、自今犯罪充軍者、悉遣往実新立城堡。皆従之。

とある。開平衛を独石に内徙させた後、各二千の兵からなる二班によって、更番で開平故城へ往来させたのである。『宣宗実録』では宣徳八年まで更番を実行していたことがわかるが、その終焉はいつか不明である。宣宗は何とか開平の地を放棄せずに維持しようと腐心した。それは成祖以来、開平衛は辺防構想の根幹で、前哨基地としてきわめて重要とみなしたからに違いない。

永楽・宣徳期の辺防構想を考察してきたが、『明経済文編』巻六十四、為大修武備以予防虜患事疏に、

我太宗文皇帝、粛清内難之後、舎金陵之華麗、即遷都于北平、聚天下精兵于此。居重馭軽、睿意有在時征胡虜、出塞千里、胡虜畏服不敢南牧。其防禦之謀亦已深矣。

とある。撰者の馬文升は、成祖の親征によって、モンゴルは畏れて進んでは南牧しなかったとし、成祖の「防禦之謀」の深さを述べている。また尹耕撰の『塞語』出塞の項に、

我成祖之北伐也、兵連駕而不休、将屢捷而不止、誠先天下之計、為万世急其急也。永楽以後、虜勢浸微、望風北

遁、魯台之款継至、脱脱之貢恒陳、其時蓋懍懍乎日虞我師之至矣。……宣徳以後、絶策窮征、耀兵保境、於計得矣。而近日醜虜之生養愈繁。塞口之茶毒日甚。控弦鳴鏑、恣意南馳。蓋自虜嶺之役後、以鎮兵為不能戦。太原之掠之後、以雁門為不足険。永楽北伐之後、至今百五十余年、以中国為不復有出塞之師也。

とある。成祖の北伐は、「天下之計」を先取りしたもので、万世の急事を果たしたものである。そして後世まで明軍の来襲があるのではないかと、北虜が「懍懍」として恐れを抱き、明側に恭順であったとし、北虜防衛に効果的であったとしている。そしてその後の北辺での軍事的不振を思い、成祖親征ののちの百五十年間、「出塞之師」がないことを嘆き、成祖親征の辺防効果を尹耕は高く評価したのである。

永楽初年から始まった北京遷都への道は、北辺防衛体制に大きな変化を与え、それが史上名高い五度に亘る成祖親征を生み、つぎの宣宗の三回に亘る巡辺を生んだ。そして正統十四年（一四四九）の英宗親征と土木の変は、このような永楽以来の辺防構想の延長線上にあった結果だと考えられる。つまり九歳で即位した英宗は親征や巡辺を敢行できる年齢ではなく、またそれに代わるきわだった施策もなく、長い間北辺における明側の軍事的威圧をモンゴルに示せなかった。その間、也先（エセン）がモンゴル諸部族を統合し、漸次勢力を伸張させた。正統十四年に起こされた英宗の親征は、成祖や宣宗の北辺防衛策を復活させようとした行動ととらえた方がよいのではないだろうか。

結

永楽から宣徳末まで定期的ともいえる北辺への皇帝による北征や巡辺は、モンゴル側からみれば軍事的威嚇を受け、自らのモンゴル民族の統一を阻むものであったし、本格的に南に発展する環境が整えられなかった。明側から見れば、それが欠陥ある北辺防衛体制を軍事的に補塡していたのである。成祖を五度も大規模な親征に駆り立てた背景に、成祖が治世中北京遷都を課題としていたことも考えあわせると、北平行都司の内徙や山西行都司の諸衛所の内徙によってもたらされた防衛上の欠陥が重要な要素として入っていたと思われる。さらに宣宗は、仁宗の南京定都の決定を覆し、北京京師体制へと進めた最中にあって、宣宗自身による「巡辺」によってモンゴルへの軍事的威嚇を行い、やはり北辺防衛の欠陥を補塡したいとする意図が窺えるのである。

成祖の五出三犂や宣宗の巡辺に象徴される当時の北辺防衛策は、一見積極的にみえるが、大寧から東勝にかけて軍事力配置の退縮はあっても塞外における恒常的な防衛拠点を構築した形跡は殆どみられない。この点も含めば、漠北への進出意図を主とするよりも、国内における京師北京の実現を企り、その防衛を優先させた策であったと受け取れる。いずれにしても成祖の北京遷都と辺防策は、その後の明王朝権力を規制する重要な要素となったのである。

（1）宮崎市定「洪武から永楽へ―初期明朝政権の性格―」（『東洋史研究』二十七―四・一九六九年）のちに『宮崎市定全集』十三（岩波書店・一九九二年）に再録、宮崎市定『中国史』下（岩波書店・一九七八年）。

（2）洪武年間の北辺防衛体制の構築については、呉晗『朱元璋伝』（人民出版社・一九六五年）、和田清「明代の北辺防備」（『東亜史研究・蒙古編』東洋文庫・一九五九年）、田村実造「明代の九辺鎮」（『石浜純太郎博士古稀記念東洋学論叢』・一九五八年）、田村実造「明代の北辺防衛体制」（『明代満蒙史研究』京都大学文学部・一九六三年）等の研究がある。

（3）遼王の就藩した年と、以下に記す寧王・代王・谷王・粛王の就藩年は、『明史』巻一百～一百二の諸王表によった。

（4）『国榷』洪武二十六年正月丁巳の条。

（5）『太祖実録』洪武二十年九月癸未の条に、「置大寧都指揮使司及大寧中・左・右三衛、会州・木楡・新城等衛、悉隷之」とある。

（6）『太祖実録』洪武二十六年二月壬辰の条に、「置営州前屯衛於興州、右屯衛於建州、中屯衛於竜山県、左屯衛於塔山北」とある。

（7）『太宗実録』洪武三十五年九月甲辰の条に「命都督陳用・孫岳・陳賢移山西行都司所属諸衛官軍於北平之地。設衛移屯種、雲川衛於雄県、玉林衛於定州、高山衛於保定府、東勝左衛於永平府、東勝右衛於遵化県、鎮朔衛於薊州、鎮虜衛於涿州、定辺衛於通州、其天城・陽和・宣府前三衛仍復原処」とあり、『太宗実録』洪武三十五年十一月甲午の条に「以宣府所余官軍、設宣府左・右二衛、左衛於保定屯守、右衛於定州屯守」とあり、北辺諸衛の内徙は洪武三十五年（建文四）九月にはすでに行われていたことがわかる。

（8）『太宗実録』永楽元年二月庚戌の条。

（9）呉緝華「論明代北方辺防内移及影響」（『新亜学報』第十三巻・一九八〇年）、毛佩琦・李焯然『明成祖史論』（文津出版社・一九九四年）の毛氏撰述の「民族編」、趙立人「明代大同地区辺防体系的形成」（『大同史論精選』新華出版社・一九九四年）等。

（10）『皇明世法録』巻六十三、宣府鎮。

（11）『皇明職方地図』巻中、開平興和辺鎮図。

（12）『明史』巻四十、地理志、『畿輔通志』巻二十、府庁州県沿革五。

（13）『太宗実録』永楽四年九月癸未の条に「勅寧夏総兵官左都督何福曰、爾奏欲立東勝衛、此策甚喜須俟。鎮虜・定辺諸衛皆定、然後立之、則永遠無虞」とある。

（14）正徳『大明会典』巻一百八、兵部三。

（15）布目潮渢「明朝の諸王政策とその影響」（『史学雑誌』五十五－三・四・五・一九四四年）のちに『隋唐史研究』（東洋史研究会・一九六八年）に再録、晁中辰『明成祖伝』（人民出版社・一九九三年）、佐藤文俊「明代王府分封意図の変遷」（『明代王府の研究』研文出版・一九九九年）。これらの研究をもとにして考えると、洪武年間就藩した北辺諸王について、建文帝は靖難の変の間内地へ移住させたが、成祖もそれを継続して即位後も原処に戻さず、むしろ谷王・遼王・寧王を内徙させた。また諸王の護衛軍も削減している。このような措置はある意味で北辺防衛の弱体化を余儀なくさせ、つぎの宣宗以降も基本的に成祖の諸王策を継承したといえる。

（16）呉晗「明代靖難之役与国都北遷」（『清華学報』十～四・一九三五年）、檀上寛「明王朝成立期の軌跡－洪武朝の疑獄事件と

京師問題をめぐって―」（『東洋史研究』三十七～三・一九七八年）のちに『明朝専制支配の史的構造』（汲古書院・一九九五年）に所収、新宮学「初期明朝政権の建都問題について―洪武二十四年皇太子の陝西派遣をめぐって―」（『東方学』九十四・一九九七年）等がある。

(17) 拙稿「中都建設始末」（本書付論一）。

(18) 『今言』巻四に、「国朝定鼎金陵、本興王之地。然江南形勢、終不能控制西北。故高皇時已有都汴、都関中之意」とある。

(19) 新宮学前掲論文「初期明朝政権の建都問題について―洪武二十四年皇太子の陝西派遣をめぐって―」。

(20) 『太祖実録』洪武二年九月癸卯の条。

(21) 和田清「明初の蒙古経略―特にその地理的研究―」（『満鮮地理歴史研究報告』第十三・一九三二年）のちに（『東亜史研究・蒙古編』東洋文庫・一九五九年）に再録。

(22) 新宮学「洪熙から宣徳へ―北京定都への道―」（『中国史学』三・一九九三年）。

(23) 一方、萩原淳平氏は「明朝の政治体制」（『京都大学文学部紀要』十一・一九六七年）で、成祖の主要な親征目的は軍事力の中央集権化や運河や漕運の整備等の内治にあり、「親征こそ最も巧みな内治政策であった」という見解を述べられている。

(24) 『宣宗実録』宣徳三年九月癸丑の条と同年同月丁巳の条。

(25) 『宣宗実録』宣徳九年九月己亥の条。

(26) 和田清前掲論文「明初の蒙古経略―特にその地理的研究―」。和田清「兀良哈三衛に関する研究一」（『満鮮地理歴史研究報告』第十二・一九三〇年）のちに（『東亜史研究・蒙古編』東洋文庫・一九五九年）に再録。

(27) 『皇明職方地図』巻中、宣府辺図に「成祖文皇帝三犁虜庭、皆自開平・興和・万全出入。嘗曰、滅此残虜、惟守開平・興和・大寧・遼東・甘粛・寧夏、則辺境可永無事矣」とある。

(28) 清水泰次「大寧都司の内徙につきて」（『東洋学報』八～一・一九一八年）、和田清前掲論文「兀良哈三衛に関する研究一」。

(29) 毛佩琦『永楽皇帝大伝』（遼寧教育出版社一九九四年）、毛佩琦・李焯然前掲書『明成祖史論』、白新良・王琳・楊効雷『正統帝　景泰帝』（吉林文史出版社・一九九六年）。

(30) 青山治郎「明代における京営の形成について」（『東方学』四十二・一九七一年）のちに『明代京営史研究』（響文社・一九九六年）に再録。

第二章　宣徳・正統期の文官重視と巡撫・総督軍務

序

明宣徳・正統年間頃から、巡撫・総督軍務・参賛軍務等の明初に見られない文官の職務が出現した。[1]所謂「督撫」と称される者たちで、京官でありながら地方へ出巡出鎮して、その地の地方官や総兵官を指揮した。明末になると、朝廷は督撫に強大な権力を与え、国内外の危機に対応しようとした。結局、明朝は滅亡するのだが、督撫の果たした役割は大きい。本章では主にその宣徳・正統年間の出現時代を中心に論じたいと思う。

一　宣徳期の祖法のいきづまりと督撫の出現

明の太祖は、洪武元年（一三六八）に元朝を駆逐して明王朝を創建した。建国当初は、元朝の官制を踏襲したが、徐々に改めて明王朝独自の色彩を強めていった。とくに洪武十三年に発覚した胡惟庸の獄を契機に、官制の大改革を断行し、歴朝最も強固な皇帝権だと云われる専制支配体制を確立した。[2]

官制の大改革とは、まず中書省及び丞相を廃して政務を六部（尚書・正二品）に帰せしめた。つぎに軍事を総括する都督府は、五軍都督府（都督・正一品）に分割し、それに応じて国軍を五つに分けた。権力を一官衙、一官職に集中させることを避けたものである。地方制度においても、当初、元朝の軍・民を統括した行中書省を継承したが、やはり洪武九年から十三年にかけて、民政を司る承宣布政使司（布政使・従二品）、地方軍とその軍政を司る都指揮使司（都指揮使・正二品）、監察を司る提刑按察使司（按察使・正三品）の三司を並立させ、この間にこれらを統率する官衙官職を設けずに、布政司と按察司は皇帝に直接隷し、都司は都督府の指揮を通じて皇帝に隷することになり、このようにして三司は中央に帰属することとした。

以上が改革の概要であるが、明代官制の基本的骨格にもなった。その特徴は、元以来の丞相専横の根源を除く目的として、軍・民を問わずそれぞれにおける諸官衙を統括する機関を設けなかった事と、地方でもこれもまた元朝で、軍・民を統括できた行中書省が、分権化の傾向を帯びたのにたいして、それを防ぐために三司を並立させたことであろう。いわゆる、皇帝親政体制である。さらに宋代に確立した文官優位の原則に反し、都督と六部尚書、都指揮使と布政使の品秩を比べても分かるように、文官は武官よりも低く抑えられていて、武官優位に設定されていることも特徴としてあげられる。武官と文官との関係は、『菽園雑記』巻三に、

国朝建置之初、一切右武、如五軍都督、官高六部尚書一階。在外都司・衛所、比布政司・府州県官亦然。……故国初委任権力、重在武臣、事無不済。

とある。武官は中央・地方ともに、品秩は文官よりも上位とされ、権力を武官の方に重く委任しようとしたためだと述べている。宋の軍事最高機関である枢密院が文官によって構成されたの(3)に対して、明代の五軍都督府はまったく武官のみによって構成され、その統率下にある地方の都指揮使司を含めて文官が軍事から締め出されていた。宮崎市定

氏は、「武官を尚び、文官を賤しめる風は、その後長く明の朝廷に残っていたのであり、それは太祖の政策に由来する」[4]と指摘している。軍事情勢が緊迫した折、武官が文官を圧倒することはよくある現象だが、太祖は制度的にも武官を優待したのである。

このような明初の国家体制を、太祖自身が『太祖実録』洪武二十八年九月庚戌の条に、

祖訓一編立為家法、俾子孫世世守之。……永為遵守、後世敢有言改更祖法者、即以為姦臣論、無赦。

と述べ、きびしく「祖訓・祖法」の遵守を子孫に要求し、変革を禁じた[5]。また歴代の後継者も「祖法」の遵守が建前となり、制度上太祖の根本方針を改更することは忌避した。

にもかかわらず宣徳年間以降になると、内閣大学士が明初の軽職から重職の銜を持ち、事実上の丞相として国柄を掌握した。武官と文官の関係も、『明史』巻九十、兵志・衛所に、

世猶以武為重、軍政修飭。正徳以来、軍職冒濫、為世所軽。内之部科、外之監軍・督撫、畳相弾圧、五軍府如贅疣、弁帥如走卒。総兵官領勅於兵部、皆跽、間為長揖、即謂非礼。

とある。『明史』によれば、正徳頃から武官は軽く見られるようになり、中央の五軍都督府は兵部に、地方では「監軍・督撫」すなわち鎮守太監や添設された文官がなる総督軍務と巡撫に武官が対抗できず、文官の風下に立たざるを得なかったとしている。ここに洪武・永楽の明初の体制が、時代の流れに対応して変動した跡が見られる。ではどのような経緯を経て変動したのであろうか。とくに地方で武官を「畳相弾圧」したという督撫の出現を中心に論を進めていきたい。

二　税糧の総督と巡撫

督撫とは、万暦『大明会典』等の政書類で、総督軍務あるいは提督軍務や巡撫等を総称している用語である。しかし元来は各々別に出現した官職であった。

巡撫については、鄭曉『今言』巻二に、

巡撫之名、実始於洪武辛未。是年勅遣皇太子、巡撫陝西也。

とある。巡撫の名称は、洪武二十四年、皇太子標が、新たなる京師候補地選定の命を受けて陝西地方へ巡回した。その時に巡撫と称したのが始まりだという。その後、永楽・洪熙年間に、数回にわたって巡撫が中央から地方に出巡したが、栗林宣夫氏が論考されたように、あくまで短期の常駐性のない巡行の性格であった(6)。それが宣徳五年に地域的に広範囲で常駐性のある複数の巡撫が派遣されるようになった。『宣宗実録』宣徳五年九月丙午の条に

陞行在吏部郎中趙新為吏部右侍郎、兵部郎中趙倫為戸部右侍郎、礼部員外郎呉政為礼部右侍郎、監察御史于謙為兵部右侍郎、刑部員外郎曹弘為刑部右侍郎、越府長史周忱為工部右侍郎、総督税糧。新江西、倫浙江、政湖広、謙河南・山西、弘北直隷府州県及山東、忱南直隷蘇・松等府県。先是、上謂行在戸部臣曰、各処税糧多有逋慢、督運之人少能尽心。姦民猾胥為弊滋甚。百姓徒費、倉廩未充。宜得重臣往莅之。於是命大臣薦挙、遂挙新等以聞。悉陞其官分、命総督。賜勅諭曰、今命爾往総督税糧、務区画得宜使人不労困輸不後期、尤須撫恤人民扶植良善、遇有訴訟、重則付布政司・按察司及巡按監察御史究治、軽則量情責罰、或付郡県治之。

とある。「総督」として、趙新は江西に、趙倫は浙江に、呉政は湖広に、于謙は河南・山西に、曹弘は北直隷及び山

東に、周忱は南直隷の蘇・松等の府州県に派遣され、その広がりは全国的規模であった。『明督撫年表』によれば、その後、周忱は南直隷で二十二年間、于謙は河南・山西で十九年間、曹弘は北直隷及び山東で十年間、趙新は江西で十年間、呉政は湖広で九年間、趙倫は浙江で三年間在任した。周忱や于謙の例は特別の長期駐在で、その後に例もない。『国権』宣徳五年九月丙午の条に、趙新等六人を「総督」に任命した記事のあとに、

朱睦㮮曰、巡撫之設、即成周以王朝卿出監之意也。洪・永之際、或曰採訪、或曰巡視、事已即還。宣徳庚戌、乃置専職、其遷転亦以年資深浅計也。

と朱睦㮮の意見を引用している。それは、洪武・永楽期の巡撫は「採訪」「巡視」を主とし、職務を遂げればただちに還った。趙新等六人の「総督税糧」の出巡を指して、常駐性のある地方官的性格を持つ「専職」の巡撫とみなし、したがって巡撫が専職となったのは、宣徳庚戌五年のことだとしたのである。ただし前掲史料『宣宗実録』は「巡撫」と称さず「総督」としている。『宣宗実録』でこれら総督を「巡撫」と記述しているのは、半年後の翌六年正月である(7)。また同記事によれば、税糧の逋負、運輸の停滞、姦民及び狡猾胥吏の弊が派遣理由となっていて、民政に関わるものが主であった。『宣宗実録』宣徳五年正月戊午の条に、

行在刑部都察院劾奏、天下来朝布政使・按察使・府州県等衙門官曠職、税糧逋負八千余万石、公事不完、以数万計。今皆朝覲而来、請付法司治罪。

とあり、数年間にわたるものであろうが、未納税糧が八千万石に昇っていた。当時の年間税糧が三千万石程であったのに比べれば、未納税糧が三倍弱にあたる。それにこの統計は、当時の布政司を初めとする府州県等の地方の徴税機構が充分に機能を果たしていなかった結果ともいえるであろう。このような事情が総督派遣の背景にあった。そして趙新等六人は、正五品の六部郎中、正五品の王府長史、従五品の六部員外郎、正七品の監察御史の官職にあったもの

を、全員正三品の六部侍郎に超擢している。(8) 楊士奇の『東里続集』巻二十八、故通議大夫資治尹吏部右侍郎鄭君墓碑銘に、

宣廟臨御於用人、尤甚重廷臣三品以上、有欠必命衆僉挙。

とある。宣徳年間、宣宗は三品以上の廷臣（京官）を格別に重んじていたとしているから、総督を重臣とするために意図的な超擢であったといえる。

ところで、税糧を督するための京官派遣は、この宣徳五年九月が最初ではなかった。一年前の宣徳四年八月のこととして、『宣宗実録』宣徳四年八月丙子の条に、

命行在工部右侍郎羅汝敬、都察院左僉都御史李濬、大理寺右少卿傅啓譲、鴻臚右寺丞焦循、郎中趙新・胡添祺、員外郎張鑑・呉傑、往蘇・松・浙江・江西等処、督運糧賦。汝敬等陛辞、上諭之曰、比来有司徴収多弊、輸納違期、今命爾等往督之。

とある。羅汝敬・李濬・傅啓譲・焦循・趙新・胡添祺・張鑑・呉傑等八人が、税糧徴収と輸納を督するため、蘇・松・浙江・江西等の地方に派遣されていた。この派遣の結果については定かでないが、さしたる成果を上げたとは思えない。というのは、翌宣徳五年の趙新等六人の総督派遣が、これとほぼ同じ職務を持ち、地域的にも重なって発動され、さらに任命した人物も一部重複しているので、一年未満の短期で任を全うせずに解かれたと推測される。さらに工部侍郎羅汝敬を除く他の七人は、大理寺少卿・鴻臚右寺丞・郎中・員外郎等の五品と六品という総督と比べて低い品秩の官であったことも考慮に入れられよう。

この羅汝敬等の派遣を考慮に入れると、宣徳五年の趙新等六人が、当初総督として派遣されたのが、半年後までに巡撫とみなしたかあるいは巡撫に任命された意味も理解できる。つまり、それまでの宣徳年間に出巡した巡撫は、洪

熙元年の大理卿（正三品）胡概、宣徳二年の隆平侯張信と戸部尚書（正二品）郭敦、宣徳五年の工部侍郎（正三品）許廓等がいる。いずれも臨時的な措置と思われ、のちにみられる本格的な巡撫制の成立とはいえない。しかし任地で巡撫は、三司（布政司、都指揮司、提刑按察司）と「計議」するとしながらも実質的な指揮をして諸政に当たっており、強い指導力を握っていた。[12] 宣徳四年の羅汝敬等の税糧を督す任が成果を上げ得なかったのは、巡撫のように三司と「計議」し指揮する権限がなかったからであろう。その意味で宣徳五年に任命された総督は、三司との関係で曖昧にされていたため、これまでの胡概・郭敦・許廓等の巡撫に比べて京官の品秩は同様に高くても、やはり当初の職務に限界があったと思われる。そのために半年後の宣徳六年の正月までに巡撫としたのではないかと考えるのである。

このようにみていくと、巡撫は宣徳期に増大した未納税糧の深刻化に伴い、その催糧を主務とする「総督税糧」が巡撫となり、地方に常駐し始めたと考えられる。それならば、従来の布政使以下の地方官と巡撫との関係も確認しておかなければならない。ただ宣徳・正統年間の両者の関係を述べた明確な史料が管見のところない。二十年ほど経た景泰三年頃のこととして、『英宗実録』景泰三年十月庚戌の条に、

太僕寺少卿黄仕儁……仕儁又言、巡撫之官皆朝廷重臣、故三司所行、多被掣肘。

とある。「朝廷の重臣」である巡撫が三司を掣肘していて、任地で事実上の地方長官の役割をはたしていたことがわかる。この状況は、宣徳末年に既に巡撫が布政使等を考察していた点を思えば、[13] 宣徳末年までには三司を指導下に置いていたと考えることができる。なお、確かに巡撫は京官に在籍していて、権威を持っていただろうが、布政使も従二品という高官で巡撫よりも官位は高い。しかも洪武の時、六部尚書と均しく重んぜられてもいたのである。[14] 巡撫が京官であっただけでは三司を掣肘しえた説明にならない。『菽園雑記』巻二に、

査（用純）云、巡撫与御史、各領勅書行事。

とある。御史とは、巡按御史のことであろう。その御史は、明初から、やはり中央から地方へ監察の任務をもって派遣された官である。[15]その御史と巡撫は、勅書を領して「事を行」ったとわかる。巡撫の大枠の職務は勅書によって示されていたのである。また『明実録』によれば、巡撫等の京官在籍の添設職を任命する場合、ほぼ勅書を与えているのが確認できる。[16]当然で述べる必要がないことであろうが、巡撫は京官であると同時に勅書を領していたのである。

三　文官鎮守の出鎮と巡撫

前述したように、巡撫は主に民政を担当した。任地が軍事的緊張の緩やかな腹裏であったことも、それを裏書きしている。しかし宣徳十年になると軍事的緊張地帯へも出巡した。『明史』巻一百五十九、李儀伝に、

英宗即位之歳、始設諸辺巡撫。

とある。宣徳十年正月に英宗は即位し、その時から、巡撫はそれまでの内地から、辺境にも配置されたという。『明実録』によれば、宣徳十年十二月に、行在都察院右僉都御史の李濬が「廷臣の推挙」を受けて遼東巡撫となった例[17]と、正統二年四月に右僉都御史李儀が宣府大同巡撫となった例[18]等がある。宣徳十年以前、宣徳七年に羅汝敬が陝西巡撫になっており、[19]したがって正統初に巡撫が北方の遼東、及び宣府・大同と陝西の三処にいたわけである。北方の巡撫は、それまでの内地の巡撫と異なり、土地柄からして辺務と密接な関係があったに違いない。ちなみに李儀は宣府・大同の屯種糧儲も提督した。

巡撫の他に宣徳十年には文武大臣に任命した鎮守も出鎮した。『英宗実録』宣徳十年正月辛丑の条に、

上命廷臣会挙文武大臣、鎮守江西・湖広・河南・山東。於是太師英国公張輔・少傅兵部尚書兼華蓋殿大学士楊士

奇等、会挙都督同知馮斌、都督僉事武興・韓僖・毛翔、戸部侍郎王佐・李郁、副都御史賈諒、監察御史王翺以聞。遂陞翺行在都察院右僉都御史、同興鎮守江西。翔・諒鎮守湖広。僖・佐鎮守河南。斌・郁鎮守山東。賜勅諭之曰、今命爾等前去各処鎮守地方、撫綏人民、操練軍馬、遇有賊寇生発、随即調軍勦捕、城池坍塌、随即撥軍修理。

とある。武臣と文臣が組となって、江西には都督僉事武興と行在都察院右僉都御史王翺が、湖広には都督僉事毛翔と副都御史賈諒が、河南には都督僉事韓僖と戸部侍郎王佐が、山東には都督同知馮斌と戸部侍郎李郁が、それぞれ鎮守に任命されている。文官の鎮守はこの時より始まった。監察御史の王翺は、わざわざ京官の行在都察院右僉都御史に抜擢されているのを見れば、巡撫と同様に、鎮守も京官に在籍し、しかも三品以上（ただ、王翺の抜擢された官位は正四品）をめどにしていたと考えられる。史料中の勅によれば、操練軍馬、調軍勦捕、城池修理等の職務が鎮守に与えられた。いわば軍務に力点が置かれた職務で、この点が同じ一時の職務でも税糧等の民政主体のこれまでの巡撫の職務と異なる。さらに『英宗実録』宣徳十年三月辛巳の条に、

陞行在兵部武庫司郎中徐晞為本部試右侍郎、浙江按察司副使陳鎰為行在都察院右副都御史、行在山西道監察御史羅亨信為行在都察院右僉都御史。復都指揮陳忠・栄貴職、陞府軍前衛指揮朱通・魏栄倶為指揮僉事。倶賜以勅書、命晞与通往臨洮・鞏昌・洮州・岷州、鎰与都督同知鄭銘鎮守陝西、亨信与栄往平涼・荘浪・河州・西寧、忠与貴往寧夏、各提督所属衛所官軍・土軍操練。

とある。やはり武官と文官が組となって、臨洮・鞏昌・洮州・岷州に行在兵部試右侍郎徐晞と指揮僉事朱通が、陝西には行在都察院右副都御史陳鎰と都督同知鄭銘が、平涼・荘浪・河州・西寧には行在都察院右僉都御史羅亨信と指揮僉事魏栄が、寧夏には都指揮使の陳忠と栄貴が赴任し、所属衛所軍士と土軍の軍操練を「提督」させた。陳鎰と鄭銘の「鎮守陝西」とする以外は、鎮守とは称していない。ただ武官の陞任とともに、文官はみな行在兵部試右侍郎（正

三品）・行在都察院右副都御史（正三品）・行在都察院右僉都御史（正四品）等の京官に抜擢されている。これらも前述の王佐・李郁・賈諒・王翺等の文官鎮守と同じ性格の軍務主体の職務であり、鎮守とみなしてもよいと考えられる。

宣徳十年鎮守派遣の特徴の一つは、武官と組となって赴任していたことである。その理由を考えてみたい。

『英宗実録』正統三年九月庚戌の条に、

行在兵部言、比者僉都御史金濂奏、欲如甘粛事例於寧夏設行都司、以理軍政。其辺務、則専責鎮守総兵等官。

とある。軍政は都司や総兵官等の武官が担当していたとわかる。それ故に、文官鎮守の派遣は武官の領域へ介入することになり、明初の規定と異なることになる。武官の立場からすれば、文官によって自己の職務が侵越され、大いに不満があったと思われる。文官鎮守は任地で武官の抵抗や摩擦があると想定されたためであろう。最初、文官鎮守がどこまで主体的にこれら軍政関係に関与できたかは定かでないが、いずれにしても文官の地方軍規模への積極介入が、武官鎮守と文官鎮守の組による同時赴任の意図に違いない。文官優位へ向かっての一段階であるし、一方途であると受けとめたい。

ところで万暦『大明会典』巻二百九、都察院・督撫建置に、

国初、遣尚書侍郎・都御史・少卿等官、巡撫各処地方、事畢復命、或即停遣。初名巡撫、或名鎮守。

とある。「初めは巡撫と名いい、或いは鎮守と名いう」としている点から、巡撫と鎮守は同一のものと解釈される。また『万暦野獲編』巻二十二、巡撫之始に、

其名或云巡撫、或云鎮守。後以鎮守既有総兵、又有内監、以故文臣出鎮、不復有鎮守之称、但称巡撫。

とある。これも『大明会典』と同様に、巡撫と鎮守は同じだと解釈できる。しかし文官鎮守は、巡撫と別に存在したと考えられる。その理由は次の二点ある。

第一は、宣徳十年の文官鎮守は前述したように、江西・湖広・河南・山東・陝西に出鎮した。その時、湖広では呉政が巡撫として在任中であり、江西では趙新が、山東では曹弘が、河南では于謙が、陝西では李新が巡撫として在任していて、巡撫と鎮守は地域的に重複し、しかも別人が出鎮しており、巡撫と鎮守は同一の官職とは考えにくい。

第二は、文官鎮守は、比較的早く任を解かれた者が多い。王翶は三年、賈諒は二年、李郁と王佐は一年で解任され、その後の出鎮は正統末年までない。ただ陝西鎮守は、陳鎰・王文・羅汝敬等が交互に継続して出鎮した。(20)『英宗実録』は正統年間頃まで、多少の混用例があっても、基本的には文官の鎮守と巡撫を分けて記述している。

以上の点から、巡撫と鎮守は切り離して別個のものと考えるべきであろう。また前掲史料の『万暦野獲編』は、文官鎮守は、鎮守総兵官や鎮守太監が出鎮していて、紛らわしいために「鎮守」と称さず、単に「巡撫」としたと述べている。天順以降『明実録』に文官鎮守官の記事が消える。文官の鎮守職が存在しなくなったのであろうか。そうではなくて、巡撫官に文官鎮守の職務を統合したと理解すべきかも知れない。『英宗実録』景泰六年六月丙子の条に、

都察院左副都御史馬謹巡撫河南陛辞、勅之曰、……命爾往彼巡撫地方、撫安軍民、提督操練軍馬、整搠器械、禁防寇窃、遇有城池損壊、即加修理、盗賊生発、即調官軍相機勦捕。

とある。巡撫河南の馬謹に与えた勅書は、宣徳十年に初めて文官鎮守に与えた勅書ときわめて近似している。操練軍馬・賊寇勦捕・城池修理等の職務は全く同じである。やはり、前年の景泰五年五月に右副都御史馬昂に巡撫広西に任命した勅書も、(21)宣徳十年の鎮守任命の勅書と酷似している。この点を考慮してみると、文官鎮守と軍事的緊張地帯に任命された巡撫とは職務上近接せざるを得ず、両者の職務は事実上、区別しがたいものになったのではなかろうか。鎮守太監・鎮守総兵官と呼称の上で紛らわしいという理由もあったろう。それよりも巡撫の職務が拡大し、文官鎮守を必要としなくなったため、両者を巡撫に自然と統一されるようになったと解釈したい。

四　総督軍務の出現

「督撫」と総称された中に入る総督軍務や提督軍務は、専ら軍務を担う文官の添設官であった。他に参賛軍務・賛理軍務等も軍務を専らにした。それらも宣徳十年頃から出現した。これを『明実録』によって正統の中頃まで、主だった例を任命順に列挙すればつぎの如くなる。

○宣徳十年(22)
六月、兵部試右侍郎徐晞の甘粛参賛軍務
十月、行在戸部左侍郎王佐の甘粛提督軍餉
十一月、行在兵部侍郎柴車の甘粛整飭辺備（参賛軍務）
○正統元年(23)
二月、僉都御史郭智の寧夏参賛軍務
五月、右僉都御史曹翼の甘粛提調兵備
○正統二年(24)
五月、兵部尚書王驥の甘粛辺務
　刑部尚書魏源の大同整飭辺備
十月、兵部左侍郎柴車・右僉都御史曹翼・羅亨信の甘粛参賛軍務

○正統三年(25)

正月、右僉都御史金濂の寧夏参賛軍務

○正統五年(26)

二月、右僉都御史曹翼の甘粛参賛軍務

十二月、右僉都御史丁璿の提督雲南各衛所官軍操練

○正統六年(27)

正月、右僉都御史盧睿の寧夏参賛軍務

　兵部尚書王驥の総督軍務

六月、右僉都御史程富の甘粛参賛軍務

○正統七年(28)

六月、戸部侍郎焦宏の浙江整飭備倭

七月、礼部右侍郎侯璡の雲南参賛軍務

八月、兵部尚書王驥の雲南総督軍務

　右僉都御史曹翼の甘粛参賛軍務

十一月、右僉都御史王翺の遼東提督軍務

これら「参賛軍務」「整飭辺備」「整飭備倭」「提督軍務」「総督軍務」等の名を持つ文官も、巡撫や鎮守と同様に、京官在籍のままで出巡出鎮し、その職務の内容に応じてその名を違えた。『万暦野獲編』巻二十二、巡撫之始に、

　専制軍務有提督、有賛理、又重有総督。他如整飭辺関、提督辺関、撫治流民、総理河道等官。皆因事特設、而事

権則一也。

とある。「事に因って特設」したことがわかる。参賛軍務の名がみえないが、史料中の賛理（軍務）と同じ職務であろう。つまり参賛と賛理はともに同義で使用し、総兵官等の武官の軍務を補佐したと思われる。たとえば、正統十四年に副都御史羅通は「参賛楊洪軍務」に任ぜられ、楊洪の軍務を参賛した。史料は明瞭に述べないが、さきに列挙した宣徳十年と正統元年に参賛軍務に任命した事例は、

徐晞と柴車は総兵官の佩平将軍陳懋の参賛軍務(29)

郭智は寧夏総兵官史昭の参賛軍務(30)

であり、正統二年に参賛軍務に任命した事例も

柴車は総兵官任礼の参賛軍務

曹翼は副総兵将貴の参賛軍務

羅亨信は副総兵趙安の参賛軍務

であったと判断できる。(31)『明史』巻七十三、職官志に「巡撫の軍務を兼ねる者は提督を加えられ、総兵ある地方は、賛理或いは参賛を加えらる」とあり、明代中・後期の状況を述べたと思われるが、この原則が後代も継続されたことがわかる。

ところで参賛軍務について、『今言』巻二に、

参賛軍務者、始於洪熙元年。以武臣疎於文墨、選方面部属官、於各総兵官処整理文書、商権機密。於是有参賛・参謀軍務・総督辺儲。

とある。これによると、参賛軍務は、洪熙元年から始められた。それは各鎮の総兵官処に於いて、文墨に疎い武官を

補佐するため、方面部属官から選んで配属したという。しかし宣徳十年以降出現した参賛軍務と比較してみると、職名は同じだが、両者は原官籍が方面部属官と京官という大きな相違点がある。この違いについて『万暦野獲篇』巻二十二、参賛軍務之始で、「其事寄、非撫臣比」と述べ、地方官の参賛軍務は「撫臣」すなわち京官在籍の巡撫と比べられるほど重要な存在ではないと指摘している。それならば京官在籍の参賛軍務は、総兵官等の武官の下にあって、武官が本来実施すべき軍務を、武官に付して補佐担当したが、京官であることによってその格式は巡撫や鎮守と同程度まで高められ、総兵官への軍務に関する発言力を文官として増大させたといえる。文官の鎮守と異なった方途による文官の軍への介入が、京官在籍の参賛軍務の出現であった。それが宣徳十年頃から始められたのである。

つぎに提督軍務について述べる。正統五年右僉都御史丁璿が「提督雲南」になった例が最初期のもので、正統七年には右僉都御史王翺が遼東提督軍務となっている。のちに景泰年間に入って宣府・順天・永平・広西等に出鎮した。(32)

『英宗実録』正統九年七月丁卯の条に、

　勅提督遼東軍務左副都御史王翺、……朝廷以爾廉公有為、諳練兵務、特簡拔委任一応軍務、悉聴爾便宜処置。事干総兵鎮守官者、仍公同商権。

とある。王翺は一切の軍務を委任され、しかも王翺の判断によって裁決することを許された。そして総兵官にかかわる権限、すなわち軍指揮権についても、王翺は総兵官と同格に商権することができたわけである。参賛軍務にとどめられた職務と較べるならば、提督軍務は格段の権限上昇を果たした。『英宗実録』景泰三年十月乙卯の条に、

　命参賛宣府軍務右僉都御史李秉提督軍務。以巡按監察御史張鎣言、宣府重地宜如遼東・大同事例、隆其委任故也。

とある。参賛宣府軍務にあった李秉を、遼東や大同の例のようにその委任を隆めるために提督軍務に命じた。提督軍務は参賛軍務より重い権限を持っていたと判断できる。

さらに総督軍務については、『水東日記』巻五、総督軍務に、

総督軍務、自総兵官以下、悉聴節制。蓋始於王靖遠麓川之役、己巳多事以来、継之者衆矣。

とあり、『万暦野獲編』巻二十二、総督軍務に、

正統初、靖遠伯王驥以兵部尚書督師征麓川、始以総督軍務入銜。至景泰初、驥起為南兵書、又以総督軍務入銜矣。時于粛愍在本兵、亦称総督軍務。羅通以右副都御史守宣府、亦称総督軍務。

とある。二史料とも、総督軍務は正統六年の麓川遠征の際に、文官の王驥が就任し、武官の総兵官等を節制したのが初めてであったと述べる。王驥の例は文官が完全に武官を自己の管理下に置いた最初の例として重要であるが、あくまで遠征軍という短期間で限定された軍事行動を指揮したのにすぎなかった。『水東日記』は、己巳年すなわち正統十四年土木の変以降、総督となる者が多くなったとしている。『万暦野獲編』は、景泰年間に入って、于謙を兵部尚書にあって総督軍務に、羅通を宣府総督軍務に任じたと述べる。羅通は『英宗実録』によれば宣府提督軍務であって総督軍務ではない(33)。『明督撫年表』をみると、于謙の他に景泰元年から湖広・貴州、さらに両広等の各処に総督軍務が出鎮している。これが本格的な総督軍務の出現である。『英宗実録』景泰四年四月庚子の条に、

命都察院右副都御史馬昂、往両広総督軍務。……賜之勅曰、……今特授爾総督関防、往広東・広西総督軍務、所在総兵等官、並聴節制。所有一応軍務陞賞、悉従爾等便宜。

とある。両広総督軍務馬昂に与えられた勅に、一切の軍務の他に総兵官も自己の節制下に置くことができ、すべての軍務及び陞賞も自己の裁量によって決定することが許されたとある。『英宗実録』景泰元年正月丁亥の条に、

帝曰、于謙已総督軍務、即将権也。

とある。総督軍務は武官をおさえて軍指揮権をも有する職権まで持つようになったのである。このような本格的な総

督軍務出現の背景には、正統十四年、英宗が土木堡で也先（エセン）指揮下のオイラトの捕虜となり、京師の北京も攻囲されるという国家的な危機があった。明朝の受けた衝撃は大きく、兵部尚書于謙を中心に国軍への見直しが必要とされ、その結果、文官の総督軍務による武官の節制という文官優位が一段と進んだ。

五　文官による軍政掌握の背景

いわゆる「督撫」の出現状況を年代順に追っていくと、三つの節目を発見することができる。

第一は、始めて巡撫が常駐性のある地方官的性格を持った宣徳五年である。

第二は、巡撫や文官鎮守が軍事的緊張地帯の北方に赴任して辺務に関与し始め、さらに参賛軍務に京官在籍の者が出鎮し始めた宣徳十年である。

第三は、土木の変後に、総兵官をも節制下に置くことのできた総督軍務が、本格的に出現した景泰元年頃である。

第一と第三の節目は、時代背景を考えれば納得できよう。第二の宣徳十年は、なぜ文官が武官の領域に積極的に介入し始めたか、また介入しえたかは不明である。この点をもう少し考えてみたい。

当時、北辺ではモンゴルが蠢動を開始し、漸く辺患が起きていた。(34) これに対して明側の軍兵の志気、辺備ともに問題があった。『英宗実録』宣徳十年七月辛巳の条に、

巡撫河南・山西行在兵部右侍郎于謙言、……蓋因守辺将師及都司等官、皆有荘田、私役軍人播種。所役軍士衣装・餱糧倶欠。一遇声息警急、即調出征、豈不失機。甚至有貧婁之徒、剋減軍士月糧冬衣布。

とある。辺境の武官は私的な耕地（荘田）を持ち、そこに軍士を私役耕種させ、甚だしきは軍士の月糧及び冬の衣服

まで奪取したという。また『英宗実録』正統元年四月庚戌の条に、

兵部尚書王驥等奏、京衛及天下都司・衛所、近年以来、軍士逃亡、隊伍空欠、究其所由、皆因管軍官旗不知存恤。

とある。武官の酷使搾取に耐えかねた軍士が逃亡し、隊伍が空欠となっているという。しかも「京衛及天下都司・衛所」とあるように全国的範囲にみられていた。衛所の弛緩は国防上の危機を生む危険性があった。このような国軍衰退の原因については、別に詳細な研究が必要であろう。とにかくここに、統兵権を持たないながらも、巡撫・鎮守・参賛軍務という形で、文官が武官の領域に立ち入らないという「祖法」がくつがえされた時代的背景があった。ではなぜ宣徳十年なのであろうか。

まず、宣徳五年の総督（巡撫）任命の前掲『宣宗実録』記事では、大臣の推挙で人選が行われたことを留意せねばならない。また宣徳十年の鎮守の人選も、前掲史料でわかるように、武官は英国公張輔によって、文官は兵部尚書兼内閣大学士楊士奇等の推挙によった。文官の任命は従来の制度では、吏部が持った権限である。これらは常例に従わない官員推薦制による任官であった。『明史』巻七十一、選挙志に、

保挙者、所以佐銓法之不及、而分吏部之権。自洪武十七年、命天下朝覲官、挙廉能属吏始。永楽元年、命京官文職七品以上、外官至県令、各挙所知一人、量才擢用。後以貧汚聞者、挙主連座。蓋亦掌間行其法。然洪・永時、選官並由部請。

とある。保挙の淵源は、国初の洪武年間に遡れる。才ある者を七品以上の京官と布政使以下県令に至る地方官が、推挙し任官させる制度である。しかし保挙された者が、その任に堪えない者であった場合、挙主も連座したので、それを恐れて推選する者がいなかったのであろう、まれにしか行われず洪武・永楽はほとんど吏部による銓選によった。ところが、王圻『続文献通考』巻八十四、職官考・設官事例に、

〔景泰〕三年冬、吏部尚書王直・何文淵言、洪武・永楽間、銓選専隷吏部。宣徳・正統以来、始令大臣挙保。

とある。宣徳・正統年間から「大臣」による保挙が行われ始めたとしている。さらに『春明夢余録』巻三十四、吏部・保挙に、

楊文貞士奇在内閣日、所挙賢才、列中外者五十余人、皆能正己恤民。蓋取人必先徳行、而後才能、博詢於衆而信乃挙、不得者怨誹不恤也。此不愧大臣之義矣。保挙一事、三楊当国時、謂借以攫吏部之権、部意不平。

とある。楊士奇は積極的に保挙し、その数は「中外」に任命された者が五十余人にも達したという。『明史』巻一百四十八、楊士奇伝に、

又雅善知人、好推轂寒士、所薦達有初未識面者、而于謙・周忱・況鐘之属、皆用士奇薦。居官至一・二十年、廉能冠天下、為世名臣云。

とある。宣徳五年に総督税糧となった于謙や周忱も士奇の推選によったことがわかる。さらに前掲『春明夢余録』に「三楊当国の時」、三楊すなわち楊士奇とやはり内閣大学士であった楊栄・楊溥は、官吏銓選の権を持つ吏部の権限を、実質的に推選の制度によってとりあげ、自ら采配していたと述べている。「三楊当国の時」とは、内閣が国政の実権を握った時であろう。その時期を特定するには、内閣の沿革について簡単に触れねばならない。

周知のように、内閣大学士は、洪武年間の殿閣大学士が発展し、成祖永楽年間に皇帝の腹心となって機務に参与するようになった。しかし官秩は正五品にすぎず、六部尚書の正二品には遙かに及ばず、意図的に低くおさえられていた。権臣の出現を恐れての措置であった。つぎの洪熙年間になると、内閣大学士は、楊士奇が礼部侍郎を兼務したように、六部侍郎（正三品）の地位を兼務し、その地位はにわかに高められたが、威権は六部を制圧するほどではなかった。さらに宣徳年間に移ると、政務を内閣大学士に可否を参決させたことによって、権威はいよいよ高められたので

ある。[35] とくに宣徳十年正月、宣宗が死去した後として、『明史』巻一百四十八、楊士奇伝に、

宣宗崩、英宗即位方九齢、軍国大政関白太皇太后。太后推心任士奇・栄・溥三人、有事遣中使詣閣諮議、然後裁決。三人者亦自信、侃侃行意。

とある。英宗が九歳で即位したため、軍国太政関白の太皇太后が三楊に委任し、英宗皇帝とその太后に代わって、楊士奇等が大権を実質的に裁決していたとしている。その時、内閣の権威は頂点に達したと云ってもよい。したがって「三楊当国の時」とは、宣徳十年頃が頂点だと思われ、巡撫の北辺出巡、文官鎮守の出鎮、京官参賛軍務の出現等の時と一致する。吏部から人事権を奪い、実質的に国政を担当した楊士奇を首とする内閣が、文官による武官領域への積極的介入を推進させたとしてもよかろう。[36]

そもそも内閣大学士は、洪武・永楽期は低い地位であった。それが実質的に丞相の役割を担ったことは、明令にない超法規的な添設官的な性格を有したことになる。そして、明初の皇帝親政体制を崩したことにもなる。巡撫や鎮守も、明初の地方行政の骨幹である三司体制を崩すものであった。換言すれば、添設官的な内閣が、やはり巡撫・鎮守・参賛軍務等の京官在籍の添設官を生み、それを展開することによって全国の軍民を統制して行こうとしたのである。楊士奇は正統九年に死去したが、文官による武官統制を目指す流れは後世に継続されていった。総督軍務の誕生もその延長線上に位置づけられる。

結

一、巡撫制は、宣徳五年の「総督税糧」が、それまでに出現していた巡撫の三司を指揮できた職務を与えられて「専

職」となった時から始まり、当初は税糧等の民政を主に携わった。

二、巡撫に代表される「督撫」は、京官に在籍していることと、勅書を領していることが必要条件であった。

三、『万暦野獲編』や万暦『大明会典』によれば、巡撫と宣徳十年に出鎮した文官鎮守は同一の官のように記述するが、出現時は別個の添設された職であった。景泰末までに両者の職務は近似したため、巡撫に自然と統一されたと考えられる。

四、参賛軍務・提督軍務・総督軍務については以下の如くいえるのではないかと思われる。

①参賛軍務は賛理軍務と同一である。洪熙元年から設置され、主として総兵官の下にあって、本来は武官が実施すべき軍務を担当した。その後、宣徳十年頃から京官に在籍した者が就くようになり、武官への軍務に関する発言力が強化された。

②提督軍務は、参賛軍務よりも重い任であって、より強い権限を持ち、武官の軍指揮権に関することも、武官と同格に商権できた。

③総督軍務は、土木の変後に本格的に出現し、完全に総兵官等の武官を自己の節制下に置き、軍指揮権についても指示できる重い権限を持つ文官であった。

五、巡撫・鎮守・参賛軍務・賛理軍務等は、添設された京官在籍の文官職で、その制度的創設は、やはり明初にない権限を持つようになった内閣によって画期的に推進された。とくに楊士奇等は、宣徳十年頃から軍事的緊張地帯の各辺へ文官を派遣し、武官の領域に文官が立ち入らないという明初の「祖法」をくつがえし、文官優位という明後期の状況を作り出す起点を用意したと考えられる。

（1）巡撫に関する研究は、以下のようなものがある。栗林宣夫「明代の巡撫の成立に就て」（『史潮』十一−三・一九四二年）、奥山憲夫「明代巡撫制度の変遷」（『東洋史研究』四十五−二・一九八六年）、「明代巡撫の官制上の位置について」（『史朋』二十一・一九八七年）、張哲郎『明代巡撫研究』（文史哲出版社・一九九五年）、靳潤成『明朝総督巡撫轄区研究』（天津古籍出版社・一九九六年）。

（2）山根幸夫「明太祖政権の確立期について―制度史的側面よりみた―」（『史論』十三・一九六五年）。

（3）谷光隆「明代の勲臣に関する一考察」（『東洋史研究』二十九−四・一九七一年）。

（4）宮崎市定「洪武から永楽へ―初期明朝の性格」（『東洋史研究』二十七−四・一九六九年）のちに『宮崎市定全集』十三（岩波書店・一九九二年）に再録。

（5）石原道博「皇明祖訓の成立」（『清水博士追悼記念明代史論叢』大安・一九六二年）。

（6）栗林宣夫前掲論文「明代の巡撫の成立に就て」。

（7）『宣宗実録』宣徳六年正月乙卯の条に「巡撫直隷侍郎周忱奏、……」とあり、また『宣宗実録』宣徳六年三月丁卯の条に「吏部言、河南・山東・山西・湖広・浙江・江西有巡撫侍郎」とあり、六年の初に総督を「巡撫」と記述している。

（8）『弇山堂別集』巻十、皇明異典述五・超遷。

（9）『仁宗実録』洪熙元年八月丁亥の条。胡概の巡撫任命について、栗林宣夫氏は前掲論文「明代の巡撫の成立に就て」で、地方官的働きをしていても、巡撫が各処に派遣されず普遍的でないため、これをもって巡撫制の成立とはされないと述べている。

（10）『宣宗実録』宣徳二年十一月癸巳の条に「巡撫陝西隆平侯張信等言、……」とあって、勲臣の張信を巡撫としている。組となった文官の郭敦も巡撫としていたと思われる。

（11）『宣宗実録』宣徳二年八月丁丑の条に「命少師隆平侯張信・行在戸部尚書郭敦、往陝西整飭庶務。凡有当行者、同陝西三司官計議而行」とある。『宣宗実録』宣徳三年七月辛酉の条に「令巡撫大理卿胡概、与三司計議、果孰為便、然後処置」とあり、『宣宗実録』宣徳五年二月己丑の条に「遣行在工部左侍郎許廓、巡撫河南。勅曰、……応行諸事、皆与河南三司計議行之」とある。

（12）『宣宗実録』宣徳六年二月壬寅の条に「御史以朝廷所差、序于三司官之上、或同三司」とある。巡撫より低い官位の御史でさえ、三司の上か、三司と同じに序せられたという。巡撫が三司と「計議」するとはいえ、強い発言力があったと思われる。小川尚「明代の巡按御史について」（『明代史研究』四・一九七六年）のちに『明代地方監察制度の研究』（汲古書院・一九九九年）に再録。
（13）『宣宗実録』宣徳七年八月庚子の条。
（14）『弇山堂別集』巻十、布政遷尚書の項に「高帝之時、藩司与六部均重」とある。
（15）小川尚前掲論文「明代の巡按御史について」。
（16）『宣宗実録』宣徳六年三月丁亥の条に「巡撫直隷侍郎周忱奏、……乞不拘常例、選朝臣廉明能幹者数人、賜之勅書、令署掌各州県。」とあり、朝臣を選び地方に派遣するに勅書を与えることが条件となっている。
（17）『英宗実録』宣徳十年十二月丁未の条。
（18）『英宗実録』正統元年四月戊午の条。
（19）『宣宗実録』宣徳七年二月庚戌の条。
（20）『明督撫年表』巻三、陝西。
（21）『英宗実録』景泰五年五月癸酉の条に「命総督両広軍務右副都御史馬昻兼巡撫広西。勅之曰、……今復命爾（馬昻）兼巡撫広西地方、撫安兵民、操練軍馬、禁防盜賊、督令所司。凡遇人民饑荒、設法賑済、城池坍塌、用工修理」とある。
（22）『英宗実録』宣徳十年の六月辛丑の条、同年十月己亥の条、同年十一月壬午の条。
（23）『英宗実録』正統元年二月庚子の条、同年五月辛丑の条。
（24）『英宗実録』正統二年五月庚寅の条、同年同月壬寅の条、同年十月甲子の条。
（25）『英宗実録』正統三年正月庚子の条。
（26）『英宗実録』正統五年二月戊寅の条、同年十二月己巳の条。
（27）『英宗実録』正統六年正月壬子の条、同年同月乙卯の条、同年六月乙亥の条。
（28）『英宗実録』正統七年六月壬子の条、同年七月甲子の条、同年八月壬寅の条、同年十一月乙丑の条。
（29）『明史』巻一百四十五、陳懋伝によると、当時の甘粛総兵官は陳懋であった。

（30）『明史』巻一百七十四、史昭伝。当時の寧夏総兵官は史昭であった。
（31）『英宗実録』正統二年十月甲子の条。
（32）『明督撫年表』。
（33）『英宗実録』景泰元年三月癸丑の条。
（34）栗原宣夫前掲論文「明代の巡撫に就て」。
（35）山本隆義「明代内閣制度の成立と発達」（『東方学』二十一）のちに『中国政治制度史の研究』（同朋社・一九六八年）に所収。この論文によって内閣の沿革を述べた。
（36）一方、英宗即位から王振を代表とする宦官が台頭した。韋慶遠「三楊与儒家政治」（『史学集刊』・一九八八年第一期）によると、王振は内閣を正統五年頃から凌ぐようになったとしている。宦官は権力を伸長させた内閣に対して、ある意味で皇帝権力を擁護する側面があったと思われる。

第三章　宣徳・正統期の官員推薦制と「会官挙保」

序

宣徳・正統（一四二六～一四四九）年間は、明王朝創建から六十年ほど経た後の時代であるが、一般に洪武・永楽（一三六八～一四二四）年間の創業期に対して、守成期として位置づけられてきた。守成期といっても、創業期の国家体制を維持できたわけではない。政治・社会・経済等は、明初と比べて質的に変化しており、王朝はそれに対応せざるを得なかった。宣徳・正統年間の守成期は、変化に対応した転換期でもあった。

王朝の支配機構も変化した。明初の皇帝親政支配が、宣徳期に入ると皇帝の顧問職の内閣大学士が権威を増し、実質的丞相と目されるようになった。[1]と同時に官僚行政にも変化が認められる。この点については谷光隆氏が「明代銓政史序説」で示唆に富む論考を発表されている。[2]本章では谷氏も論究されている宣徳・正統年間の保挙令を含む官員推薦制について、若干の私見を述べたい。

一　明初の銓選

中国の王朝時代の皇帝権力を支えた重要なものは軍隊と官僚であった。一三六八年に太祖朱元璋によって創建された明朝は、歴代王朝最も皇帝権力が強大であったと云われている。その明朝の官僚数は、中央と地方を併せると十数万名にものぼった(3)。この厖大な官僚群をいかに充足させ、有能な者を中外に布列していくかは、王朝にとって全国支配を貫徹していく上で、きわめて重要な課題であったことは言うまでもない。

明朝の多くの制度がそうであったように、官僚機構を整備確立させたのは、太祖であった。それによると官僚の採用方法は三つあった。顧炎武の『日知録』巻十七、通経為吏に、

国初之制、謂之三途並用、薦挙一途也、進士・監生一途也、吏員一途也。

とある。顧炎武は、薦挙、進士・監生、吏員の「三途並用」が明初の主な入官の道だとした。薦挙とは、府州県の有司が境内の民間読書人を推薦して京師に送り、吏部がその者を考試して仕官させた方法である。洪武年間の統計によると、多い時で三千七百余人、少ない時で一千九百余人が、薦挙によって任官した(4)。この統計は明初の洪武・永楽年間の官僚不足がもたらした結果で、「三途」の中で薦挙の占める比重の大きさが知れる。次代の宣徳年間では、官僚の数量的充足が果たされたこともあって、薦挙例が少なくなり、さらに正統年間に至ると、薦挙法を厳しくしたため「薦挙する者、益々稀れ(5)」となった。結局、天順二年（一四五八）に一時停止されてしまった(6)。

進士・監生は、科挙及第によって入官する進士と、京師の最高学府の国子監で教育を受けたのち入官する監生とを合わせたものである。両者を括って一途としたのは、学校と科挙とを結合して併用する政策を太祖がたてたからであ

ろう。つまり全国の府州県に学校をたて、入官希望者はそこで生員となり、教育を受ける義務を課した。府州県学終了後、生員は科挙と国子監の二種の入官方法を与えられた。国子監に進むにしても、科挙に応試するにしても、必ず、府州県学を修了しなければならなかった所に、『明史』が「其れ学校通籍を径由する者も、また科目之亜なり」[(7)]と述べている理由であろう。科挙は、永楽年間頃から漸次権威を持ち盛行したものであるが、全官員に占める率は、明代では一〇％に満たず、残りの九〇％は薦挙・監生・吏員から充当されたという[(8)]。

最後に吏員は、胥吏が九年間の実務を経た後、吏部の考覈を受け初めて入官する方法をいう。主に下級官員に充当された。これも明初に盛行したようだが、中期以降は吏員で入官するには長い年月を要し困難が伴った[(9)]。

三途によって入官した官員は、定期的に勤務評定を受けた。万暦『大明会典』巻十二、吏部・孝功清吏司に、

国家考課之法、内・外官満三年為一考、六年再考、九年通考黜陟。

とある。明朝の考課の法は考満の法と呼ぶが、それは中央官及び地方官は、三年を単位として三期九年間に三回吏部より考覈を受けた。それぞれの考覈を「初考」「再考」「通考」と称し、通考は九年間のすべての治績を含めて考覈した。この結果によって当該官員の降格・残留・陞任を決定したのである。ただし京官四品以上と地方の布政司四品以上、按察司五品以上の官員の九年考満は、自陳して天子自裁を仰ぐことになっていた[(10)]。このような九年考満の制が、通常に運営されたのは洪武・永楽の頃で[(11)]、考満を経ない者は陞擢・調遷されなかった。『英宗実録』景泰三年十二月癸卯の条に、

吏部言、洪武・永楽間、銓選官員、倶属本部掌行。

とある。洪武・永楽年間は、官員を銓選する権は吏部に属していたことがわかる。また趙翼が『廿二史劄記』で、洪武・永楽年間に京官の六部堂官も吏部が「推用」したと指摘している[(12)]。明初の中央官と地方官を銓授した例は、親擢

も少なくなかったが[13]、考満の結果によって、おおむね吏部が銓選したと思われる。

ところで、宣徳年間に入ると、吏部の官員銓授が適切でないとする議論が広がった。とくに地方官については「賢否混淆」で不才の者も多く、その者達はかえって民を害する有様だとされた[14]。事実、宣徳五年の統計では、未納税糧が八千万石も累積しており、徴税機関でもある地方衙門の弛緩はいなめないものがあった[15]。この議論の広がりと期を同じくして、宣徳年間の後半から正統年間にかけて保挙令によって主に地方官員を推挙することが盛行した。この保挙令の盛行は、今述べてきたような地方行政の弛緩という直接的な理由もさることながら、洪熙・宣徳・正統年間に、三楊と称される楊士奇・楊栄・楊溥等の閣臣によって、内閣の政治的発言権が進展した時期でもあり、このことと保挙令の盛行と密接な関係があったと考えられる。いずれにしてもこの制度が明後期の官員の銓選制に大きな影響を与えたと推測され、保挙令について検討をせねばならないと考えられる。

二　保挙令の変遷

明代の保挙令は、官員が下僚や下級官僚等を推挙し、これら推挙を受けた者を主に地方官に任命した他薦主義の任官法である。この令について『明史』巻七十一、選挙志に「保挙者……自洪武十七年、命天下朝勤官挙廉能属吏始」とあって、洪武十七年が保挙令の始まりとする。その後歴代の皇帝は、繰り返し保挙令の詔勅を下した。その内容を検討していくと、制度的変遷がみられる。表1は主に『明実録』記載の保挙令詔勅によって制度面をまとめたものである[16]。

保挙令によって推挙される者は、表1中の被挙資格に、「属官」・「見任及び屈在の下僚官員」・「沈滞下僚」・「五品

表1

年代	挙主資格	被挙資格	任命官職
洪武一七年	朝覲官	属官 儒士人才	
洪武三一年	在内五品以上の文官 在外五品以上の文官及び県令	賢才	
永楽元年	内・外諸司の官	下僚 〝民間読書人〟	
永楽九年	在内七品以上の文官・近侍官 在外五品以上の文官・県正官	五品以下の官 居風憲者	布政司官 按察司官 府州県官
永楽二二年	在内七品以上の文武官 在外五品以上文武官・知県	五品以下の官 〝民間読書人〟	
洪熙元年	在内五品以上の官・監察御史 給事中 在外布・按二司正佐官、府州県正	下僚 〝民間読書人〟	守令
宣徳七年	在内三品以上の官 在外布政司官・按察司官	方面・郡守	布政司官 按察司官 知府・知州
正統一四年	「悉依宣徳年間令」		方面官 風憲官 郡守・御史
景泰四年	在内三品以上の官		布政使 按察使

以下の官」・「居風憲者」等の表現で示される官吏と、軍民中の「廉潔公正」な者・「儒士人才」・「抱道懐才にして田里に隠居せる者」等で表わされる〝民間読書人〟に類別される。一般に保挙の意味は、「保挙は吏僚の中からの推薦に基づく[17]」官吏任用法であるとか、「保挙とは官吏の採用にあたってまず行われる上司の推薦である[18]」と述べられてきたので、前者が該当する被挙資格者となる。これに対して「下僚」ではなく、一般民間の読書人を推薦して入官させることを薦挙としてきたので、後者が該当資格者となる。したがって表中にある保挙令でもわかるように、保挙と薦挙を同一の詔勅で発令した例が多いとわかる。もっとも保挙と薦挙の用語を混用した史料も多く、両者の区別は曖昧でもある。ただ表中の保挙令は、下僚を主に地方官に推挙する

ことが主要な意図であったと思われるし、本章も保挙令を、官員が下僚か下級官僚のなかから有能な人物を推挙して主に地方官に任官させる令として述べていきたい。

表1の保挙令の挙主資格欄をみていくと、保挙を行う資格の者は歴代の規定は一定していない。洪武や永楽の初めでは「朝覲官」「内外の諸司」の者と述べているように、比較的低い地位の官員も挙主の資格を与えられていた。時代が下がるにつれ「在内文職七品以上」から「在京三品以上」の官としたように、高位の官員に限定される傾向であった。ただし地方の府州県等の正佐官が、洪熙元年の令まで挙主資格を与えられ続けたのは、洪武・永楽年間以来の官僚不足の傾向が背景にあって、地方官としてその境内の民間読書人を薦挙させたためであろう。また挙主連坐法は、「私に殉じ、公に背」く推挙が多く、推挙された者の中で「実用は十のうち三・四もあらず」の状況から起因する対策だとも思われる。[19] すなわち不才を推挙したり挙主が賄賂を取得する等の腐敗行為を防ぐために、挙主連座法を洪武三十一年から制定した。[20] 挙主はこの法を恐れて保挙する者が少なかった。[21] それで、挙主資格者を品秩の高い官僚に限定して、その者達の実質的な責任ある保挙を期待したのであろう。このように挙主に責任を負わせた点も保挙令の特色だといえる。そして宣徳七年の在京三品以上の官を有資格者とする規定以後は、宣宗・英宗・景泰の諸朝廷でもこの規定を継続準用され、これがほぼ固定化したと判断できる。

宣徳七年の保挙令について、王圻『続文献通考』巻五十二、選挙考に、

〔正統〕二年九月、楊士奇等上疏言、宣徳七年以前、藩・臬二司及府・州正官、惟聴吏部所挙。権衡独擅、聞見不広、未尽得人、百姓受害。是以宣宗皇帝、勅令大臣保挙、自茲得人遂多。有間一・二非才、蓋縁挙主審察不至、亦或狥私、不公所致。

とある。楊士奇は、宣徳七年以前の布政司・按察司の官や府・州の正官等の地方官は吏部のみの銓選によって任命さ

れ、しかも不才の者が多かったのに対し、それ以降の地方官の多くは、宣徳七年の保挙令によって有能な官員を得たとしている。保挙令の制度的変遷やここにある楊士奇の疏を考慮に含めば、宣徳七年を画期として効力を発揮し盛行し始めたとわかる。したがって宣徳七年の保挙令が重要だと思われ、今一度宣徳七年の保挙令を考えてみたい。『宣宗実録』宣徳七年三月庚申の条に、

　布政司・按察司官及知府・知州得其人、則民安。非其人則民受害。吏部往往循資陞授、不免賢否混淆。自今、布政司・按察司官及知府・知州有欠、吏部行移在京三品以上官挙保、及布政司・按察司堂上官、連名挙保。必取廉公端厚、識達大体、能為国為民者、吏部審其所保、果当具名奏聞、量授以職。後犯贓罪、併罰挙者。……今後各県知県、吏部亦須選用。得人不得一概濫授。

とある。この令の骨子は、

①布政司と按察司の官・知府・知州の欠員に対する保挙である
②挙主資格者は在京三品以上の官である。ちなみに在京三品以上に該当する官職は、六部尚書・都御史・六部侍郎・副都御史・諸寺卿がこれにあたる
③被挙者を吏部が審査する
④被挙者が罪を犯せば挙主も連座する
⑤知県の任用には吏部が選する

等を基本とした制度である。知県を授職対象から外して、吏部が専ら銓選するとした点が、それまでの保挙令と異なっている。もっとも後述するが五年後の正統元年には、知県と御史も授職対象となった。
　宣徳七年保挙令の①から⑤の骨子の他に、さらに⑥番目に重要な点として、新しく「会官挙保」が追加された。

『宣宗実録』七年八月乙未の条に、

上御奉天門視朝罷、召少傅楊士奇・楊栄、互揚前諭曰、今春命京官三品以上、挙方面・郡守。後又出旧作招隠猗蘭之詩、以示意巳踰半歳、都不挙一人。近因卿二人挙黎恬等、朕思今天下之広、豈果無人才、但群臣不以国家生民為心、故往往視朕言為虚文、此由吏部之怠忽也。其降勅責之、仍命吏部・都察院、考察在外方面及郡県官之昏儒不才者、罷黜之。于是勅諭行在吏部曰、……尓吏部、即会在京三品以上官、衆議推挙、以有才行者有文学者、具名来聞。朕擢用之。

とある。記事中の「今春」に方面・郡守に挙げさせたとしているので、七年三月の保挙令を指している。この保挙令では所期の成果を得るに至らなかった。それで吏部に京官三品以上の官と会同して、「才行ある者」や「文学ある者」を衆議して推挙させたとする内容である。(22)『英宗実録』景泰元年六月甲午の条に、

十三道監察御史張子初等言、洪武・永楽間、方面・郡守員欠、悉従吏部推訪内・外官賢能、而又久於其任者、奏請除授。御史有欠、従吏部於進士・監生中選任。迨宣徳年間、始有会官挙保之例、行之。

とあるので、「衆議推挙」とは、ここでいう「会官挙保」だと考えられる。つまり監察御史張子初は、洪武・永楽年間の方面・郡守や御史の欠員に、吏部が人選していたのが、宣徳年間になって初めて「会官挙保」が施行され、これによるようになったと述べている。その他『明実録』に「会挙」・「大臣会挙」・「会官挙之」・「会官挙陞」等の表現で記述するが、いずれも「会官挙保」と同義であろう。『英宗実録』を検索してみると、宣徳七年以前の保挙令による、文官へのこの種の「会官挙保」の事例を管下のところ見いだせない。したがってこの「会官挙保」は、宣徳七年三月の保挙令に七年八月から付け加えられた新しい規定だと考えられる。

洪武・永楽年間の銓選は、前述したように吏部の職掌に属していた。それが他の三品以上の京官と「衆議」するよ

うになったわけである。吏部が主持したとはいえ、ある意味で吏部の専管事項が取り上げられ、他大臣と共同で任務するようになったといえる。この「会官挙保」の制については注目すべきものと思われるので後述したい。

つぎの表は、宣徳七年以降、正統十三年に至る十六年間に、『明実録』に記載された保挙令による主に地方官と御史に授職されたと考えられる事例の粗計である。なお、正統十三年で止めたのは、この年に保挙令が一旦停止されたからである。『明実録』にすべての人事異動が記録されているとは言えないから、表2の統計が正確だとはいえないが、動向程度は参考になる。この表によれば保挙令による授職が、宣徳十年から上昇した。この年の正月、英宗が九歳で即位し、また内閣大学楊奇士が国柄を握った年でもあった。さらに表は正統二年に保挙令の事例数が急増したことをしめしている。『英宗実録』正統元年十一月乙卯の条に、

勅行在吏部曰、今両京御史及天下知県欠人、宜令在京三品以上官、各挙廉潔公正、明達事体、堪任御史者一員。在京四品官及国子監・翰林院堂上官、各部郎中・員外郎・六科掌科給事中・各道掌道御史、各挙廉慎明敏、寛厚愛民、堪任知県者一員。

表2

年号	保挙件数	年号	保挙件数
宣徳七年	一七	正統六年	五
八年		七年	二七
九年		八年	四三
一〇年	四九	九年	二八
正統元年	三三	一〇年	三一
二年	一一六	一一年	三一
三年	五二	一二年	九
四年	二八	一三年	四五
五年	三三		

とある。急増の原因は新たに知県と御史も保挙令の授職対象となったからに他ならない。このように、保挙令が盛行するようになると、それに対して異論も出現してきた。『英宗実録』正統三年十一月乙未の条に、

行在通政司左通政陳恭言、……頃年令朝臣各薦所知。恐開私謁之門、而長奔競之風。乞令杜絶、一帰銓部。

とある。陳恭は「私謁之門」といわれるような猟官運動の風潮が生じ

るので、推薦を停止すべきだ、もとのように吏部に帰すべきだと主張した。陳恭の上疏は退けられたが、現実にはそのような風潮がすでに存在していたのであろう。正統五年頃に至ると、「賄賂請託之弊」が横行し、「各処の挙げられる所の多くは、勢豪膏粱の子弟に係り、徒に虚名を負うのみにして実用を究めるな」き状態であった[23]。『英宗実録』正統五年十一月壬子の条に、

上曰、方面及府・州正官、仍遵先皇帝勅旨会挙。其知県、吏部於進士・監生及聴選官内、択有学行者授之。

とある。「先皇帝」とは宣宗のことであるし、「聴選官」とは、初めて官に就く者、あるいは初めて官に就くために待機していた者をいうのであろう。正統五年[24]に、知県への保挙令が停止され、知県は吏部が進士・監生・聴選官から銓選するようになった。さらに正統七年に至ると、「奔競之風が盛行し」「其の弊、言うに勝え」ず、知州・御史にも「挙保之例」による授職が停止された[25]。つまり正統五年に知県が、正統七年に知州と御史への保挙令が停止されたことになる。そして結局、正統十三年に保挙令はすべて停止された。『英宗実録』正統十三年七月癸巳の条に、監察御史涂謙の上疏した記事を述べて、

内・外官員、於始任之時、多有持志節、勤政事、以希望大臣挙薦。及薦授方面・知府、不三・二年間、即改前操、往往塁及挙主。乞勅該部、暫停挙保之例。仍遵洪武・永楽旧制、凡方面・知府員欠、従吏部於内・外九年考満官内、選其才識優長、志行卓異者、陞授。

とある。初めのうち地方官及び中央の官員は、大臣の挙薦を望んで志節を持し政事に勤めるが、それが成就して二・三年も経ない内に当初の志節をすててしまう者があり、その責がしばしば挙主に及んでいる。涂謙は、これはもう挙主だけの責ではなく、制度自体に問題があるとみなしたのであろう、保挙令を罷めるべきだとしたのである。そして洪武・永楽年間の旧制である吏部の銓授に戻すべきだと主張した。この上疏は受け入れられた。ここに宣徳七年以降

盛行した主に地方官に授職させるための保挙令は、正統十三年に全面的に停止されたことになる。

正統十四年、英宗が土木堡でオイラトの捕虜となる土木の変が起き、新たに景泰帝が即位した。その直後に保挙令が復活した。『英宗実録』正統十四年九月癸未の条に、

今後、方面及風憲官・郡守・御史、悉依宣徳年間令、在京三品以上官挙保。

とある。方面及び風憲官・郡守・御史等を「在京三品以上の官」に「挙保」させたとあるので、これは宣徳七年の保挙令に準じて実施されたことがわかる。景泰朝は「法弛み、弊尤も甚」[26]しい時ともいわれた。早くも翌年の景泰元年六月に、監察御史張士初は、方面・郡守が請託によって官を得、賄賂を取り民を害す状況があり、保挙の新令を停止すべきだと上疏し[27]、それが受け入れられた。景泰四年、吏部給事中林聡が新しい保挙令を提案した。『英宗実録』景泰四年三月壬戌の条に、

吏科都給事中林聡言、……今後、布政使・按察使有欠、乞令三品以上官、連名共挙、其余倶付吏部推選。著為定例。庶責有攸帰、従之。

とある。地方の布政使・按察使に、三品以上の官による連名保挙に、それより下位の地方官に吏部の推選で就官させようとしたものである。これが「定例」となったとしている。李賢の『古穣雑録摘抄』に、

各挙所知、本是良法。若皆存薦賢為国之心、豈有不善。但各出于私情、反不若吏部自擢。雖不能尽知其人、却出于公道故也。

とある。保挙令は本来良法である筈が、私情が絡むことによって吏部の自擢より劣ってしまう。吏部の自擢は、擢用しようとする人材を吏部自体がよく知り得ないから、却って任用が公平になったと李賢はいう。布政使・按察使が三品以上の官の保挙により、それ以下の地方官は吏部の推選により任官させるとする景泰四年の保挙令が「定例」となっ

た要因であろう。

『明史』巻七一、選挙志三に、

布・按員欠、三品以上官会挙。……在外府州県正佐、在内大小九卿之属員、皆常選官・選授・遷除、一切由吏部。

とある。布政使・按察使及び府州県の官員の「選人之法」は、景泰四年の保挙令にほぼ準拠している。『明史』は主に明代中後期の「選人之法」を記したのであろうから、それは景泰四年に原型が成立したとすることができる。

三　京官への推挙

前掲表1中の保挙令は、授職対象が主に地方官であった。一方、宣徳年間頃から京官への授職にも保挙令に準じた方式で推挙する例が多くなりだした。『水東日記』巻五、胡忠安自述三事に、

上（宣宗）曰、爾（楊士奇）等試挙堪任侍郎者、以名聞。因疏薦某等若干人、上喜皆陞侍郎、俾巡撫。当時吏部後言、某等侵越殊不知。上惟命与楊士奇等議、固不敢援吏部也。

とある。大臣らの「試挙」によって侍郎に陞し巡撫に任命したとあるから、宣徳五年のことである。その時、『宣宗実録』宣徳五年九月丙午の条によれば、

行在吏部郎中の趙新を吏部右侍郎に、兵部郎中の趙倫を戸部右侍郎に、礼部員外郎の呉政を礼部右侍郎に、監察御史の于謙を兵部右侍郎に、刑部員外郎の曹弘を刑部右侍郎に、越府長史の周忱を工部右侍郎に

と、それぞれ六部侍郎に陞擢していることがわかる。これらの銓選に宣宗は楊士奇等とのみ議して、吏部に関与させず、吏部が「侵越すること、殊に知らず」と慨嘆せざるを得なかったと葉盛は記述している。さらに『英宗実録』宣

徳七年八月己亥の条に、

陞行在吏部考功員外郎魏驥為南京太常寺少卿、交趾南霊州知州黎恬為右春坊右諭徳、福建建寧府建安県学教諭楊寿夫・山東臨清県学教諭彭琉為行在翰林院編修。……皆以京官三品以上所荐也。

とある。推挙された者のうち、太常寺少卿、右春坊右諭徳、翰林院編修等の京官に授職された者がいた。「京官三品以上」が推挙した所からすると、宣徳七年の保挙令を、京官への推挙にも準用したと思われる。また宣徳十年七月に、『英宗実録』宣徳十年七月戊戌の条によると、

陝西布政司右参政王士嘉を、行在礼部右侍郎に
順天府府尹李庸を、行在工部左侍郎兼掌府事に
浙江温州府知府何文淵を、行在刑部右侍郎に
湖広武昌府知府卲旻を、行在工部右侍郎に
江西建昌府知府陳鼎を、行在都察院右副都御史に
四川按察司副使朱興言を、都察院右副都御史に
福建按察司僉事魯穆を、行在都察院右僉都御史に
陝西按察司僉事陳鹵を、行在大理寺右少卿に
行在吏部員外郎の柰亨を、行在通政司左通政に
行在礼科給事中虞祥を、行在通政司左参議に
行在工科給事中龔全安を、行在通政司右参議に

と、それぞれ吏部尚書郭璡等の「会大臣挙薦」によって陞擢していたとしている。ほかにも正統元年八月に、広西按

察司僉事楊復を行在吏部の「会官議挙」によって大理寺右少卿に授職した例もある。(28) さらに『国榷』正統五年十月乙亥の条に、

中・外官欠、命吏部会廷臣、挙可任者。既挙、復命尚書郭璡精覈之。

とある。正統五年、「中・外官」すなわち京官も地方官も欠員が出た場合、吏部が「廷臣に会」して適任者を推挙させたとする内容である。つまり京官も欠員がでたならば、地方官と同様に「会官挙保」によって任用されるようになった。これは京官への推挙も保挙令にみられる「会官挙保」の方式を適用し、制度化しようとした措置だと思われる。

趙翼は、『二十二史箚記』巻三十三、大臣薦挙に、

洪・宣・正統間、大臣所薦、不特外吏也。如顧佐以楊士奇・楊栄薦、由通政司擢都御史。陳勉以楊士奇薦、由副使擢副都御史。高穀以士奇薦、由侍講進工部侍郎、入内閣。曹鼐亦以楊栄・楊士奇薦、由侍講入内閣。王来以士奇薦、由巡按擢左参政。……蓋洪・宣以来、大臣薦士之風如此。

と述べている。大臣の推薦によって授職させたのは、ことに「外吏」ばかりでなく京官もいたとして、すべてが洪熙・宣徳・正統年間の例だけではないが、三十以上の例を挙げている。確かに、保挙令は主に地方官に授職した法である。しかし保挙令の適用とは言えないが、それをほぼ同じ方式で京官に授職した例も多い。また趙翼が列挙した京官の実例は、下僚を推挙したという意味では保挙令と同じ主旨であり、洪熙・宣徳年間から始まっていた。『春明夢余録』巻三十四、吏部・保挙に、

明之得人、洪・宣為盛。蓋大行保挙之法也。

とある。孫承沢は、明代で人を得た時代は洪熙・宣徳年間で、「保挙之法」を大いにおこなったからであるとしている。孫承沢のいう「保挙之法」とは、地方官への保挙と京官への推挙の両方を含む意味であろう。地方官・京官とも

に吏部の選によらず、高位の官が会同して推選する風が、宣徳・正統年間に盛行したわけで、ある意味で銓選権は吏部の手から離れつつあったと考えられる。

四　内閣の人事権掌握

宣徳・正統・景泰年間に官員推薦制が盛行したことは既述の通りである。つぎに盛行した理由について検討を加えてみたい。

まず地方官の任用について、李賢の『古穰雑録摘抄』に、

宣徳初、学士楊士奇輩、以方面大職、亦任吏部自挙、未尽得人、乃令在京三品以上官各挙所知。当時以為美事行之。

とある。吏部による布政司等の地方官への銓授は適切さに欠けていた。その為、楊士奇等が保挙令を実施した。当時これを「美事」としたという。さらに李賢は同書で、

宣廟時、二楊用事、思天下之士不由己進退、勅方面・風憲・郡守、令在京三品以上官挙保。

と述べ、宣徳の保挙令は、「二楊」すなわち内閣大学士の楊士奇等が、官員の進退の権を掌握しようとした意図からのものだとした。『明史』巻一百五十七、郭璡伝に、

璡雖長六卿、然望軽。又政帰内閣。自布政使至知府闕、聴京官三品以上薦挙。……要職選擢、皆不関吏部。

とある。郭璡は、当事の吏部尚書である。政は士奇が首とする内閣に帰しており、地方官の布政使から知府にいたる「要職の選擢」も吏部が本来もっていた職掌にもかかわらず、関与できずにいたわけである。「会官挙保」は、宣徳七

年の保挙令から始まったことはすでに述べた。他に宣德七年までに、吏部が職掌としていたものが、大臣会同に変革された例がある。

①宣德三年二月、民間読書人の薦挙について、六部・都察院・翰林院の堂上官が、薦挙された者を会同して考試した。[29]

②宣德四年四月、兵部尚書張本が、京官の徐琦と陳孜を兵部の属官に推選した。その際、宣宗は「行在吏部の臣に諭して、……他に挙げる者有らば、必ず会官して考試すべし」との令を下した。[30]

③宣德七年三月、「三途」の中の一途である吏員からの入官に、六部・都察院・翰林院の堂上官が会同して出題考試した。[31]

右記は、いずれも推挙ではなく「考試」の例であるが、考試は吏部の職掌である。宣德年間、諸大臣と会同したことによって、吏部が本来独自に保持していた職掌は、侵越されつつあったと解釈できる。

英宗が九歳で即位した宣德十年に至ると、『英宗実録』宣德十年十月庚申の条に、

上諭行在吏部尚書郭璡等曰、方面・郡守九年考満例、当陞用者、卿等其与大臣会議。才果優者照例陞用、不然只令復職、庶常流不得以幸進也。

とあるように、地方官の九年考満制でも、陞用は「与大臣会議」で裁定されることになった。結局ここに、地方官への任命は、九年考満制か保挙令かのいずれの道に依拠しようとも、すべての「方面・郡守」の人事について吏部が大臣と会同し、協議する方式が必要となっていたわけである。

つぎに京官の人事についてはどうであろうか。宣德年間以降、廷臣の推挙による京官の任用例が多くなったことは前述した。したがって内閣の権能拡大を固めつつあった楊士奇の影響力が、その人事に及ぼしていたことは言うまで

もない。前述したように正統五年に「中・外官欠、命吏部会廷臣、挙可任者」の令が下されていた。この令も吏部が廷臣と会議して京官を推挙したわけだから、「会官挙保」だと認められる。それまでに京官に推挙した例に、大臣の衆議によって人選が決定された例は多くみられたが、正統五年より京官も「会官挙保」による任用を一般化しようとした意図だと思われる。

地方・中央を問わず、推薦制による任命が、なぜ内閣の人事権掌握に結びついたのであろうか。それは「大臣会挙」・「会官挙保」等に呼ばれる、吏部が大臣と会同して推挙する制度が大きな力を発揮したと思われる。この会議は、保挙令や宣徳五年の巡撫任命の例でもわかるように吏部をさしおいて、楊士奇等の内閣の意向が強く反映されたに違いない。『明史』郭璡伝に「要職の選擢、皆吏部に関わらず」と述べた意味が理解できる。楊士奇は「会官挙保」によって地方官と京官を銓選する権を実質的に吏部からとりあげたことになった。

さらに武官の人事についても「会官挙保」が導入された[32]。それは宣徳年間から都司や五軍都督府の流官職の銓除に、『大明会典』のいう「推挙」と呼ばれる推薦制が始まったことに起因する。推挙は、万暦『大明会典』巻一百十九、兵部二・銓選二・推挙に、

流官推挙、与文職保挙同。

とあり、「文職保挙」と同じ性格であるとしている。流官の都司職の推挙は宣徳三年頃から始まり、正統二・三年頃までに「会官推選」して任用するのが通例となっていた。やはり流官である五軍都督府の官職の推挙については、正統十一年十二月までに、すでに五軍都督府に欠員が生じた場合は、従来の兵部銓選から「会官推挙」されるようになっていた[33]。そして弘治二年まで鎮戍等の「大小の将官」及び京営の坐営官等は、「会官推挙」によって任命されるにいたったのである[34]。「推挙」は宣徳・正統年間から用いられ始めたと考えられるが、武官人事に対して、兵部だけで選

用するのではなく在京高位文官の発言権、とくに内閣の発言権を重要視する制度であって、やはり兵部の銓選を奪うことになった。ここにおいて内閣が文官・武官を問わず、人事について横断的に「会官挙保」によって発言権を増大させたのである。

『万暦野獲編』巻七、内閣・輔臣掌吏部に、

内閣輔臣、主看詳、票擬而已。若兼領銓選、即為真宰相、犯高皇帝厲禁矣。有之、自正徳間焦泌陽始。焦依馮逆瑾、破壊典制、固不足道。然不過数日事耳。

とある。内閣が銓選も兼領すれば、権力を持ち「真の宰相」となり、それは太祖の厳禁した事柄でもあったとしている。兼領を実現させたのは正徳（一五〇六～一五二一）年間の焦泌陽で、而も数日間だけだという。楊士奇は吏部尚書や兵部尚書を兼領しなかったが、ある意味で官員推薦制とそれに付随する「会官挙保」を盛行させることによって、銓選を兼領したともいえる。その権力は宰相と変わらないものであったことが窺える。

ところで、『明史』巻七十一、選挙志三に、「選人之法」が記述されている。選挙志は、時代の特定やその成立過程について何も触れないが、主に明中・後期の官僚銓選法を述べたものと思われる。主な官職の「選人之法」をまとめると、以下のようになる。

○中央

内閣大学士・吏部尚書……「由廷推或奉特旨」

侍郎以下・祭酒（従四品）に至る諸官

……「吏部会同三品以上廷推」

在内大小九卿之属員　……「由吏部」

○地方

総督・巡撫　……「廷推、九卿共之、吏部主之」

布政使・按察使　……「三品以上官会挙」

府州県の正・佐官　……「由吏部」

明初の官僚銓選の基本体制が、明代後期には大きく変化したことがわかる。これをもとに粗略な概観を試みてみたい。まず地方に関しては、宣徳年間以来いくつかの変遷を経た後成立した景泰四年の保挙令の、布政使・按察使は三品以上の官の保挙により、府州県官は吏部の推選による任官とする内容に準拠したものであることは前述した。明初の九年考満制は任期満了後、その治績をみて黜陟させる制度であった。保挙令はその任期を待たずして擢用するわけだから、結果として九年考満制を掘り崩す作用が働いた(35)。宣徳・正統・景泰年間の地方官に対する保挙令の進展と盛行は、考満制の崩壊過程でもあったし、明後期における地方官の「選人之法」の成立過程だとすることができよう。

中央については、内閣大学士と吏部尚書は廷推か特旨により、侍郎から祭酒までの京官と、都御史等の京官に籍を置いたまま地方に赴任した総督・巡撫は廷推で選擢されたと「選人之法」にある。廷推については万暦『大明会典』巻五、吏部・推陞に、

凡尚書・侍郎・都御史・通政史・大理卿欠、皆令六部・都察院・通政司・大理寺三品以上官廷推。

とある。廷推は尚書・侍郎・都御史等が欠ければ、六部・都察院・通政司・大理寺の三品以上の官が会同し、候補者二人から四人までを選び、天子の裁定を仰ぐ制度であった(36)。『弇山堂別集』巻十八、吏部尚書首推内閣不得用に、

弘治乙卯以前、内閣大臣皆特簡、不従廷推。至乙卯始廷推太子太保吏部尚書耿祐為首。

とある。内閣大学士への廷推は弘治八年乙卯から始まったとしている。また『明史』巻一百八十五、徐恪伝に、

恪上疏曰、大臣進用、宜出廷推。未聞有伝奉得者。臣生平不敢由他途進、請賜罷黜。帝慰留、乃拝命。

とある。弘治八年、徐恪が京官の南京工部右侍郎を拝命した時[37]、「大臣の進用は、廷推より出ずるべし」として辞退した話である。当時、高位京官の任命は廷推によることが普通だったとわかる。廷推は弘治（一四八八～一五〇五）年間頃には一般化していたわけである。ただ廷推がいつ頃から始まったかははっきりしないが、成化年間後半期に形成されつつあったようである。

『双槐歳鈔』巻九、簡除保挙に

景泰・天順以来、或各薦、或会挙、中間帰於吏部者無幾。成化二年有挙不当上意者、乃命吏部専行之。四年又有言其非政体者。上命今後京堂四品以上、吏部具欠、朕自簡除、方面官照正統年間保挙。

とある。京官は景泰・天順年間以来、「各薦」や「会挙」によって選用し、吏部によるものはいくばくもなかった。「各薦」や「会挙」が必ずしも適宜なものでなく、それで成化二年（一四六六）、吏部が京官を選用することになった。二年後の成化四年にそれをさらに改めて、在京四品以上の官には皇帝親擢に、方面官には保挙令を下したと『双槐歳鈔』は述べている。『憲宗実録』成化四年十二月庚子の条に、

曩者、両京堂上及方面正佐官、遇有員欠、吏部依例、会同在京各衙門堂上官推挙。

とある。「曩者」とは景泰・天順年間のことで、その時代は京官および方面の正・左官の欠員に対して、在京各衙門の堂上官が会同して推挙していたとしている。これが『双槐歳鈔』のいう「会挙」であるし、前述した正統五年「中・外官欠、命吏部会廷臣、挙可任者」の令か、それを継承したものの令による銓除といえる。また「方面の正・佐官」とあるが、具体的には布政司の正・佐官を指し、景泰四年三月の地方官銓選の令による銓除を意味しているのであろう。

京官の銓選は、おおよその見当をつければ、正統年間後期から景泰・天順までの「会挙」、成化の一時期の皇帝親擢、成化後期から弘治年間の廷推へと変遷したと思われる。廷推も大臣の会同という見地からすれば、「会官挙保」の変化したものであったろう。ここに宣徳・正統年間の京官・地方官の官員推薦制度とそれに付随した「会官挙保」が、明代後期の「選人之法」に大きな影響を与えたあとがあると考えられる。

結

以上論じたことを要約すればつぎの如くなるであろう。

官員推薦制の保挙令は、主に地方官に銓除するもので、宣徳七年から実効をもちはじめた。とくに宣徳十年頃から正統年間に盛行し、正統十三年に一度停止された。その後保挙令は、一年後の正統十四年に再開され、景泰四年に至って林聡の上疏によって、布政使・按察使は京官三品以上の共挙に、それ以下の地方官は吏部の選用となり「定例」となった。これが『明史』・選挙志の言う地方官任用における「選人之法」の原形となったと思われる。

吏部が廷臣と会同し推挙する「会官挙保」の方式は、宣徳七年の保挙令の時から始まった。その他、吏部の職責とされていた入官時の考試出題と、地方官の九年考満で陞調に当たる者への裁定も大臣と会同する方式が、それぞれ宣徳七年と十年に導入された。そして京官に対しても宣徳年間から保挙令に準じた方式で推挙する例が多くなり、吏部の内・外官の銓選権は廷臣に左右されるようになった。とくに権威を高め、権力を握った楊士奇を首班とする内閣の意向が、吏部を圧倒して廷臣会議で強く反映された。逆に見れば、宣徳・正統年間の京官を含む官員推薦制や「会官保挙」の盛行は、人事権を握ろうとする内閣の楊士奇等に企図された結果から生じたのであろう。また「会官挙保」

は、『明史』・選挙志にある京官の「選人之法」の成立に強く投影されたと思われる。

（1）山本隆義「明代内閣制度の成立と発達」（『東方学』二十一）のちに『中国政治制度史の研究』（同朋社・一九六八年）に所収。
（2）谷光隆「明代銓政史序説」（東洋史研究二十三―二・一九六四年）。
（3）呉晗「明初的学校」（『読史劄記』三聯書店・一九五五年）。
（4）『明史』巻七十一、選挙志三。
（5）『明史』巻七十一、選挙志三。
（6）『英宗実録』天順二年十二月庚辰の条。
（7）『明史』巻六十九、選挙志一。
（8）呉金成・山根幸夫訳「明代紳士層の社会移動について・上」（『明代史研究』十四・一九八六年）。
（9）谷光隆前掲論文「明代銓政史序説」参照。
（10）万暦『大明会典』巻十二、吏部・考巧清吏司。
（11）谷光隆前掲論文「明代銓政史序説」。
（12）『廿二史劄記』巻三十三、明吏部権重に「宣徳中、両京六部官欠、帝命廷臣、推方面官堪内任者。鄭辰以蹇義薦、得南京工部尚書。是未有此旨。以前六部堂官、亦吏部推用也」とある。
（13）万暦『大明会典』巻五、吏部・選官。
（14）『宣宗実録』宣徳七年三月庚辰の条。
（15）拙稿「宣徳・正統期の文官重視と巡撫・総督軍務」（本書第二章）。
（16）表1を作成するに際して、前掲史料『明史』選挙志と以下の史料によった。
『太祖実録』洪武十七年七月甲寅の条
命吏部以天下朝覲官所挙属官之廉能及儒士人才之堪用者、簿録挙主姓名俟仕満考其当否、併為黜陟。

『国朝典彙』巻四十、吏部・薦挙

［洪武］三十一年閏五月、建文詔内外五品以上文官及県令薦賢才、定保挙連坐法。

『太宗実録』永楽元年九月辛巳の条

勅吏部臣曰、朕以貌躬嗣承大統、図惟求賢以資治理宵旰皇皇急於飢渇。其令内外諸司於群臣百姓之中、各挙所知、或堪重任而沈滞下僚、或可劇繁而優游散地、或抱道懐才隠居田里、並以名聞。毋娼嫉蔽賢、毋循私濫挙。

『太宗実録』永楽九年閏十二月乙未の条

在外布政司・按察司・府州県官職、在承流宣化以撫字為職、必須得人。然得人之道、在銓選精厳薦挙有法。宜令在内文職七品以上、及近侍官、在外五品以下及県正官、各挙所知五品以下官、及無過犯民人、賢能廉幹堪任、牧民及居風憲者一人、吏部考験、如果賢能量材擢用。其所保非才、或授職之後、闒茸貪汚挙主連坐。

『仁宗実録』永楽二十二年十月乙卯の条

上命吏部令在京七品・在外五品以上文武及知県、于五品以下見任官及軍民中、訪挙徳性淳篤、行止端方、或才能出衆政績顕著、或文学有称識見優遠者、量才擢用。若有蔽賢及濫挙者、論罪如律、所挙之人後犯贓罪挙連坐。又諭之曰、朝廷比年数下詔挙賢、而奉行者率多徇私背公、或以賄賂挙、或以親故挙、所得実用十不三・四、政事何由而理生民、何由而安。自今必厳挙主連坐之法、庶得実材。

『宣宗実録』洪熙元年八月壬申の条

勅中外挙守令。勅曰致理之務必先安民、安民之方必択守令。……其令在京五品以上及監察御史・給事中、在外布・按二司正佐官・及府州県正、各挙所知、除見任府州県正佐官。及曽犯贓罪者不許薦挙、其於見任及屈在下僚官員、并軍民中有廉潔公正、才堪撫字者、悉以名聞。務合至公、以資実用、不許狥私濫挙如所挙之人、受戝有犯贓罪者挙者連坐。蔽賢不挙、国有明憲。夫天下生民之安否、係於守令之得失、尓尚慎重簡昇、以副朕惓惓斯民之心欽哉。

『宣宗実録』宣徳七年三月庚申の条

本文中に後掲。

『英宗実録』正統十四年九月癸未の条

今後方面及風憲官郡守御史、悉依宣徳年間令、在京三品以上官挙保任用。不限原任年月深浅、但挙才徳堪其任者、如或狗私謬挙、連坐挙主之罪。
(17) 『英宗実録』景泰四年三月壬戌の条
吏科都給事中林聡言、……今後布政使・按察使有欠、乞令三品以上官、連名共挙、其余倶付吏部推選、著為定例。庶責有攸帰。従之。
(18) 五十嵐正一「洪武年間科挙制の停止・再開と背景」(『中国近世教育史の研究』国書刊行会・一九七九年)。
(19) 谷光隆前掲論文「明代銓政史序説」。
(20) 『仁宗実録』永楽二十二年十月乙卯の条。
(21) 前掲史料『国朝典彙』巻四〇、吏部・薦挙の項。
(22) 『明史』巻七十一、選挙志三に「後以貧汚聞者、挙主連座、蓋亦嘗間行其法。」とある。
(23) 『国権』宣徳七年八月乙未の条にも同主旨の記事がある。
(24) 『英宗実録』正統五年十一月壬子の条。
(25) 『明史』巻七十一、選挙志三に「正統七年、罷薦挙県令之制」とある。『英宗実録』の正統七年の記事ではこれに対応するものがなく、むしろ正統五年に記載されている所からみると、『明史』が間違っていると思われる。
(26) 『英宗実録』正統七年六月壬子の条に、「(吏部)尚書郭璡等言、方面・府正欠、宜仍旧挙保。其知県欠、先已奉旨、令本部精選。今後御史・知州欠、宜従瓚言、暫停挙保之例。……上従之」とある。
(27) 『明史』巻一百七十七、年富伝。
(28) 前掲史料『英宗実録』景泰元年六月甲午の条に、また「十三道監察御史張子初等言、……陛下停保挙之新例、而復洪武・永楽之旧制。事下礼部会官議僉、謂大臣保官、誠為有弊、宜如御史所言革之。詔従所言、令今後方面郡守・御史有欠、吏部従公推選」とある。
(28) 『英宗実録』正統元年八月丙寅の条。
(29) 『宣宗実録』宣徳三年二月己卯の条に「自今召至者、引於内廷、六部・都察院・翰林院堂上官命題考試」とある。
(30) 『宣宗実録』宣徳四年四月乙酉の条に「他有挙者、必会官考試、然後量授以職」とある。
(31) 『宣宗実録』宣徳七年三月庚申の条に「自今吏員三考満、吏部通引於内府、会同六部・都察院・翰林院堂上官出題」とある。

(32) 拙稿「明代の武挙と世襲武官」(本書第四章)。

(33) 『英宗実録』正統十一年十二月壬寅の条。

(34) 『孝宗実録』弘治二年七月丁丑の条。

(35) 谷光隆前掲論文「明代銓政史序説」参照。

(36) 万暦『大明会典』巻五、吏部・推陞。

(37) 『国朝献徴』巻五十三、南京工部右侍郎徐公恪神道碑に、徐が南京工部右侍郎に就官したのは弘治乙卯八年のことだと述べている。

第四章　明代の武挙と世襲武官

序

明代軍制の一大特徴である武官世襲制は、創建当初から実施された。父祖の官職を受け継ぐこの制度は、軍内部における継承者の地位固定化作用が働き、勲臣を頂点とする一種の武官身分制度となって、明末まで長く続いた。したがって年月が経過するにつれて世襲武官集団内部は、制度的硬直化現象を起しながら頽廃し弛緩していく傾向が生じたのは必然であり、また明朝の軍事力自体の弱体化に結びつく重要な要素ともなったのである。朝廷は宣徳年間頃から、世襲武官の任用法にいくつかの新方式を付加するものを案出し、それを梃子にして世襲武官集団内部の刷新と軍隊弱体化を防ぐことに意を注いだ。「推挙」や「挙用将材」等の改革案がそうである。武挙法はそれよりやや遅れた天順八年（一四六四）に提案されたが[1]、その流れを汲む改革案の一つであった。

武挙法は、太僕寺少卿李侃の建言によるもので、各地の衛所武官から軍民にいたるまで有能な「武芸の人」を京師に集め、策問と騎射・歩射を考試し、中式者を抜擢しようとしたものである。当初は武官登用の主流とならなかった。正徳三年（一五〇八）にいたって、文挙に倣った武挙法に更定し、法的に整備された。だが中式人数は少なく、武挙の実施が軌道に乗ったとはいえない。武挙が重視されるようになったのは、嘉靖二十年（一五四一）代に入ってからだと思われる。成立から八十年ほど要したことになる。

本章では、主に武挙法の成立や確立過程を考察することによって、世襲武官集団の存立基盤について若干の私見を述べてみたい。

一　明初の武官任用法

明代の武官任用法は、洪武年間の創設期、永楽年間の継承期を経て、宣徳年間頃から新方式を付加して変革しようとする動きがみられた。その動きを考察する前に、洪武年間の武官任用法における世襲と陞調について確認しておきたい。

『太祖実録』洪武五年正月戊辰の条に、

申定武選之法。凡武官陞調・襲替、或因事復職、及見欠官員、応入選者、先審取従軍履歴、齎赴内府、参対貼黄。帰附年月・征克地方・陞転衛所及流官・世襲相同、然後引至御前、請旨除授。若奉特旨陞遷者、随将欽与職名及流官・世襲・陞転之由、於御前陞選。

とある。この記事から洪武年間初期の武選は、つぎのような手順で行われたことがわかる。武官の陞調・襲替・復職の必要性が生じたか、現官員の欠員が生じた場合、兵部がその候補武官の従軍履歴を審査し、それを内府に赴き貼黄と付き合わせる。貼黄記載の帰附年月・征克地方・陞転衛所、及び流官・世襲等の内容が兵部のものとあい同じであるならば、天子御前にて、天子の意志を伺い除授する。かりに天子の特別の指示を奉じた場合、ただちに指示を承けた者の職名及び流官・世襲・陞転等の由来をそえて、天子御前にて陞選させる。洪武二十六年に頒布された『諸司職掌』兵部・銓選に規定されている武官除授の法も、この洪武五年の武選之法を踏襲しているので、洪武末年に至っても基本は受け継いでいたことになり、これが明朝一代の祖法になったといえる。洪武二十五年の統計によると明軍の武官数は、在京は二千七百四十七員、在外は一万三千七百四十二員にのぼった。(2)兵部による武官任用は、これら武官の世襲の可否と陞調人事とが、大きな比重を占めていたと考えられる。そこでまず武官世襲のあり方についてみていきたい。

武官の世襲は、軍戸の世襲制と軌を同じくしたもので、明朝軍制の一大特徴である。その淵源は明建国前に溯れるであろうが、太祖は洪武三年十二月と洪武四年三月に法令を出して具体的に武官世襲法の体系を打ち出した。『太祖実録』洪武三年十二月甲子の条に、

定武臣世襲之制。凡授誥勅世襲武官、身歿之後、子孫応継襲職者、所司覈実、仍達于都督府、試其騎射閑習、始許襲職。若年尚幼、則聞于朝。紀其姓名、給以半俸、俟長仍令試芸、然後襲職。

とある。また『太祖実録』洪武四年三月丁未の条に、

詔、凡大小武官亡没、悉令嫡長子孫襲職。有故則次嫡承襲、無次嫡則庶長子孫、無庶長子孫、則弟侄応継者、襲其職。如無応継弟侄、而有妻女家属者、則以本官之俸、月給之。其応襲職者、必襲以騎射之芸、如年幼、則優以半俸、歿於王事者給全俸、俟長襲職、著為令。

とある。この二記事をもとにした洪武初年の武官世襲法の概略は以下の通りである。まず誥勅を授けられ子孫への世襲を認められた武官が、亡故・年老・征傷等の理由でその武職を離れた場合、(3)兵部が世襲子孫を調べ、その結果を都督府に伝達する。都督府はそれを貼黄と付き合わせた後、その者の騎射の武芸を考試し、中式した者は父祖の誥勅に

応じた武職の世襲が許される。もしその者が若年であれば、一定の年齢に達するまで待って武芸を考試し、中式後に世襲が許される。すなわち武官は、その官職を原則として子孫に世襲させることができ、それは嫡子ばかりではなく弟侄まで広げ、その範囲の中で順序を定めて、引き継がせることができたわけである。しかし全ての武職が世襲できたわけではなかった。『明史』巻七十一、選挙志に

兵部凡四司、而武選掌除授、職方掌軍政、其職尤要。凡武職、内則五府・留守司、外則各都司・各衛所及三宣・六慰。流官八等、都督及同知・僉事、都指揮使・同知・僉事、正・副留守。世官九等、指揮使及同知・僉事、衛所鎮撫、正・副千戸、百戸・試百戸。直省都指揮使二十一、留守司二、衛九十一、守禦・屯田・群牧千戸所二百十有一。此外則苗蛮土司、皆聴部選。

とある。また万暦『大明会典』巻一百十八、兵部・銓選・陞徐に、

官有流、有世。世官、指揮使・同知・僉事、正・副千戸、衛鎮撫、実授・試百戸、所鎮撫、凡九等。流官、都督・同知・僉事、都指揮使・同知・僉事各三等、正・副留守二等。流官以世職陞授。

とある。この二史料を総合してみると、武職は世襲できる世官と世襲できない流官の二種があり、世襲できる世官は、衛の指揮使・指揮同知・指揮僉事・衛鎮撫、千戸所の正・副千戸、百戸所の百戸・試百戸・所鎮撫の九等であった。武官の世襲は、衛所の武職に限定して許されていたわけである。一方、世襲できない武職は、五軍都督府や地方都司の流官職であった。それは中央五軍都督府の左右都督・都督同知・都督僉事の三等と、地方に配置された各処都司の都指揮使・都指揮同知・都指揮僉事の三等、そして中都の正留守・副留守の二等、合計八等であり、世官を陞調して任用したのである。

兵部による陞調人事は、世襲法と同じ手順であった。ただ衛所内の武職に陞調してもその武職はいわば流官で、誥

勅がなければ、その職の世襲は認められなかった。法的に世襲できない五軍都督府や地方都司の流官職は、前掲万暦『大明会典』に「流官は世職をもって陞授す」とあるように、「世職」すなわち世襲武官集団及び勲臣の中から選んで陞授していた。そしてこの流官職は、前掲『明史』選挙志に「皆、部選を聴す」とあり、兵部の人選によってなされたのである。一般に流官職は衛所の武官を管理指揮する立場にあり、軍制上重要な位置にあって、その人事は重要視され影響も大きかったと思われる。いずれにしても都督から百戸にいたる武官人事は、すべて兵部が関わっていたとわかる。

永楽末年頃になると、新たに京営が設立された。成祖は永楽年間に北巡やモンゴル親征を実行する際、各衛所から軍士を調して行軍体制を編成させた。とくにモンゴル親征を繰り返す内に、帰還しても行軍体制を解かずに営を結び、それが永楽末年までに京営として発展し、制度的完成は宣徳初年とされている(4)。京営武職の任命について、『明史』巻七十一、選挙志・兵部に、

自永楽初、増立三大営、各設管操官、各哨有分管坐営官・坐司官。景泰中、設団営十、已復増二、各有坐営官。倶特命親信大臣提督之、非兵部所銓択也。

とある。京営は三大営が設立され、それが土木の変を経た景泰年間に十団営として編成替えされた。それら京営武職は一時の職で、管操官の坐営・坐司等の高位職は、兵部にその銓選の権限はなく、天子による「特命」の人選であったことがわかる。しかし正徳『大明会典』巻一百十一、兵部・営操に、

是為三大営。各営管操官曰提督、各哨分管官曰坐営、曰坐司。倶本部奏請於公侯伯・都督・都指揮内推選。

とある。提督・坐営・坐司等の武職の人選について、兵部が人選し奏請したとしている。『明史』が述べるように天子による「特命」の人選が本来の姿だとしても、現実には兵部の推選があって、天子はそれに従うことが多かったと

思われる。

鎮戍はやはり永楽・宣徳年間頃から、漸次各処に設立され始めた。これは中央から主に辺境の軍事要衝地に総兵官を派遣し常駐せしめるようになって形成されたものである。宣徳から正統・景泰年間へと時代が降るにしたがい、辺境や内地を問わず各地に設立されていき、その数は増加した。鎮戍は成立過程からもわかるように京営と同じく行軍形態を制度化したもので、その総兵官・副総兵・参将・遊撃将軍等の武職は、やはり京営と同様に一時の職で世襲できなかった。正徳『大明会典』巻一百十、兵部・鎮戍に、

其官称掛印専制者曰総兵、次曰副総兵、次曰参将、次曰遊撃将軍。旧制俱於公侯伯・都督・都指揮等内、推挙充任。

とある。また『明史窃』巻之第十二、軍法志に

国有大師、兵部推挙武大臣一人、為総兵官佩将軍印。

とある。鎮戍の高位職は、兵部に銓選の権限はなかったが、兵部が「推挙」していたとわかる。この京営と鎮戍は、明代中期頃から都督府や都司に替わって軍制上重要になり、国軍の中核となった。

以上、武官の世襲は、公侯伯の勲臣と衛指揮使以下の衛所官について許されていたのに対し、五軍都督府及び都司と後に添設された京営と鎮戍の武職は世襲できなかった。そしてそれら各武職の人選は、衛・都司・五軍都督府は兵部が担った。京営と鎮戍の高位職は、原則として兵部に権限はないとしても兵部が候補者を推選し、天子の裁断によって決定したと考えられる。

五軍都督府・都司及び京営・鎮戍等の世襲できない武職はどのような者が任命されたのであろうか。まず万暦『大明会典』によれば、五軍都督府の掌印官は見任公侯伯の勲臣の中から、僉書官は帯俸の公侯伯・都督・在京各営都指

揮使・在外の正・副総兵官の中から会官して推挙した。都司の掌印官と僉書官は、原則として該当都司所属の衛所内にいる相応した世襲武官の中から推挙した。(5) これらは後述する「会官推挙」の対象資格をしめしたもので、直接的には洪武・永楽年間の状況ではない。ただ資格対象者に関しては、当初から大きな変化がなかったと考えられる。(6) さらに京営と鎮戍の武職について、前掲史料の正徳『大明会典』兵部・京営と同書、兵部・鎮戍によって述べると、京営の提督・坐営・坐司等の武職は、公侯伯の勲臣及び都督・都指揮使の中から推挙した。鎮戍の総兵官・副総兵官・参将・遊撃将軍は、公侯伯の勲臣・都督・都指揮使等の官から推挙したとしている。結局、京営・鎮戍の高位武職は、公侯伯の勲臣か、あるいは流官の都督・都指揮使内から任命していたことになる。これらのことを勘案すれば、京営及び鎮戍の高位武職は、制度上、勲臣や都督等が任命される比重が大きく、それ以下の武職は世襲武官集団から任用されていたと考えられる。問題はこれら勲臣や世襲武官の資質が一般的に代替わりするにつれ、低劣化したことである。最初に問題視されたのは世襲武官であった。

世襲武官の質の低下に関して、宣徳年間のこととして、『宣宗実録』宣徳三年正月戊申の条に、

行在兵部奏請選武官上曰、……比年以来、軍官子弟、安於豢養、浮蕩威風、試其武芸、百無一能、用之管軍、不能撫恤。有司但知循例銓除、一旦有警、何以得人。

とある。武官の子弟は「安於豢養、浮蕩威風」していて、其の武芸を試すに、「百に一能無」き状態で、配下にたいしても「撫恤」できなかったという。明代の世襲武官の頽廃は著名であるし、各史料に畳見され多言は必要ないであろう。またこの記事から宣徳年間当時の武官任用も前例を重視する兵部の「循例銓除」が通例だったことが窺える。

やや時代の降った正統年間の例であるが、『英宗実録』正統七年十二月庚戌の条に、

翰林院編修徐珵言五事、……今朝廷大臣、挙用将官、並不問其才之長短、智勇有無、一概挙之。有指揮郎陞都指

揮、都指揮郎陞都督者。

とある。正統七年徐理は、武官を「将官」に挙用するのに、能力の有無を考えず、衛指揮は都指揮使に、都指揮使は五軍都督府都督にと序列を重んじ機械的に任命する「循例銓除」の弊害をやはり指摘している。宣徳年間頃から、能力差を考慮しない兵部による「循例銓除」が、武官の頽廃を生む一因と認識されていたとわかる。

二　宣徳・正統年間の武官任用法の変革

宣徳年間頃から顕著になってきた武官の頽廃や兵部による任用機能の麻痺に、対応策として「選武臣条式」の頒布や「武科」の開設等が案出され、また「推挙」や「挙用将材」等が実施された。まず「選武臣条式」の頒布について述べたい。『宣宗実録』宣徳三年三月癸卯の条に、

頒選武臣条式。上嘗諭行在兵部曰、典兵之職、所繫甚重。自今、凡都司官及衛所正官、必択老誠歴練、足為表率者任之。然人之智愚賢否、未易摠知、惟公惟明、乃可得人、宜尽心於此。至是尚書張本言、内外軍職不下九万余人。……今擬定選条式、付与各官。其条式、一脚色、二状貌、三才行、四封贈、五襲廕、令各具年甲状貌、及初従軍来歴、所建勲労、得官之詳、及今有無残疾。仍従親管官、及同僚同隊、并首領官、保勘回報。取其歴練有才智者、擢用之、庶幾得人。上従之。

とある。その頃とくに流官の都司職や衛所官の質の問題が取りざたされていて、その改善のために「選武臣条式」を頒布したとわかる。兵部が擬定した条式は、（一）脚色（軍歴）、（二）状貌（容貌）、（三）才行（能力）、（四）封贈、（五）襲廕（世襲）の項目にわけるが、それを内外九万余の武職に就いている者に付与し、年齢と容貌、従軍来歴、

勲労による得官の詳細、疾病の有無等を具させ、それに親管官（直接の上司?）・所属隊の同僚・首領官の保勘をそえて回報させる。その中で軍歴や才智があれば、その者を擢用しようとするものであった。兵部尚書張本が、それまでの兵部武選の方法では充分な人材が得られなかったので、ここに新たに「選武臣条式」をだしたのである。この条式はその後廃罷されて武官の人事方法の本流とはならなかった。ただ宣徳年間頃の武官任用法の改革運動の一部とみなせる。

つぎに武科を開く案が翌年に出された。『宣宗実録』宣徳四年九月壬戌の条に、

初巡按山東監察御史包徳懐言四事。……其二、人才之生各有所長、苟有所長、皆可任用。今武職之家、除長子廕襲、其諸子豈無諳練武芸才畧出衆之人、欲成功名無階可進。請開武科、除応襲之人及有過者、其余弓馬諳熟韜略精通者、許赴都司比試、抜其能者、兵部覆試、如果堪用、先与試職守辺、待其顕立功労一体実授。如此則有才之人、皆得効用。……上命行在礼部集議、至是尚書胡濙等議、開武科非旧制。

とある。巡按山東監察御史包徳懐の提言で、武官の嫡子等の世襲予定子弟を除く、その余の武官子弟に対して武科（武挙）を設置しようとする案である。「旧制に非ず」とされて実現には至らなかったが、これも武官任用の改革の動きであったと思われる。

さらに宣徳年間の対応策として「推挙」が広く用いられるようになった。万暦『大明会典』巻一百十九、兵部・銓選・推挙に、

流官推挙、与文職保挙同。

とある。流官である五軍都督府及び都司等の武職への「推挙」は、「文職保挙」と同じ性格であるとしている。文職の保挙は宣徳年間頃から盛行し始めたもので、諸大臣が会議して下僚や下級官僚等を推薦して抜擢する任用法である。

この制度を武官の人選にも準用しようとしたのであろう、流官職の欠員が生じた場合、兵部だけではなく広く在京の廷臣が会同して人選する制度としたのである。

都司の流官職への「推挙」については、『宣宗実録』宣徳三年六月乙巳の条に、

上謂太子英国公張輔等曰、都指揮総制一道、所任不軽、聞多有老疾者。卿等宜従公簡択、果当代者代之、於在京都指揮内選用。至是輔与公侯伯・都督及兵部尚書会議、以山西等処都指揮盧整等二十五人老疾、請以所選在京都指揮使宮得等代。従之。

とある。英国公張輔が、老疾な山西都指揮使盧整等二十五人に代えて、公侯伯・都督等の武臣および兵部尚書と会議し、彼等が在京都指揮内から推挙し任用したとわかる。この会議は兵部尚書を除けば、あとは武臣で構成されていて、これが都司職の「推挙」の始まりと考えられる。さらに二年後の宣徳五年に、『宣宗実録』宣徳五年正月丁卯の条に、

陞京衛指揮使呉凱等十七人為都指揮僉事、指揮同知季弘等十一人・指揮僉事呂昇等二十人署都指揮僉事。先是行在兵部言、各都司欠官、有旨命公侯伯・都督・都指揮公同推挙。至是有十余人、共挙一人者。或三・四人、或七・八人、共挙一人者、具名以聞。上謂尚書張本曰、人之才行未易知、今衆人同挙、必合公論。

とある。都司の欠官に、都指揮僉事に十七人、署都指揮僉事に三十一人を陞用した。その際、やはり公侯伯や都督・都指揮等の武臣に、候補者一人を「公同推挙」させた。これも武臣大臣によって推挙させたわけであるが、このような公同推挙の意義は、人事の公正さを期すところにあった。その後も都司職の「推挙」は継続された。『英宗実録』正統二年正月甲辰の条に、

太子太保成国公朱勇奏、都司之職、実方面重任、軍民休戚所繋。比年会官推選、不無請託等弊、以致任用非人。乞勅兵部仍遵旧制、密切推挙、取自上裁。従之。

とある。正統二年頃までに、都司の都指揮使等の職は廷臣による「会官推選」で任用するのが通例となっていた。当初、武臣大臣が中心となる推挙であったものが、文臣も参加する「会官推選」へと転換していたとわかる。その会議に参加する文臣の範囲がわからないが、つぎに述べる正統三年の例を考えると、多くの文臣の参加があったと思われる。朱勇は、「会官推選」で請託の弊害が横行したので、旧制に遵じた兵部による「密接推挙」に復することを要請した。朱勇の意見が採用されて会官推挙は中断された。翌年になると、『英宗実録』正統三年七月壬寅の条に、

調山西行都司都指揮使馬昇於万全都司、雲南右衛指揮同知潘瑢・洱海衛指揮僉事曹政・広西桂林右衛指揮僉事史雄、各陞本都司署都指揮僉事。以都司欠員、従文武大臣薦也。

とある。都指揮使馬昇等四人の人事の際、都司職の欠員に対して「文武大臣の薦」が認められた。直ちに再開した所をみると、朱勇の言とは逆に会官推挙は時宜を得た制度であったと考えられる。

五軍都督府の流官職への「推挙」については、『英宗実録』正統十一年十二月壬寅の条に、

陞燕山右衛帯俸都指揮使薫興・大寧都司都指揮僉事田礼・錦衣衛帯俸都指揮僉事范雄・張軏、倶署都督僉事。事先是、兵部以各軍都督欠員、請会官推挙、至是以興等聞。故皆命署其事。

とある。五軍都督府の都督僉事に「会官推挙」によって都指揮僉事黄興等四人を署した例が記録されている。さらに記事は十一年十二月以前、五軍都督府の都督に欠員が生じた時は、兵部が「会官推挙」を要請したと述べている。また前掲史料で重複した内容になるが、万暦『大明会典』巻百十九、兵部・銓選・推挙に、

凡五軍都督府欠掌印官、兵部具奏、会官於見任公侯伯内、推挙二員。欠僉書官、於各府帯俸公侯伯・都督及在京各営都指揮等官、在外正・副総兵内、推挙二員、奏請簡用。

とある。五軍都督府の掌印官の欠員が生じれば、兵部が「会官」して公侯伯の勲臣内より二人を推挙させ、僉書官の

欠員には、各都督府の帯俸公侯伯の勲臣と都督、及び在京各衛都指揮使の官、さらに在外の正副の総兵官内から二員を推挙し、それぞれについて皇帝の簡用を奏請したとわかる。五軍都督府の人事は本来、兵部の銓選であった。それが変化して廷臣会議による推挙となったのである。

京営や鎮戍の武職への「推挙」については、『孝宗実録』弘治二年七月丁丑の条に、

兵部尚書馬文升等、以災異言十三事、……謂大小将官并坐営官近例、倶会官推挙、似為太煩。今後京営提督、及南京守備、各処鎮守総兵官、仍照新例、会各衙門推挙。各営坐営官、止会京営提督等官推挙、其余従本部推挙為便。……従之。

とある。弘治二年（一四八九）に兵部尚書馬文升が十三事を述べた一事である。それによると、鎮戍の「大小の将官」及び京営の坐営官等は、弘治二年までに「会官推挙」によって任命されていたことがわかる。

「推挙」は宣徳・正統年間から広く用いられ始めたが、兵部だけで武官を銓除するのではなく、多くの廷臣が会同して推挙することによって、序列を重んじた機械的な人事や情実を含む人事を防ぐ目的があった。(7) と同時にそれは武官人事に対して一般在京高位文官、とくに閣臣の発言権増大を許すことになり、明代中期以降の文官による武官掣肘の一助になったと考えられる。

最後に「挙用将材」について述べたい。これも「推挙」と同様に武官頽廃の対応策として、宣徳年間から始められた。「挙用将材」とは、主に各地在野の智勇に優れた者や下僚を、都司及び撫安等の官が中央に推薦し、推薦を受けた者は京師にいたり、考試を受けて中式すれば、陞用された武官抜擢法のことである。一般にこの制を述べるとき、宣徳五年から始める。実録では『宣宗実録』宣徳五年五月乙巳の条に、

行在兵部奏、昨工部尚書黄福言、天下都司、宜令都指揮于所属官員、或在伍及替間旗軍内、毎歳慎選智勇廉能一

人礼送来京、都府会官従公試験、果堪大用則用之。……其令尽心訪挙、勿有遺才蔽匿、不挙者罰、若濫挙亦不恕。

とある。工部尚書黄福の提言が受け入れられ、以降「挙用将材」が多用されるようになった。その後、興廃や制度的変遷が見られたようだが、一応明末まで継続されたと思われる。

主に宣徳・正統年間頃のこの制度の特徴を黄福の提言を主として他史料も加えて、①被推挙者、②推挙者、③考試官と考試内容、④就官手順等に分けて考えたい。

①被推挙者

○都司の所属官、在伍及び替間旗軍の智勇廉能な者

○都指揮・千戸・百戸・軍旗人等を分けず、膂力は人より過ぎ、智謀は衆を超え、諸武芸中で一長をもつ者(8)

○京衛及び都司・衛所の武臣(9)

等の例で示される。すなわち各地の武官や旗軍等のなかで、智勇武略に秀れている者が被推挙者の対象であった。身分の低い軍旗人まで対象に入れていても、世襲武官・軍士の軍籍に限られていたと考えられる。

②推挙者

○都指揮使

○内外の文武大臣(10)

○公侯伯の勲臣及び五軍都督府の官と各営の把総官、在外の都・布・按三司の官、巡按御史(11)

等の例がある。要するに内外の文武官であった。

③考試官と考試内容

○都督府が会官して試験す

○行在兵部にあって会官し、弓馬を試す[12]
○五軍都督府と兵部が、弓馬と策問を試す[13]
等の例がある。兵部が都督府と会官して、弓馬・策問を考試したことがわかる。

④就官手順

就官手順については、『典故紀聞』巻十一に、

正統時、大同参将石亨奏、国家設法推挙武職、……果有可取、令於各辺総兵官処謀議、果能措置得宜、実有功効、然後不次陞擢之。……英宗善其言。

とある。石亨が、推挙された者を各辺の総兵官処に送り謀議させ、その措置が宜を得て功効を上げたならば陞擢すべき、と上奏したとする。[14]『英宗実録』正統九年五月甲子の条に、

先是命文武大臣、挙京衛及各都司衛所武臣。五府同兵部試、……上命許貴等五人、陞署職二級、余陞署職一級。仍従朱勇等、提督操練、以俟擢用。

とある。許貴等五人に署職二級、その他の者に署職一級に陞したという。さらに『憲宗実録』成化十九年五月壬辰の条に、

兵部尚書張鵬等奏、会総兵官英国公張懋等、校試各処所挙将材。指揮使文錦、答策二道、中馬箭五・歩箭二、冉璽答策二、中馬箭五・歩箭四、例陞署職二級。指揮同知華宏答策二、中馬箭二・歩箭六、指揮僉事楊能答策二、馬・歩倶中三箭、例陞署職一級。

とある。策問、弓馬の考試成績によって二等に分け、上等成績者に本職より二級上の「署職」、次等の者に一級上の「署職」に陞したという。「署職」とはいわば仮授職という意味で、軍功を上げなければ実授しない[15]とするものである。

これら三史料をもとに就官手順をまとめると、遅くとも正統年間頃から、考試中式者は、その考試成績によって二等に分けられ、本職より二級あるいは一級上の署職に陞されて、各地の総兵官処に送られた。そこで軍功を上げたならば、初めて実授されたことになる。「挙用将材」とは、従前の問題の多い世襲武官の「循例銓除」の打開策として、下級世襲武官及び軍籍旗軍にまで範囲を広げて有用な者を推薦させ、考試結果によって任用する武官抜擢制度であったといえる。

以上、明朝は宣徳・正統年間にいくつかの武官任用法を発案し、世襲武官の頽廃風潮を一掃しようとした。ただ、抜擢対象は世襲の武官及び軍士に限られており、とくに登用された者は高位武官及びその子弟が依然として優遇されていたのではないかと推測される。そしてこれらの武官任用法は、それまでの弊害を除去するような画期的な変革とはならなかった。なぜならあくまでも世襲武官集団内を主とする変革に過ぎず、この改革の動きは以降も継続していったからである。

三　天順八年の武挙法

武挙法は、『明史』や『明実録』によると天順八年十月に立てられたとする。この時の武挙法は「挙用将材」制と密接な関係にあったと思われるが、それが独自の形態をとるようになったのは正徳三年以降である。それまでの武挙の経過をたどってみたい。『憲宗実録』天順八年十月甲辰の条に、

立武挙法。凡天下貢挙諳暁武芸之人、兵部会同京営・総兵官、於帥府内考其策略、於教場内試其弓馬。有能答策二道、騎中四箭以上、歩中二箭以上者、官自本職量、加署職二級。旗軍・舍余授以試所鎮撫、民人授以衛経歴、

月支米三石。能答策二道、騎中二箭以上、歩中一箭以上者、官自本職量、加署職一級旗、旗軍・舎余授以冠帯総旗、民人授以試衛知事、月支米二石。俱送京営・総兵官処参画、方略量用把総管隊、以聴調遣。後果能運籌奮勇、克敵見功、仍聴各該領軍総兵等官覈実、請命陞擢。従太僕寺少卿李侃言、兵部折衷覆奏、以為取士之法也。

とある。武挙は、各地の「武芸を暗暁」している者を中央に貢挙させ、この者たちを兵部と総兵官等が会同して考試する。考試の内容は、策略と弓馬からなっていて、中式者は考試の成績によって二等に分けられる。上等は、策略二道を答え、騎射四箭、歩射二箭以上を的中させたものである。武官は本職よりも二級上の署職に加え、旗軍・舎余は試所鎮撫を、民人は衛経歴を授ける。俱に中式者に米三石を支給する。次等は、策略二道を答え、騎射二箭、歩射一箭以上を的中させた者である。武官は署職一級を加え、旗軍・舎余は冠帯総旗に、民人は試衛知事に授ける。俱に二石を支給する。そして中式者を京営か総兵官処に参画させ、軍功を上げれば、任地の総兵官等に陞擢を要請させるとするものである。軍籍以外の「民人」に応試資格を与え、その道を開いたことは、これまでの武官登用法になかった点が留意される。

　さらにこの史料の末尾部分「従太僕寺少卿李侃言、兵部折衷覆奏、以為取士之法也」から、太僕寺少卿李侃の提案を、兵部が折衷して定めたのが、天順八年の武挙法であったことがわかる。その設立の事情を示す史料として、『皇明条法事類纂』巻八、貢挙非其人に「挙選将材及設立武学事例」がある。それに、

　天順八年十月十五日、兵部等衙門尚書王□等題為陳言事該。太僕寺少卿李侃、将墩勧臣民十事条、陳具奏内一件。
　　激勧武芸以収豪傑、国家承平日久、人不知兵。旧時明暁戦陣之将、皆已物故、知兵者少。於無事之時、預為選将練兵可也。……欲?選将練兵、而武学之科、不可不設也。

とある。李侃の「十事条」は天順八年九月に上疏したものである。(16) かつて戦陣に明暁した将は、すでに物故したりし

て、兵を知る者が少ない状況で、今の平穏の時期に、あらかじめ「選将練兵」の策を実施すべきだと主張したことがわかる。そして同史料は続けて李侃の具体的な案を述べて、

乞勅該部会多官計議、行移天下衛所・府州県、分不分軍民・校尉・舎人・余丁・吏卒・監生・陰陽・医生・僧道・匠役、毎歳各挙通諸家兵法、或弓馬熟閒、或勇猛才力、或武芸絶論者一人、礼送至京、与両京武臣子弟通兵法者、同試之。置立挙場、於文武群臣内、推挙通暁孫呉諸家兵法、及知武芸者、為考試官。亦照文場制度関防、以集論定去留、以弓馬定高下、或取三十人、或取五十人。務兵法精通、或芸殊絶者、而取之、仍掲榜以示中者進之。大廷復試之、分三甲賜之品級出身。如此則武臣子弟、争先効用、豪傑之士、将由此而進。又何患将帥之不得其人乎。其各処挙送至京不第者、別立一営、就令選中者領之、支給月粮馬匹、令其演習以待不科、遇警亦得調用。

とある。この李侃の提案は、兵部が折衷したという「武挙法」案と比較すると、在来の世襲武官集団の存立基盤を損なう要素が強いと考えられる。その根拠はつぎの通りである。

㈠、八年の武挙法は、天下の大小衙門が、管下の「官員・軍民・旗校・舎人・余丁」等の中から有用な人物を、年月や人数を特定しないで推挙し、都司及び布政司等に礼送させるとする。[17]官員も武挙応試資格がありとしているので、世襲武官も対象内であったとわかる。

これに対し李侃案は、天下の衛所及び府州県が、軍・民・校尉・舎人・余丁・吏卒・監生・陰陽・医生・僧道・匠役等の中から、応試に適切な者一人を毎年推挙して、京師に礼送させる。官員を資格者としないこの李侃案は、実質的に世襲武官を武挙応試資格から排除した措置である。とくに全国の衛所（配下の軍籍者）と府州県（管轄下の民人等）の毎年それぞれ一人の推挙を必要とする規定は、全国にある府州県と衛所の数を考えれば、多人数の応試者を確保するためと同時に、軍籍以外の府州県から推挙される民人等に大幅な武職進出を果たさせるためのものと

考えられる。後述するようにこの規定を削除した天順八年武挙法の中式者が極端に少なかったこと、やはり民人の中式者が殆どいなかったことが、この規定が武挙実施にあたって重要かつ実効性を促す事前の措置であったと考えられる。

(二)、八年武挙法は、都司や布政司に礼送された応試者のうち有用な者を兵部に送り、兵部が勲臣の牙城である京営武職者と総兵官と同に考試するとする。

これに対し李侃案は、天下の衛所と府州県から直接京師に送られた応試者を、両京の武官子弟（恐らく両京武学に学ぶ者）の「兵法に通ずる」者と一緒に考試する。考試官は、「文武群臣内」より推挙された者があたる。つまり未入官の一般応試者と武臣子弟とを同列視した上に、考試官として文臣も参加させることは、武挙法の兵部と京営武職および総兵官を考試官としていたのに比べて、それだけ武官人事に勲臣や高位世襲武官の影響を受けないように配慮した措置と思われる。

(三)、八年武挙法では、前述したように中式者を上等と次等に分け、上等に二級を加えた署職を、次等に一級を加えた署職を許し、京営・総兵官処に送り、軍功を上げればそこの該任官の奏請によって初めて実授するとする。ここにおいても実授する時、高位世襲武官は影響力を行使できた。

これに対し李侃案では、中式者を「大廷」が復試し、三甲に分けて「品級出身」を賜う。「大廷」の復試と中式者を直ちに就官させることからみると、この考試の権威と格式を高め、中式者を優遇するものであるし、直ちに武官に実授したことは、高位世襲武官が関与しないようにした意図だと思われる。

以上の三点を考慮すると、李侃案は武官世襲制の枠を乗り越えた革新的な登用法であったとしてもよいであろう。それは八年武挙法に比べ、世襲武官を限定し民人の大幅な登用を可能にしたことを思えば、在来の世襲武官制度を崩すものであり、世襲武官との関係でより摩擦が大きい法と看取できる。本来、能力主義の武挙法は、身分制の世襲武官制度と矛盾するものである。したがって武挙法がより広い地域で、より多くの人材を、より能力主義の立場で実施されたならば、それだけ当時の世襲武官の存立基盤に抵触することになる。兵部が「折衷」して成ったという武挙法は、革新的な李侃案に対する世襲武官（とくに高位の者）の抵抗があって、兵部が彼らの立場に近づき、対立点を和らげようとした案と考えられる。それでも武挙法は下級軍人や民人の登用に関して配慮がある。『罪惟録』志巻十八、武科挙付に、

天順八年、始開武挙。然取不過一・二名、至七名而止。

とある。天順八年の武挙によって、中式した者は一・二名に過ぎず、それが七名に至ると止めたとしている。また『春明夢余録』巻五十五、府学・武学付に、

天順八年、于武挙分為二等。……総旗・民生上者、授各衛試経歴、次者授各衛知事。後絶無授経歴・知事者。

とある。孫承沢は、のちに経歴や知事に授職された者が「絶無」と述べているので、民人への授職はほとんどなかったとわかる。天順八年の時点で、明朝廷は実質的に武挙を機能させる意図がなかったのである。ここにおいても世襲武官の抵抗があったことを推測させるのである。

ところでこの武挙法の条式は、「挙用将材」の制度と類似している。貢挙もしくは推挙された者を、兵部が総兵官等と会同して考試した点、策略二道と弓馬二道からなる考試内容の点、中式者を二等に分け署職二級もしくは一級を加える点、中式者を総兵官処に送り参画させ、軍功を上げたあとに、官職を実授した点はほぼ同じである。前掲史料『皇明条法事類纂』の「挙選将材及設立武学事例」に

武学之設、固為今日要務、但立法取人、貴合時宜、不必拘於設科常制、而当以薦挙為先。

とある。李侃の「武学之科」を設置すべきとする提案に、朝廷は武学之科（武挙）は今日の要務であるが、それにも拘らず、薦挙を先に実施すべきだとする内容で、史料は続けて天順八年の武挙法の内容を述べる。つまり八年の武挙法は、「薦挙」すなわち「挙用将材」へ傾斜し、これに準じた制度の設置を意図していたとわかる。また『皇明条法事類纂』巻八、貢挙非其人にある「考選挙用将材例」では、天順八年の武挙法を「挙用将材」の事例として述べる。一方、『憲宗実録』は、これを「武挙法」とした。天順八年の武挙法は、「挙用将材」と同じ範疇の制を「武挙法」としたところに、「折衷」があったのである。

つぎに天順八年武挙法は、その後どのような経過を辿ったであろうか。『憲宗実録』成化十三年八月甲辰の条に、

昔以御史言立武挙。而兵部議、令会官推薦行之、未久隨亦廃罷、乞仍設立以取将材。……詔曰、京営官軍仍遣官点閲、武挙不必設。只如例推選。

とある。兵科給事中郭鏜の八事にわたる上奏の一節である。以前、御史の言で武挙を設立したが、兵部は「会官推選」によって将材の抜擢を行い、武挙の方はまもなく廃罷されたので、郭鏜が武挙の再設立を要請した。これに対し「武挙は必ずしも設けず、只例の如く推選すべきのみ」との詔が下された。つまり武挙法は成立から十四年ほど経た時点で、すでに恐らく成立してまもなく虚設となっていた。また再設立案も否定された。天順八年の武挙法は、さしたる実績を残すに至っていなかったのである。

成化十四年に、司礼太監汪直の意向を受けた武挙法が提案された。『憲宗実録』成化十四年五月己卯の条に、

時太監汪直用事、欲以建白為名。然素不知書、附之者多為作奏草。至是呉綬為撰草、奏請武挙設科郷試・会試・殿試、欲悉如進士恩例。……遂議上科条、大略欲選武臣嫡子、就儒学読書習射。郷試以九月、会試以三月、初場試射、二場試論判語、三場試策、殿試以四月一日、賜武挙及第出身。……及奏上内批、武挙重事未易即行、令兵

部移文天下教養数年、俟有成效、巡按提挙等官、具奏起送処之。

とある。汪直の個人的な名誉欲から出されたものとされ、制度的には文挙に倣った方式で、この点は後述する正徳三年に更定された武挙法と似ている。実施まで数年の猶予期間が設けられていたが、この武挙法は実施されるまでに至らなかったと思われる。

さらに弘治六年に、新しく武挙法が設置された。万暦『大明会典』や『国朝典彙』巻一百四十九、兵部・武学武挙にそのことが記載されている。『大明会典』によれば、つぎのような条式内容である。(18)

考試成績を二等に分け、上等は署職二級に陞し、次等は署職一級に陞し、団営か各辺に分送して参画させる。六年ごとの九月に武挙を開き、各地の軍衛と有司は、応挙に堪える者がいたならば兵部に礼送させるとするものであった。会典は原史料を抄約しているので問題があるかも知れないが、六年一試の条式を除けば、天順八年の武挙法と比較すると、この武挙法はそれに準拠している。弘治六年の条式に依拠して、弘治十一年に旗手衛指揮使李靖等十七人が次等の成績で中式した。(19)さらに六年後の弘治十七年に許泰等八人が上等の成績で、陳寛等二十七人が次等で合計三十五人が中式し、それぞれ署職二級と一級が加えられた。(20)中式人数は、成化七年の「推挙」例の五十人と比べれば少ない。(21)また文挙の三百名前後、万暦年間の三年一試の武挙中式者百名程度に比せば半分以下と少ない。いずれにしても弘治六年の武挙法はのちにみられるような本格的な武挙とはならなかった。

四　武挙の確立

弘治十七年頃、武挙を改革する動きがでてきた。『孝宗実録』弘治十七年十月壬午の条に、

兵部奏、武挙取中許泰等八人。……請如文挙、引見賜宴、主席等故事、以礼振作。上曰、武挙重事、将材須従此出可、特引見賜宴、光禄寺仍送羊酒、令尚書劉健主席。今後三年一次挙行。不中者許再試、不必定次数。

とある。弘治十七年の武挙の中式者は、天子引見が許され、また「賜宴」を受けた。そして今後、文挙のように「特に引見し、宴を光禄寺で賜」うことや、「三年一次挙行」に定めたことが主要な改革点である。それは劉大夏の提議であったらしい。『明経世文編』巻七十九、劉大夏「議行武挙疏」に、

近歳雖有保挙将材之例、又但挖其見有官職之人而推荐之、其間往往徇名而不責実。挽強引重者、目為勇敢、談説縦横者、号為謀略。及委以重兵、臨以大敵、僨事者多、而成功者少。蓋由求将之意雖労、而選将之路太狭也。……今欲依倣唐・宋故事、参酌会・殿二試事例、少加損益。毎遇文挙郷試之年、亦将武挙予期行移両京各省。令其転行暁諭。如有究極韜略、精通武芸者、或隠于山林、或育于学校、或羇于戎卒、或係于仕籍、許各赴所在官司投報、礼送赴試。果可取者、礼送兵部会萃数月、請于次年四月開科。

とある。弘治十七年、劉大夏が上疏した一文である[22]。当時の「挙用将材」で推挙された者は、現職の武官で実戦に臨めば「僨事する者が多く、成功する者は少」ないと慨嘆し、後段で文挙に倣って武挙を三年一試とすべきだとした。「或隠于山林、或育于学校」の一節から、軍籍以外の者も対象としていたとわかる。

明代中期、京営の提督・坐営官等や軍事的に重要視された北辺の総兵官等の任命は、勲臣から都督や都指揮使等の官へと身分の低下が見られたようだ[23]。「挙用将材」や「会官推挙」の能力主義人事の反映であろうが、しかしそれでも「各辺の将官は、京衛より推挙され、多くは膏粱之子に係わり任用す可からず[24]」「将官欠有らば多くは納賂を以て得、鎮所に至るに及べば、則ち大肆掊克す[25]」「近年以来、内外の将官の多くは、夤縁より出で、膏粱の子弟で非ざれば、則ち頑鈍武夫たり。一たび警あるに遇えば、倉皇して措を失う[26]」といった状態で満足すべきものではなかった。

さらに『武宗実録』正徳二年五月庚午の条に、

兵部尚書劉宇言、臣頃建議急選将材、今已三年、挙至者百無一・二。誠恐疆場有警。

とある。推挙された有能な者は「百に一・二無」きような、形骸化されたものになっていた。劉大夏は、武挙法を改革して、武官抜擢法を「挙用将材」系の武挙から文挙に倣った武挙への格上げを図ろうとする提案であった。(27) 結果、これが弘治十七年に提言された三年一試の武挙法改革の動きにつながったといえよう。

正徳三年に武挙法が更定された。弘治十七年の武挙法改革の動きを承けたものであろう。『武宗実録』正徳三年正月庚申の条に「武挙条格」記載されている。いささか長いが、以下に掲げる。

兵部議上武挙条格。参酌文挙会・殿二試例、毎遇文挙郷試之年、予行両京十三省、有能究極韜略、精通武芸堪応武挙者、具報所在官司、軍衛送都司、有司送布政司、従撫按同三司考試。無三司者、従撫按考試、両京亦送巡按考試、俱送兵部。次年夏四月開科、初九日初場、較其騎射、人発九矢中三矢以上者合式、十二日二場較其歩射、亦発九矢中一矢以上者為合式、俱於京営将台前較閲。十五日三場、試策二道、論一道於文場試之。先期請命翰林院官二員為考試官、給事中并部属官四員為同考試官、監察御史二員為監試官。陛辞入院、試巻皆弥封謄録編号、上書馬歩中箭若干送入内、廉看詳、分配等第、其答策洞識韜略、作論精通義理、参以弓馬。俱優者列為上等、策論頗優、而弓馬稍次者、列為中等之前、弓馬頗優而策論麤、知兵法、直説事状、文藻不及者、列於中等之後、其或策論雖優、而弓馬不及、或弓馬偏長、而策論不通、俱黜之、以俟後挙。……官員及中式之人、梓其姓名録、其弓馬策論之優者、為武挙録進呈、仍張榜於兵部門外。次日引見、畢予事官、俱赴中府用楽宴、并請命内閣重臣一人主席、宴畢該営備鼓楽、職方司官二員、送武挙第一人帰第。其中式作論一道、答策二道、馬上中四箭以上、歩下中二箭以上者、官員加署職二級、管一人、若係百戸以上官、照例加陞、係百戸以下者、特授千戸職銜、送団営賛画、以示崇異。第二名以下、総旗授以試百戸、小旗・生員・舎人授以試所鎮撫、軍民授以各衛試知事、倶月支米三石。作論一道、答策二道、馬上中三箭以下、歩下中一箭以上者、官員量加署職一級、総旗授以署百戸、小旗・舎人授以署冠帯総旗、生員授以試知事、軍民授以試巡検、倶月支米二石。通送京営・総兵官処量用。有願回原籍者、咨撫巡官、依秩委用、議上従之。賜宴名曰会武。是議也発於先帝、至是始備其制云。

この内容の主要点を整理して箇条書きにすると以下のようになるであろう。

①文挙の会・殿二試の例を斟酌して作成した。ただし殿試は設けない。

②武挙郷試は、文挙郷試の年に、両京及び十三省で実施。「韜略を究極」し「武芸に精通」している者を、軍衛は都司に送り、有司は布政司に送り、撫按が三司と倶に考試する。三司のいないところでは撫按が考試し、両京では巡按が考試する。したがって応試資格者は軍籍に限らず、一般民人にもあった。考試科目は、武挙会試に倣って弓馬と策問とし、(28) 結果を中央の兵部へ報告する。

③武挙会試は郷試の次年四月に実施。初場は四月九日で騎射を考試し、九矢を発して三矢以上の的中者を合式とする。第二場は四月十二日で歩射九矢を発して一矢的中すれば合式とする。第三場は四月十五日に実施。策略二道と論一道を考試する。

④考試は翰林院官二員に命じ、それに給事中及び兵部の属官四員が加わり、監察御史二員が監試官となる。考試官や監試官の職は文官が務め、勲臣や世襲武官は排除された。

⑤授職は天順八年の武挙法と同様に成績順に二等に分ける。作論一道と策問二道に答え、騎射四箭、歩射二箭以上の的中者を上等とする。官員は署職二級を加え、総旗は試百戸を、小旗・生員・舎人は試所鎮撫を、軍民は各衛の試知事を授ける。ともに毎月米三石を支給。次等は作論一道と策問二道に答え、騎射三箭、歩者一箭以上の者とする。官

員は署職一級を加え、総旗は百戸の署職を、小旗・舎人は冠帯総旗の署職を、生員は試知事を授け、軍民は試巡検を授ける。ともに毎月米二石を支給。

⑥武挙中式者は、京営か総兵官処に送られ量用される。

⑦中式者は、天子引見を許され、内閣の重臣一人を主席とする賜宴に出席する。宴名を「会武」という。

考試内容は、策略二道と騎射および歩射とするのは、天順八年・弘治六年の条式とほぼ同じである。(29) また中式者を成績によって二等に分け署職を授ける点も同じである。正徳三年に定められた武挙法は三年一試を基本に、考試官と監試監は翰林院二員と給事中及び兵部の属官四員および監察御史の文官によって構成され、勲臣や高位世襲武官は排除された。そして天子引見と賜宴が張られたことになる。文挙の条式に倣い、武挙の権威もそれに近づけるか同等にしようとしたのである。ここに至って明らかに条式上は、世襲武官の存立基盤を脅かす武挙法が成立したのである。(30) 嘉靖元年の「武挙会試条格(31)」をみても正徳三年の武挙法を踏襲しており、制度的に武挙条式の骨格がこの時に確立したと考えられる。

正徳三年の武挙法はどのように実施されたであろうか。『武宗実録』三年五月甲辰の条に、

兵部奏、武挙中式安国等六十名、請依条格陞級用之。

とある。中式人数六十名は、前例に比せばかなり増加した。したがって条式の骨格が成立したことも考慮すれば武挙は軌道に乗ったとも考えられる。ただし、『武宗実録』正徳五年八月丁亥の条に、

左給事中張瓚・監察御史張羽等言、武挙中式官生安国等六十人皆庸才也。宜就御前覆試、奪其俸級。……一挙至五・六十人、何其多耶。此輩分隷各辺、操練已三年矣。而一籌莫効。

とある。安国等六十人の武挙中式者は、庸才であるから覆試を行い、其の結果によっては俸級を奪うべきだと張瓚等

は述べ、その上武挙中式者を六十人としたのは多すぎるとも述べた。新武挙法に異論があったことがわかる。

正徳六年、九年、十二年、十五年は武挙開科の年である。中式人数は確認できない。嘉靖二年の中式人数が三十人となっているので、張瓚等の意見が反映されて人数がおさえられたのかも知れない。なお、正徳十二年の武挙会試の応試者は、八百七名で、その内遼東出身者は二百三十七名を占めていた(32)。

嘉靖の中頃に入っても、武挙に対する見方が安定したわけではない。『世宗実録』嘉靖十九年二月己卯の条に、

兵部請開武科郷試。上以曩科、未見得人、報罷。給事中王夢弼言、国朝武科、本無定制、間嘗挙行。後以六年為率、士之登進者、衆不過三十二人、寡或二十人、蓋取之不広、故習者少也。自陸下定制以三年一試、取或至五・六十人、士皆踴躍思奮、而一旦報罷、恐多士解体、後之拊髀、猶今之云云也。請以六年一試、著為令。詔如前旨、不許妄議。責夢弼云云漫語、非対君之言、奪俸三月。

とある。兵部の武挙郷試開科の要請に、世宗は武挙では将才が得られないとし武挙を罷むとした。これに対し王夢弼は六年一試としても武挙の継続を要請した。その結果、彼の意見は「妄議」として奪俸三ヶ月の処分を受けたことがわかる。武挙は一時中断されていた。翌嘉靖二十年には、『世宗実録』嘉靖二十年九月丁未の条に、

武挙原以搯羅将才、近以所挙非人、輒為報罷。今給事中任瀛疏請再挙、幸俯従之。仍分辺方・内地、如毎科取五十人、辺方則三十、内地則二十、庶獲材武之用。

とあり、給事中任瀛の建言によって、辺方三十人、内地二十人の合計五十人をめどとする武挙法が再開された。嘉靖二十三年の中式者が四十人と、めどにしていた五十人にも達してないところをみると、やはりこの頃武挙が確立されていたとすることはできない。

次表は正徳三年以降の武挙中式人数をまとめたものである。いずれも『明実録』によって検索したが、表中の各年

年度	人数	年度	人数
正徳　三年	六〇人	嘉靖四一年	八五人
六年		四四年	九〇人
九年		隆慶　二年	一〇〇人
一二年		五年	一一〇人
一五年		万暦　二年	八〇人
嘉靖　二年	三〇人	五年	八〇人
五年	五〇人	八年	
八年		一一年	一〇〇人
一一年	六〇人	一四年	一〇〇人
一四年		一七年	一〇〇人
一七年		二〇年	
二〇年		二三年	
二三年	四〇人	二六年	
二六年	七〇人	二九年	
二九年		三二年	
三二年	九〇人	三五年	
三五年		三八年	一〇〇人
三八年	八五人	四一年	

度は武挙開科の年である。また人数欄の空白年度は中式人数が確認できなかったものである。孫承沢の『春明夢余録』巻三十、五軍都督府・付記に、

宣徳五年・正統八年・成化八年、始令天下保挙有謀勇者用之。天順八年開武挙。成化四年・弘治十七等年、各有参定条例。然所取甚少。初止取二名、七年至十五名、三十余名。及嘉靖後、非武挙不得陞調。於是世冑擁為虚器、而功臣之沢斬矣。

とある。将材の抜擢について孫承沢は、宣徳五年の「挙用将材」から説き起こし、つぎに武挙を述べている。そして武挙中式者でなければ陞調が得られなくなったのは嘉靖年間からだとし、それにつれて勲臣は「虚器」を擁するに過ぎなくなったとしている。『罪惟録』志巻十八、武科挙付に、

天啓中、以辺事急、武科稍盛。

とある。天啓年間に至って、ますます武挙が盛んになったとしている。

それでは武挙の確立は嘉靖の何時からかという問題が残る。

表の嘉靖二十三年の四十人と嘉靖二十六年の七十人と間に数的断層がある。二十三年以前は中式人数が確認できない年度が多いが、三十人から六十人の間を動いていて一定していない。しかも前述した世宗の言にあるように、嘉靖十九年、廃罷されたこともあった。武挙は確立されていなかったわけである。それに対し嘉靖二十六年から隆慶五年

まで中式人数は上昇し、万暦十一年から百人と一定している。万暦二十年から中式人数が分からないが、各実施年度に武挙の考試官あるいは監試官の任命を『明実録』が記録しているので中断されたわけではない。万暦三十八年に百人の中式人数を確認できるので、恐らく不明年度も同様に百人であったと考えてよかろう。この表からすれば、武挙が重視され軌道に乗るようになったのは嘉靖二十六年頃だと結論できる。

谷光隆氏はかつて俺答汗（アルタン・ハン）の侵入を機に嘉靖二十九年に京営改革がなされ、勲臣が京営から追放されたと述べ、武挙が重視されるようになったことも関連しているのではないかと暗示された。[33] 武挙の動きは数年早いが、明が北虜の軍事的圧力を受けていた時期と考えればほぼ一致する。『明臣奏議』巻十五、武挙議に、

我太祖高皇帝初定天下、召集海内各儒、酌古準今、議定制度。文職設科・貢二途以取士。武職世襲、故不設科。然又設流官五府都督及方面都指揮、倶不世襲、以待有功及賢能者陞用。各衛指揮千百戸、五年一次考選委用。蓋於世襲之中、而寓選挙之意、則武挙之制、已在其中矣。天順間始議武挙、成化・弘治以来、間一挙行、猶取騎射大略而已。至正徳三年、尚書劉宇議定、今行条格三年一次挙行、著為定例。中間条格如前項所査、既不取法於古、又不合宜於今、規制苟且、事体乖謬、誠未穏当。臣等先已査奏、不系洪武・永楽年間旧例、応否挙行。……如果挙用将材、祇応遵照旧例、於武職中推挙考選賢能之人、及於功陞官内酌量推用、則武挙一科、不必另設。

とある。正徳十二年に王瓊によって上疏された一文である。太祖が洪武年間に武挙を開科しなかったのは、武官世襲制を布いたからである。正徳三年の武挙法は、洪武・永楽の制とつながらず、挙行すべきでない。将材を必要とするならば、世襲武官から推挙推用すればよい。武挙は必ずしも設置しなくてもよいとする議論である。王瓊は明初の武官世襲制の遵守を主張した。彼は世襲制と武挙は相容れない矛盾する制度とみたのであろう。世襲制は勲臣を頂点とする一種の武官の身分制度である。武挙のような能力主義の登用法は、身分秩序を掘りくずす作用があり、とりわけ

勲臣や高位世襲武官の存在を危うくしたと思われる。同じ抜擢法の「挙用将材」は、弘治・正徳年間頃劉大夏の上疏文でみられるように、「名に循じて、実を責」めない将材の推挙であるし、情実や賄賂によるものも多くみられたであろう。一方、武挙は、文挙に倣った二段階の考試で、格式も高められていて、より厳格な抜擢法だったと思われる。それだけ既得権をもつ勲臣や高位世襲武官は、武挙導入に抵抗したであろう。武挙が長い間確立されなかった原因もそこにあったと考えられる。明代中期から文官や内臣に掣肘されはしたが、世襲武官の王朝における存立基盤は、武挙の成立過程をみていくとそれなりに強固なものがあったと推察される。

結

明代の武官任用法と武挙について若干の考察をしたが、本稿の要点はつぎの如くなろう。

一、公侯伯の勲臣の世襲は勿論のこと、武官の世襲は衛指揮使以下の衛所官に許されていたのに対し、五軍都督府・都司の武職と後に添設された京営と鎮戍の武職については世襲が許されなかった。これら武職の人事は、実質的に兵部が人選を行っていた。

二、宣徳・正統年間頃から、武官世襲制に起因する武官人事の停滞と武官の頽廃が問題となり、いくつかの武官任用法が発案された。それらのなかで「推挙」と「挙用将材」等の武官任用法が広く実施されるようになった。ただしこれらの任用法は必ずしも世襲武官の存立基盤と抵触するようなものではなかった。

三、天順八年の武挙法は、その条式と提案した李侃案を比較してみると、革新的な李侃の原案に対して世襲武官の抵抗があったのであろう、彼等の立場に近づいた折衷案であった。つまりそれは「挙用将材」の法と類似しており、その範疇に入る武官抜擢法であると考えられる。

四、正徳三年の武挙法は、文挙に倣った三年一試を基本とし、軍籍に限らず一般民人にも応試資格があり、さらに考試官・監試官は文官で構成され、勲臣や高位武官はその職務から排除された。武挙法は世襲武官集団の枠がはずされた武官抜擢法として立てられたことになり、条式も整備された本格的なものであった。ただし、嘉靖二十三年頃まで異論や中断があり、中式人数も少なく一定していない。武挙による人材供給が安定していたとはいえない。

五、嘉靖二十六年から、中式人数は増加し、万暦年間までに百名前後に一定するようになった。『春明夢余録』に云う「武挙に非ざれば陞調を得ず」となったのはこの頃からだと思われる。

武挙が長い間制度として確立しなかったのは、武官世襲制と矛盾したからだと思われる。それは、それだけ世襲武官の王朝における存立基盤の確かさをしめすものではなかろうか。

（1）明代の武挙については、晁中辰・陳風路「明代的武挙制度」（『明史研究』三・一九九三年）、許友根『武挙制度史略』（蘇州大学出版社・一九九七年）等の研究がある。

（2）『太祖実録』洪武二十五年閏十二月丙午の条。

（3）『皇明制書』巻五、諸司職掌・兵部。また同書は世襲を許された子孫は、嫡長男、嫡孫、庶長子、庶長孫、弟姪の順で世襲順位を定めたとしている。

（4）青山治郎「明代における京営の形成について」（『東方学』四十二・一九七一年）のちに『明代京営史の研究』（響文社・一九九六年）に収録。

（5）万暦『大明会典』巻百十九、兵部・銓選・推挙。また川越泰博氏は「明代衛所官の都司任用について―衛撰簿を中心に―」（『中央大学文学部紀要』二十四・一九七八年）で現存衛撰簿にみえる都司職は、主として指揮使は都指揮使以下に、指揮同知は都指揮同知以下に、指揮僉事は指揮僉事以下に任用されていると述べている。

(6)『春明夢余録』巻三十、五軍都督府。谷光隆「明代の勲臣に関する一考察」(『東洋史研究』二十九−四・一九七一年)参照。
(7)『英宗実録』正統七年十二月庚戌の条。
(8)『英宗実録』正統四年七月戊辰の条。
(9)『英宗実録』正統九年五月甲子の条。
(10)『英宗実録』正統十年九月乙未の条。
(11)『英宗実録』正統二年十月丁卯の条。
(12)『宣宗実録』宣徳十年四月壬寅の条。
(13)『英宗実録』正統九年五月甲子の条。
(14)『英宗実録』正統十年十月壬子の条に、石亨の上奏の記事がみえる。
(15)『明史』巻七十二、職官一に、「非真授者曰署職。……非軍功、毋得実授」とある。
(16)『憲宗実録』天順八年九月己卯の条。
(17)『皇明条法事類纂』巻八、貢挙非挙人・挙選将材及設立武学事例の後段に『憲宗実録』掲載の天順八年武挙法の原文と思われるものを記述している。それに、「兵部行移南北二京及天下軍民大小衙門、令於所属官員・軍民・旗校・舎人・余丁等内、広詢博訪不拘歳月、不限名数、但有通暁兵法、謀略出衆、弓馬便捷、堪為挙用者、即便従公保挙、属衛者礼送該管都司、属有司者礼送該管布政司」とある。
(18)万暦『大明会典』巻一百三十五、兵部・武挙に、「弘治六年定。武挙試策二道、文理優、韜略熟、及射中式者、陞二級。文不甚優、射雖偶中、止陞一級。雖善行文、射不中式、及射雖合式、策不准者、倶暫黜以候再試。中者送団営、或分送各辺、倶参画。或把総、或守備城堡、免令管隊。後毎六年九月一次考試、軍衛・有司、果有才堪応挙者、聴於応試之期礼送赴部」とある。
(19)『孝宗実録』弘治十一年十月丙子の条。
(20)『孝宗実録』弘治十七年十月壬午の条。
(21)『憲宗実録』成化七年十二月癸巳の条。
(22)『明臣奏議』巻十一、議行武挙疏によれば、弘治十七年に劉大夏が上疏したことがわかる。

(23) 谷光隆前掲論文「明代の勲臣に関する一考察」、奥山憲夫「明代中期の京営に関する一考察」(『明代史研究』八・一九八〇年)。
(24) 『孝宗実録』弘治元年九月乙酉の条。
(25) 『孝宗実録』弘治十七年五月壬寅の条。
(26) 『孝宗実録』弘治十三年四月癸丑の条。
(27) 『孝宗実録』弘治十五年八月乙巳の条に、南京戸部右侍郎鄭紀が、三年一試と二段階考試による武挙を要請したとある。結局、「武挙已に挙行之典あり」として兵部が反対したとはいえ、これが弘治十七年武挙の前例の案であったと考えられる。
(28) 王圻『続文献通考』巻四十七、選挙考・武挙に、時期不明の「武挙郷試条格」と、正徳十四年の郷試条格が掲載されている。正徳三年の武挙郷試は前者の条格によって実施されたと思われる。
(29) 正徳三年は、これに論一道が加えられていた。
(30) ただし李侃案にある府州県と衛所は毎年一人を考試させるとする規定がない点を考慮すると、革新性は李侃案に及ばないと考えられる。
(31) 王圻『続文献通考』巻四十七、選挙考・武挙。
(32) 『明臣奏議』巻十五、武挙議。
(33) 谷光隆前掲論文「明代の勲臣に関する一考察」。

第五章　余子俊の「万里の長城」とその失脚

第一節　余子俊修築の「万里の長城」試論

序

正統十四年（一四四九）、英宗が土木堡でオイラトの也先（エセン）に捕虜にされたという事件（土木の変）が起きた。この事件は明朝に大きな衝撃を与え震撼させた。当然北虜（タタールやオイラトをさす歴史用語として使用）に対する防衛の深刻な見直しが必要になり、それ以降の北辺防衛体制は、守備に重点を置く消極的姿勢に転換せざるを得なくなった。その防衛施設の中心的役割を果たしたのが、いわゆる「万里の長城」であった。

「万里の長城」は明代では「辺墻」と呼ばれ、周知のように東は渤海湾岸の山海関から、薊州・宣府・大同の北側を経て、南流する黄河を越え、清水営・楡林・花馬池を走り、寧夏の北を通過して嘉峪関に至る城壁である。その地図上の距離は二千七百キロメートルにも達するという。これを明が修築して重要な防衛拠点とした。

元来、辺墻は一時にでき上がったものではない。明代中期から明末にかけての約一百数十年の長期に亘って修築形成されたものであった。通説では、辺墻が最初に本格的に修築された場所は、陝西延綏鎮のオルドス南縁に沿った清水営から花馬池間一千七百七十里とされている。延綏巡撫余子俊が、その辺墻修築を成化八年から十年頃までに計画実行し、その任を果したことは、これまで指摘されてきたことである。[1] 本節は、余子俊修築の辺墻がどのような事情のもとに、そしていかなる目論見をもって着手されたかを考察したい。それが以降明末まで基本的に継続された、長城を修築して画地分守する北辺防衛策を理解する重要な原点だと思われるからである。

一　余子俊修築の辺墻

余子俊が、辺墻を修築したのは延綏地区であった。この地区に鎮守総兵官が派遣されたのは、正統初年頃からである。都督王禎が任ぜられたもので、鎮所は綏徳州にあった。[2] 綏徳州は楡林から直線距離にして約八十キロメートル南に位置する。これは北虜が正統年間の初め頃からオルドスに進出するようになったことに対する処置だと考えられるが、その頃は後年の脅威に較べると、まだ穏やかであった。その後、成化年間（一四六五〜一四八七）に入ると、北虜侵寇は激しさを増し、その対応策の一つとして、成化六年に延綏巡撫王鋭が楡林衛を設置した。しかし王鋭は効果的な対応ができずに、成化七年に召喚されてしまった。そして王鋭の替わりに、余子俊が延綏巡撫に赴任し、彼が北虜侵寇の対策として延綏辺墻の修築を提議したのである。

余子俊が辺墻を修築すべきだとした上奏文と、それに対する明朝政府の応答を述べた記事が、『憲宗実録』成化八年九月癸丑の条に記載されている。いささか長いが全文を掲げる。

巡撫延綏右副都御史余子俊等奏、虜寇自成化五年以来、相継犯辺、累次調兵戦守、陜西・山西・河南供餽浩繁。今辺兵共八万之上、馬亦七万五千余匹、累計今年運納之数、止可給明年二月。且今山・陜之間、旱雹所傷、秋成甚薄、毎銀一銭、止糴米七・八升、豆一斗、買草七・八斤、財力困窮、人思逃竄。倘不預為計虜、恐後患復生。如此虜今冬不北渡河、又須措備明年需費。姑以今年之数計之、截長補短、米・豆毎石倶作直銀一両、共估銀九十四万六千余両。毎人運米六斗、共用一百五十七万七千余人。毎草一束直銀六分、共估銀六十万両、毎人運草四束、共用二百五十万人、往回両月、約費行資二両、共費八百一十五万四千余両。脱用牛驢載運、所費当又倍之。蓋自古安辺之策、攻戦為難、防守為易。向者奏、乞剷削辺山一事、已嘗得旨、令於事寧之後挙行。窃計工役之労、差減輸運戦闘之苦、欲於明年摘取陜西運糧軍民五万、免徭給糧、倍加優恤、急乗春夏之交、虜馬罷弱、不能入寇之時相度、山界剷削如墻。縦両月之間、不能尽完、而通寇之路、已為有限。彼既進不得利、必当北還。稍待軍民息肩、兵食強富、則大挙可図。其寧夏等辺、又在守将各陳方略、倘以所見未合、仍事戦守須預備芻糧以防不給。如虜能悔過入貢、乞聴輔等遣使招徠之、事下。兵部言、供餽事、乞移文戸部措置。剷削山勢、恐虜已近辺、難於興作、宜令輔等勘議可否施行。如虜能効順入貢、速具以聞。上曰修築辺墻、乃経久之策、可速令処治。虜酋如不来入貢、亦不必遣人招之。

とある。この史料の内容を辺墻修築についていくつかの点に整理すると、以下のようになる。

1、「余子俊等奏」とあるように、余子俊一人の計議ではなく、恐らく延綏の守臣等が加わった複数の者による計画立案であった。また以前に提案は王朝の承認を受けていて、「事寧きの後に於いて挙行せしむ」とあるように実施の時機を見計らっていた。

2、延綏地区では、成化五年からオルドスの北虜（套虜）の入寇が　頻繁に繰り返されていた。それを防ぐため、明朝は前から軍士と軍馬をこの地区に投入していたが、上奏時の成化八年は軍士八万人以上、軍馬七万五千匹以上に達していた。

3、上記軍士と軍馬の軍餉は、陝西・山西・河南の軍民に依存していた。その貯餉は半年後の成化九年二月までの分しかなかった。さらに、当時陝西は天候不順によって不作であり、銀一銭ごとに糴買価格が、米七・八升、豆一斗、草七・八斤と騰貴していて負担が大きく、人民は逃竄を思う程であった。「米」は動員手当ともいうべき軍士行糧(3)に、「豆」と「草」は軍馬飼料に使われた。

4、今冬、北虜が黄河を北渡せずにオルドスに留まったとするならば、明年も膨大な軍餉が必要となる。成化八年の兵力を維持したとして、予想される成化九年の年間糧料費と運納費は、つぎのようになる。

糧料費　米豆…九十四万六千両（米と料豆は毎石、銀一両換算）

　料草…六十万両（料草一束につき、銀六分換算）

運納費　米豆…三百十五万四千両（毎一人の運納米豆は六斗、一百五十七万七千人が必要で、往復運納費を二両に換算）

　料草…一人の運納料草は四束、二百五十万人が必要で、毎一人の往復運納費を二ヶ月、二両に換算すると、

　　五百万両となる。

　運納に牛驢を使用した場合は、運納費は二倍の費用となる。

5、辺境防衛の策は、オルドスを軍事的に征圧する「攻戦（捜套）」は困難で防守の方が容易である。

6、軍餉輸運と戦闘の苦を思い、辺墻修築の工役の労と以前に修築の認可を受けた点を考慮して、明年に辺墻を修築するのが妥当である。その際、陝西の軍民五万人を使役し、彼等の徭役を免除し食糧を支給し事に当たらせる。工

期は春夏交替期の、北虜軍馬疲弊時の二ヶ月間とし、たとえ工期内に完全に辺墻工事が終わらなくても、入寇路は限定されて防ぎやすくなっているはずである。

7、辺墻修築によって、北虜が入寇しても利を得なければ、北還するであろう。そして軍民が休息を得、兵食が富強になったならば、大挙して捜套を図るべきである。

8、北虜が朝貢して和平関係を求めてきたならば、速やかにそのことを朝廷に報告する。

このように整理してみると、余子俊等が提議した計画の主眼は、輸送と戦闘の苦を差減し、延綏防衛の経費削減を辺墻修築によって果たそうとしたと窺伺される。そして、この上奏文を兵部と戸部が検討し、憲宗の裁可によって、北虜が入貢しなくても、それをうながすために人を派遣する必要がなく、辺墻修築は「経久之策」として早急におこなうべきものとされた。

成化九年、余子俊は延綏鎮を旧来の綏徳衛から楡林衛へと、オルドスの方へ前進させた[4]。恐らく辺墻修築工事実施の便と、鎮所を前進させることによる防衛上の利点を勘案したのであろう。翌成化十年、辺墻修築が実施された[5]。その工事結果を余子俊は成化十年六月に上奏してつぎのように報告している。すなわち『憲宗実録』成化十年閏六月乙巳の条には、

巡撫延綏都御史余子俊奏修築辺墻之数。東自清水営紫城砦、西至寧夏花馬池営界牌止、剷削山崖、及築垣掘塹、定辺営、平地仍築小墩。其余二・三里之上、修築対角敵台・崖砦、接連巡警、険如墩台。……凡事計能経久者、始為之役兵四万余人、不三月功成八・九。……其界石遖北、直抵新修辺墻、内地倶已履畝起科、令軍民屯種、計田税六万石有余。凡修城堡一十二座、楡林城南一截、旧有北一截、創修安辺営及建安、常楽・把都河・永済・安辺・新興・石澇池・三山・馬跑泉八堡倶創置、響水・鎮靖二堡倶移置。凡修辺墻東西長一千七百七十里一百二十

三歩、守護壕墻崖砦八百一十九座、守護壕墻小墩七十八座、辺墩一十五座。奏上、令所司知之。

とある。修築は兵四万人を投入して三ヶ月未満で、当初の計画の八・九割を果たした。工事内容は、東の清水営（府谷のやや北）の紫城砦から西の寧夏の花馬池営界牌までの約一千七百七十里の辺墻と、その辺墻の二・三里ごとに設置した「対角敵台」、「楡林城南一截」、「旧有北一截」、安辺営及び建安・常楽・把都河・永済・安辺・新興・石澇池・三山・馬跑泉等の各城堡（営堡）、並びに「辺墩」十五座、「守護壕墻小墩」七十八座、「守護壕墻崖砦」八百十九座等の修築であった。そして新たに造った辺墻から南側の「界石」にいたるまでの地域に、軍民に屯田を開かせ、そこから屯田糧の六万石有余が徴税できると述べた。屯田糧の六万石有余は、一万人の屯田軍士と一万頃の屯田が必要となる。(6)

以上のような経緯を経て、余子俊は辺墻修築計画を政府に提出実行し、その結果を上奏した。これらの内容について、経済的、軍事的考察が必要と思われるので、それは後述したい。いずれにしてもこれが、明代に於ける本格的に修築された「万里の長城」の最初の部分になったとされる。そして花馬池から寧夏については、弘治『寧夏新志』巻一、寧夏総鎮・辺防に、

河東墻。自黄沙觜起、至花馬池止、長三百八十七里、成化十年都御史徐廷璋・都督范瑾奏築。

とある。成化十年、花馬池・寧夏黄沙觜（横城付近か）間の三百八十七里の河東墻を、寧夏巡撫徐廷章と都督范瑾が修築したとわかる。徐廷章の河東墻修築は余子俊の延綏辺墻と連動したもので、これによって北虜をオルドス全域に封じ込める意図と考えられる。ただ、この工事については不明な点が多い。(7)

ところで、余子俊がこの時に修築した辺墻とは如何なるものであっただろうか。青木富太郎氏によると、辺墻に使われた材質は黄河南流地点以東の磚で作った堅固なものと異なり、以西すなわち清水営の紫城砦から寧夏を越えて嘉

峪関に至るまでは、各所の関門付近を除いて原則として版築で作った土壁だと述べられている。[8] 実地踏査した華夏子氏は、楡林の長城は既に崩れて、二メートル程度の高さの「土埂」となっていると報告されている。[9] さらに『明史』巻一百七十八、余子俊伝に、

子俊之築辺墻也、或疑沙土易傾。

とある。余子俊修築の辺墻は、材質が「沙土」の土壁であったとわかる。また前掲史料『憲宗実録』成化十年閏六月乙巳の条に「楡林・狐山・平夷・安遠・新興等の営堡は、尤も壮麗となす」とあり、「壮麗」という表現から、一部重要拠点は磚で作った堅固なものに修築したと推測される。辺墻の高さについて、修築四年前の余子俊の計画では、「二丈五尺」としている。[10] 営堡については、『憲宗実録』成化七年正月庚子の条に、

巡按陝西監察御史劉城、陳辺務便宜。……寧夏・楡林二処二十四堡、毎堡軍多者或二・三千、少者亦六・七百。

とある。これは成化七年の記事で、余子俊の修築したものを指していない。ただ、成化年間当時の堡は、軍兵の二・三千から六・七百までが駐屯できる規模だったと考えられる。

二　成化年間頃の北虜による延綏侵寇状況

余子俊が延綏に辺墻を修築した軍事的背景には、辺墻がオルドス南縁に位置している点からでもわかるように、オルドス情勢と密接な関係があった。オルドスは黄河が湾曲した南側の方形状の地域を指し、漢語で「河套」と呼ぶ。『明経世文編』巻六十三、馬文升「為駆虜寇出套以防後患事疏」に、

臣切思、河套之中、地方千里、草木茂盛、禽獣繁多、北有黄河、南近我辺。

とある。オルドスは、「地は、方千里」の広さをもち、草木が繁茂し、禽獣も多く繁殖した豊かな土地であると馬文升は説いた。さらに陳仁錫の『皇明世法録』巻八十、套虜に、

按河套、……国初虜遁河外、居漠北、延綏無事。正統以後浸失其険、虜始渡河犯辺。鎮守都督王禎始築楡林城、創沿辺一帯営堡・墩台、累増至二十四所。歳調延安・綏徳・慶陽三衛官軍分戍、而河南・陝西客兵助之。列営積糧以遏寇路。

とある。明初、北虜は漠北に退き、オルドスにも出没せず延綏は平安であった。正統年間から明側の北辺防衛体制で、「其の険を浸失」するに至って、それに乗じて北虜は黄河を渡って侵入するようになったとしている。「険」とは、永楽年間に放棄した黄河以北に位置する東勝衛、あるいはオルドス北縁を流れる黄河を指していると思われる。[11] 陳仁錫は、そのため正統年間に都督王禎は楡林城及び営堡・墩台を築造して入寇に備えた。営堡は成化初年まで二十四所に累増し、守備に延安・綏徳・慶陽の三衛の官軍が調されて分戍したと、オルドスの防衛状況を述べている。

オルドス居牧の北虜侵寇が深刻な問題として捉えられるようになったのは成化の初め頃からであった。『憲宗実録』成化八年三月庚申の条に、

吏部右侍郎葉盛及総督軍務右都御史王越・延綏巡撫右副都御史余子俊等会奏、以為往年虜寇、或在遼東・宣府・大同、或在寧夏・荘浪・甘粛、去来不常、為患不久。景泰初始犯延慶、然其部落猶少、不敢深入。天順間阿羅出進入河套、不時出没、尚不敢迫近居民。至成化初以来、毛里孩之衆、乃敢深入搶掠、攻囲墩堡。蓋以先年、虜我漢人以殺戮、恐之使引而入境、久留河套。故今日賊首孛羅合・癿加思蘭相継為患、卒不可除。

とある。これまで北辺への北虜入寇は恒常的な患ではなかった。景泰年間に至って初めて北虜は延綏地区を犯したが、「その部落はなお少」なく、腹裏内部に進んでは入寇しなかった。天順年間に阿羅出（オロジュ）がオルドスに侵入し、

時々出没しても、居民には近づかなかった。それが成化初年に毛里孩（モリカイ）がオルドスの北虜を配下に収めると、内地深く搶掠するようになった。成化八年頃の「賊首」は孛羅合と乩加思蘭（ベケリスン）で、最早彼らの入寇を除去することができない程に強力になっていたと葉盛等は述べている。

ところで余子俊は、前掲の成化八年の上奏文中に「虜寇、成化五年より以来、相継いで辺を犯す」と述べ、成化五年から問題は深刻化したと捉えた。また『憲宗実録』成化九年二月庚午の条に記載されている陝西巡撫馬文升の上奏文中に、「河套の虜寇辺を犯して、将に四載に及ばんとす」とある。やはり「虜寇」が顕著になったのは四年前の成化五年からだと捉えていた。この成化五年は、それまでオルドス居住の北虜を支配していた毛里孩が、阿羅出・乩加思蘭等によって北虜の覇権を奪われた翌年でもあった[12]。そこで成化年間の延綏地区に於いて、葉盛や余子俊あるいは馬文升の上奏文に反映した成化二十三年間の北虜入寇の状況をある程度把握しておく必要があろう。それが、また辺墻修築の必然性を理解する上で重要になるからである。

つぎは延綏と寧夏地区における『憲宗実録』の北虜による入寇事例を、年度と月別に、入寇時の規模、入寇地、搶掠対象を中心に要約して纏めた北虜入寇事例表である。

成化元年

一月庚午、虜寇がしばしば府谷堡等に侵入し、良田を掠した。

七月壬戌、虜賊が（安辺営）境に侵入した。

八月庚寅、北虜が西梁墩より入犯した。

十一月癸丑、虜賊が衆を擁して紫関墩より侵入し、黄甫川等を搶掠した。

十二月戊子、虜賊が（高家堡の）東西路より腹裏に侵入した。翌日、賊が五百人で馬順川より入掠した。

　丁酉、虜賊が衆を擁して黄甫川堡に侵入した。

成化二年

一月甲寅、虜衆が慶陽・環県を搶掠した。

　庚申、虜が環県を犯した。

二月甲戌、虜が神木堡の西に入り、水磨川を掠した。

丙子、虜が延綏境内を抄掠した。

丁丑、虜が寧夏韋州界に侵入し、牧馬三百余匹を掠した。

戊寅、虜三百余が環県に入り、四散して剽掠した。その時、男婦九十五人と牛・羊二百有余匹を奪回した。

己丑、虜が保徳州に入り人畜の甚だ衆くを殺掠した。

乙未、虜が寧夏花馬池に入り、四散して剽掠した。

三月乙卯、達賊が寧夏花馬池の楊柳墩に侵入し、人畜を剽掠し、掠されていた馬三百二十四匹を追還した。

五月丙申、五月十日に虜衆が楡林より入境した。掠された男婦四十五人、牛・羊一千七百七十匹を追回した。

六月壬子、五月十日に虜衆は二万人が、五路に分かれて（延慶に）入境した。

七月丙子、虜寇が寧夏に入った。

　庚寅、虜寇が寧夏花馬池に入境した。

庚寅、虜が黄甫川に侵入し、馬五百三十七匹を掠去した。

　戊戌、北虜が衆を擁して固原に入寇した。

八月丁巳、虜寇が寧夏に入った。

乙丑、河套の虜賊が平涼・固原・静寧・隆徳・開城・華亭等に深く侵入し、民財を涼した。

九月癸酉、七月三十日虜衆が寧夏に入境し、搶掠した。

乙未、虜寇が延綏に入った。その時、男婦三十四人と騾驢・牛・羊五千三百余匹を奪回した。

十月庚子、虜が延綏東路に侵入した。

癸卯、虜寇千余人が侵入して、三眼泉等を搶掠した。

乙卯、達賊が黄甫川に入境した。

十一月丁丑、達賊が安定県に侵入し、男婦二十四人を殺し、二百四十七人と馬騾・牛・羊二万匹を掠去した。

十二月乙丑、七月虜賊が花馬池より入り、平涼の諸処を劫掠した。

成化四年

十二月戊子、虜賊千余が沙窊寺墩を囲んだ。

己酉、虜賊二千余が延綏を寇した。

成化五年

二月癸巳、正月虜衆三千余が延綏の泥潤灘等以西を抄掠した。その時、虜されていた男婦十一口と馬・牛等の畜二百六十余匹を奪回した。

癸巳、虜衆三千が沙河墩を襲った。

癸巳、虜数千人が焦家川に入り、男婦を殺掠し、牛・羊数百を掠した。

閏二月癸亥、虜寇が康家岔等を掠した。その時、馬二十、牛・羊千余匹を奪獲した。

十一月乙未、虜が延綏を寇した。

　　庚子、虜が楡林以南を寇し、その時、人・馬・衣甲を奪還した。

十二月甲子、虜万余騎が（延綏を）分寇した。

成化六年
　一月壬午、去冬以来、虜が（延綏に）入塞し、辺民を剽掠した。

　　乙酉、去冬以来、虜がしばしば延綏の保安・安塞等の県、寧塞・安辺等の営、葭州等に侵入して、男婦三百余人、牛・羊四万余匹、銭穀器用等を無数殺掠した。

　　壬寅、虜寇が延綏に出没し、その時、掠されていた牛・羊四百八十余匹を追回した。

　二月庚申、虜寇が延綏を犯した。その時、搶掠されていた牛・羊畜牧八百余匹を奪獲した。

　三月辛卯、虜賊の一万余騎が五路に分かれて、延綏地方に南入し搶掠した。

　　庚子、三月初め虜賊が沙海子墩・河山墩に入寇し、搶掠されていた馬騾・牛・羊一千六十有奇を追回した。

　四月丙寅、虜が安辺営等に入境した。

　五月乙酉、虜賊の百余人が寧夏・賀蘭山に入り搶掠した。

　六月庚戌、河套虜が五月に延綏西路の墩を囲み米を索した。

　七月戊寅、虜寇が衆を擁して張厚家・川蘇家等の塞を襲った。その時、被虜の人畜の衆きを奪回した。

　　甲辰、虜寇が衆を擁して（延綏に）入境した。

　　甲辰、虜賊の一万余が双山堡から、五路に分かれて南入した。掠した後、遺棄した牛・羊は川野に満ち、また牛・羊等の畜七千有奇を奪還した。

　九月丙子、延綏の双山等の堡に（虜が）入寇した。

十月己酉、延綏の平夷、波羅等の堡で賊と応戦した。

十二月乙丑、五月二十一日虜が康家岔を寇した。

乙丑、六月十日虜が双山堡を寇した。

成化七年

一月壬辰、虜が寧塞・安辺等を寇した。

癸卯、虜賊が衆を擁して（延綏に）入寇した。

三月庚辰、北虜の千余騎が紅山墩を寇した。

丙戌、北虜の一万騎が分かれて懐遠等の堡を寇した。その時、牛・羊一百四十匹を追還した。

十月癸酉、成化六年以来、虜寇五万余騎が東山墩・定辺営等を搶掠した。

辛巳、本年九月以来、達賊二万騎が黒土圪塔に入って侵掠した。

丁酉、虜寇七百余騎が、楡林城、黒山等の墩に侵入した。

十一月壬寅、十月十五日、虜騎千余が木瓜山等に侵入し、十七日、虜百余が兎木河に入った。その時、掠されていた牛・羊十六匹を追回した。

十二月乙亥、十月以来、虜衆が狐山等の堡に入った。

乙未、虜が花馬池・定辺営より寧夏に入寇した。

乙未、虜衆が二路に分かれ、一は西安州より安会境へ入り、一は固原より隆静に入った。

成化八年

一月丙午、去冬、虜が花馬池・定辺営より入寇した。

乙丑、虜が靖虜諸処の辺を犯した。

二月己巳、去年十一月虜が固原に入り、官私の畜産七百余を掠した。

己巳、本年正月、虜が固原・平涼に侵入した。

乙亥、正月、虜衆数万が安辺営より入境した。

戊寅、正月以来、虜衆が（寧夏を）累駆した。この時、男婦三十二名、兵杖七百、牛・羊・馬驢は一万三千三百九十四を奪回した。

丙戌、虜騎二百余人が会寧に侵入した。

庚寅、虜騎十余騎が定辺営の境に入り、また虜騎二千五百が寧塞営から三路に分かれて入境し、剽掠した。

四月甲午、四月以来、虜がしばしば安辺営に入り、人畜を剽掠した。

五月辛酉、虜賊が衆を擁して（延綏に）入境した。

七月甲辰、五月以来、虜寇が花馬池・興武営より入り人畜を剽掠した。

八月庚午、虜賊がしばしば靖虜・平涼・会寧・靖寧等の州県に侵入した。

丁丑、七月の間、虜が花馬池より入り、環・慶等を大いに掠した。

己卯、臨洮・鞏昌等の四府に虜賊が入り、人畜数十万を殺掠した。この時、人畜七千有余を奪還した。

九月辛卯、虜寇が会寧に入り、大いに殺掠した。

十月甲辰、夏から深秋まで、虜寇が環・慶・固原に入って抄掠した。この時、被虜の牛・羊千余匹を追還した。

辛卯、虜が延綏の鎮靖堡に入った。

十一月戊申、七月以来、虜衆が四散して花馬池・霊州に入り、抄掠した。

乙卯、六月初め、虜が大いに花馬池・安辺営の境内を掠した。

丁未、本年六月、虜衆が平涼・靖虜に入り、一千七百六十人を殺掠し、馬騾牛羊五千七百余匹を掠した。

己酉、本年六月、虜衆が平涼・鞏昌・臨洮等の府州県に入り、四千余戸を劫し、人畜三十六万四千有奇を殺掠した。

十二月戊子、虜が安辺営に入り、運糧民夫六十余人と車・牛・糧米を殺掠した。

成化九年

一月丙申、成化八年十二月、虜が興武営等に入った。この時、掠されていた牛・羊・驢騾一千十一有奇を追還した。

二月壬申、成化八年十二月より正月にかけて、入境した虜と興武営・花馬池・漫天嶺・双山堡・高家堡・劉家塢・水磨川等で交戦し、馬・牛・羊合計約二万八千匹を奪回した。

三月乙未、二月以来、清水・神木・老虎溝等で虜を防いだ。

五月甲辰、虜寇が狐山堡・永鎮堡より入境し、人畜を殺掠した。

七月甲寅、虜が楡林澗を寇した。

十月壬申、九月十二日に虜が（延綏）西路に分寇した。

十月丁亥、虜衆が花馬池より静寧・青家駅に入寇した。

十一月甲午、十月十一日、二万余騎が韋州に入寇した。その時、男・女一千九百三十四、馬騾・牛・羊十二万九千八百匹を奪還した。

成化十年

六月辛巳、去年（九年）、泰州・安定・会寧・通渭・泰安・隴西・寧遠・伏羌、清水の州県に虜騎が入寇し、通計して男・婦三千三百六十四人を殺掠し、牛・馬等畜十六万五千三百有奇が虜われた。

八月己丑、去年（九年）より、虜が平涼・鞏昌の二府に入境し、男・婦四千二百七十七人を殺掠し、馬・牛十九万四百五十有奇を掠去した。

十二月乙未、十一月以来、虜寇が楡林溝等に侵入したが利を得なかった。

成化十六年

二月庚申、虜賊が寧夏中衛より靖虜・会寧等に入り殺掠した。

　庚申、虜賊が衆を擁してしばしば府谷県境に入り、人畜を殺掠した。

成化十七年

十一月乙酉、虜が寧夏より入境して、靖虜に至って殺掠した。

成化十八年

六月壬寅、虜寇が延綏の河西・清水営等に侵入した。

成化十九年

二月丙子、虜寇が三度、延綏東路に入境した。

成化二十年

十二月壬午、虜がオルドスに入り、延綏の諸営堡の軍士二百ほどを殺傷した。

成化二十一年

二月癸丑、正月上旬、虜賊三千騎が（延綏に）入境した。

『憲宗実録』は、北虜入寇を全て記録しているわけではないので、この表をもとに断定することはできない。しかし傾向は看取できる。先ず入寇状況は、成化二十三年の間に、成化十年を境として、入寇事例記録の頻度は、前後では異なり、成化十一年以降はそれまでと比べて激減している。また、成化元年から十年までの間でも、成化三・四年は事例が少なく北虜入寇が小康状態であったことを示唆している。そして成化五年から再度入寇事例が多くなっている。これが前述の余子俊や馬文升の上奏文中にみられた、「虜寇」の入犯は成化五年から顕著になったとする認識に反映したのであろう。北虜軍の規模は、十数騎から五万騎と大きな幅で記録されているが、大部隊の入寇は成化六年以後に多く見られ、また入寇地は延綏・寧夏の沿辺全域は勿論のこと、環・慶陽・会寧等の陝西内地の地点にまで侵寇が記録されている。そして搶掠対象が、北虜から「奪還」あるいは「追回」したと『憲宗実録』が表現している搶掠事例を含めて、一般人民の男女、驢騾・牛・羊・馬の家畜、及び糧米等であったとわかる。

三　成化年間前期の延綏情勢

成化初めから、オルドスの北虜侵寇の活発化に伴い、明側も否応なしに対応せねばならなかった。『明経世文編』巻九十四、王復「辺備疏」に、

看得東自黄河岸府谷堡起、西至定辺営、連接寧夏花馬池辺界西、縈紆二千余里、険隘倶在腹裏。而境外臨辺、無有屏障、止憑墩台城堡、以為守備。縁有旧城堡二十五処、原設地方、或出或入、参差不斉。道路不均、遠至一百二十余里、近止五・六十里。軍馬屯操、反居其内、人民耕牧、多在其外。

とある。成化初年頃の府谷堡から寧夏・花馬池間は、臨辺に「険隘」や「屏障」がなく、そのため北虜侵寇の防禦に

墩台や城堡（営堡）に依存していた。在来の二十五城堡の地理的位置も、近くは五・六十里、遠くは一百二十里も外（北）側にあって、「参差斉からず」と不揃いで防衛線が一定していない。むしろ守備軍士が内（南）側にいて、却って人民が危険な外で耕牧しているような状態で、防禦線に整合性が欠けていたとわかる。また『憲宗実録』成化二年三月己未の条に、

延綏紀功兵部郎中楊琚奏、延綏・慶陽二境、東接偏頭関、西至寧夏花馬池、相去二千余里。営堡迂疎、兵備稀少、以致河套達賊屢為辺患。

とあって、在来の二十五営堡も、この数程度では「迂疎」であり、墩台や兵力も少なすぎたことがわかる。『憲宗実録』成化元年二月壬辰の条に、その頃の各堡の「屯兵」は一・二百人にすぎないとする記事もある。つまり防禦施設の面でも兵力の面でも不充分な状況だったといえる。明側もこれら二つの面に重点を置いて対応していった。

まずこの地域に配備された兵力について述べる。『明経世文編』巻六十一、余子俊「為辺務事」に、

照得楡林一帯二十五営堡、東西縈迂二千余里。額設官軍両班守備、毎班不過一万二千五百員名、在在無険可拠、因為阿羅出等熟知郷道。自成化五年以来、秋冬則挙衆為寇、春夏則潜退河套、近辺軍民多被搶虜、近裏軍民因之不安。仰頼朝廷惆念、陝西為中原安危所繫、延綏為陝西切近藩籬、添調京営并大同・宣府・寧夏・甘・涼・陝西等処軍馬、通計数万。

とある。成化初年までに、すでに修築されていた二十五営堡等の楡林一帯の守備官軍は、前述したように綏徳・延安・慶陽等から調し、それを二班に分けていた。その一班の額設は一万二千五百名と定められていた。北虜入寇に伴い、朝廷が陝西の「安危」は中原と深く関わるとし、また延綏はその陝西の「藩籬」だと見なして、軍事的見地から延綏防衛を重視し、京営・大同・宣府・寧夏・甘涼・陝西等から忝調した軍馬が数万に昇ったとしている。楡林の額設兵

員一万二千五百人が、成化五年以降になると、配備された忝調軍馬によって「数万」になったわけである。余子俊が述べた増兵の背景には、その頃主張されていた「捜套」策と深く関係する。

「捜套」とは、オルドス居牧の北虜を黄河以北に駆逐する軍事戦略のことをいう。成化年間の「捜套」策は、大学士李賢の上疏によって具体化した。『憲宗実録』成化二年五月辛卯の条に、

少保吏部尚書兼華蓋殿大学士李賢等奏、……河套与延綏接境、原非胡虜巣穴、往年雖有残賊数千、然不為大害。今虜酋毛里孩大勢人馬、倶処其中、伺間乗隙出没。……期以明春或今秋、進兵捜勦、務在尽絶。

とある。李賢は、毛里孩配下の北虜がオルドスに拠点を置いて延綏地区に出没するのに対し、二年の秋か三年の春を期してオルドスに軍を進め、侵寇の根元を除こうとする提案であった。二年六月、朝廷は彰武伯楊信を平虜将軍総兵官に任命し、京営と大同・宣府・寧夏から計約二万の兵を領させ、オルドスの北虜（套虜）を討たせようとした[13]。しかし楊信は延綏に着任しても積極的にオルドスに向かわず、逆に一時的な北虜の大同への侵寇もあって、三年正月頃大同へもどってしまった。

成化五年頃から、また套虜の侵寇活動が活発化した。それに応じて朝廷は、主に套虜駆逐を任務とする平虜将軍総兵官を、以下のように勲臣に順次任命した。

六年三月から七年十二月まで撫寧侯朱永
八年五月から八年十一月まで武靖侯趙輔
八年十一月から十年四月まで寧晋伯劉聚

彼等は、本来の任務である「捜套」には消極的で、北虜の延綏侵寇に「畏怯」し守辺に終始した。谷応泰は、

三遣大将朱永・趙輔・劉聚出師、……而師境不出。

と述べて、結局三人の平虜将軍は、延綏からオルドスに出軍しなかったと指摘している。(14)

しかし、彼等の出師によって、延綏地区の兵力は増強されていった。まず朱永在任中の成化六年五月までに、約五万人程度まで増加した。『憲宗実録』成化六年五月丙午の条にある参賛軍務王越の議によれば、諸将を分遣させた「操守地方」は、つぎの通りであった。

安辺営	左副総兵劉玉・西路参将銭亮	兵五千五百
高家堡	右副総兵劉聚	兵五千五百
神木堡	大同遊撃将軍范瑾	歩兵三千五百
竜州城	宣府遊撃将軍許寧	兵四千
懐遠堡	署右都督白玉	兵二千五百
清平堡	都指揮李譲	兵一千
定辺営	参将周海	兵二千五百
鎮羌堡	東路右参将神英・都指揮王宣・指揮李勇	兵一千五百
平夷堡	指揮陳雲	神機・本堡兵一千三百
双山堡	都指揮康永	兵一千
威武・鎮靖・清平・寧塞諸堡	副総兵林盛	寧夏兵五千
波羅・安辺・靖辺諸営堡	参将白全	甘・涼・荘浪兵四千
孤山・栢林・清水諸営堡	署都指揮僉事王璽	代州・偏頭関諸処兵二千
楡林城	参賛軍務王越・武寧侯朱永	歩兵一万二千有奇

記載布陣軍の総計は、約五万人となる。この数字が成化六年に配備された延綏地区の全兵力とは断定できないが、これに近い数字だったと推測できる。また布陣状況をみると攻撃的な「捜套」策よりも画地分守する守辺に重点があったといえる。

その後も「捜套」を掲げて増兵された。成化八年三月の段階では、『憲宗実録』成化八年三月壬戌の条に、延綏地区の兵力は「七・八万之衆」とある。趙輔が平虜将軍総兵官に赴任した当初の八年五月では、『憲宗実録』成化八年五月癸丑の条に、

吏部尚書姚夔等議謂、……先後所調諸軍已踰八万。

とあり、八万を越えていたとしている。そして前掲成化八年九月の余子俊上奏文中に調された諸軍は「八万之上」とある。成化八年の延綏地区の兵力配備は、土兵や京営・大同・宣府・寧夏・甘涼・陝西等から忝調された軍兵が、八万人以上に昇っていたことがわかる。当初に比べれば、六倍強まで軍兵を増強するに到り、これらが実質的に延綏の守備軍となっていたわけである。

つぎに防禦施設の問題について述べる。前述したように、成化初年頃の営堡と墩台は、北虜の侵寇に耐えられるほど充分に整備がなされていたわけではなかった。不備な点は、在来の営堡の地理的配置は、王復が「参差斉からず」と述べたように整合性に欠け、営堡・墩台そのものも不足とされていた。整合性に欠けた原因は有力文武官や在地有力者の不法な営利行為と関係があった。『国朝献徴録』巻三十八、兵部尚書余粛敏公子俊伝に、

正統初、始渡河来犯。近辺建議者始請、於沿辺地立界石東西二千里。於界石外、開創楡林一帯営堡、後累増至二十四所。

とある。正統の初め、延綏の沿辺東西二千里にわたって「界石」を立て、界石の外（北）側に二十四営堡を修築した

とする記事である。界石については、『皇民世法録』巻六十八、辺防・陝西に、

吏部侍郎葉盛及総督都御史王越・延綏巡撫都御史余子俊等会奏、……延綏沿辺地方、自正統初創築楡林城等営堡二十有三。于其北二・三十里之外、築瞭望墩台、南二・三十里之内、植軍民種田界石。……後以守土職官私役官軍、招引逃民于界石外、墾田営利、因而召寇。

とある。正統の初め、延綏の沿辺に二十三営堡を創築した。それら二十三営堡の北側の二・三十里の地点に「瞭望墩台」を築き、南側二・三十里の地点に、軍民の耕牧できる北限の標として界石を植えた。のちに「守土職官」が、官軍を私役したり、あるいは逃民を招いて墾田させ営利行為を働いた。そのため北虜の格好の侵掠目標となって、入寇を招いたと述べている。そして『明経世文編』巻六十一、余子俊「地方事」に、

正統初年、蒙上司恐軍民境外種田、引惹辺釁、埋立石界、厳加禁約。人知遵守、辺境晏然。向後官豪人等、越界種田。頭畜偏野、達賊窺伺搶掠。……正統初年、該鎮守陝西都御史陳鎰、経理辺務、埋立界石。彼時軍民依界種田、不敢繊毫違越、未聞難過。近年営堡多有移出界石之外、遠者七・八十里、近者二・三十里、越境種田、引惹賊寇。

とある。軍民が境外に出て種田耕牧したことは、北虜の入寇を招いた。正統初年に界石を陳鎰が埋立した理由は、種田を界石内に留めるためであった。しかし時を経ると、「官豪人」が越界して種田し、それにつれ営堡も界石の外に移出され、近くは界石から二・三十里、遠くは七・八十里も越界するようになったとしている。正統年間からの二十五営堡の配置が、成化初年頃に不揃いで防衛線に整合性が欠けるようになった大きな原因は、「官豪人」とよばれる有力者が、官軍や逃民を私的に使役して不法な墾田経営をしたことにあった。それが北虜への誘いの一つとなっていたのである。

このような状況を踏まえれば、営堡・墩台の不足を補うことも含めて、営堡の地理的位置を是正し、守辺に整合性をもたせることが重要な課題となっていたといえる。成化元年十二月に延綏参将都指揮同知房能が、営堡を整合性のある位置にして辺境を固めるべきだと奏した[15]。さらに翌成化二年三月に、延綏紀功兵部郎中楊琚が延綏一帯の営堡を移して「直道」にすることが、「万世防辺之長策」だと上奏した[16]。これを受けて兵部は、「具に証拠有」りとして検討に入った。そして同年十一月兵部尚書王復が具体的な案を上奏した。『憲宗実録』成化二年十一月巳丑の条に、

臣（整飭辺備兵部尚書王復）与鎮守延綏慶陽等処総兵・巡撫等官計議、臨辺府谷等一十九堡、倶係極辺要地、必須増置那移、庶為易守。……将府谷堡移出巴州旧城、東村堡移出高漢嶺、響水堡移出黒河山、土門堡移出十頃坪、大兎鶻堡移出響鈴塔、白洛城堡移出甎営児、塞門堡移出務柳荘。不惟東西対直、捷徑而水草亦各利便内。高家堡至双山堡、双山堡至楡林城、寧塞営至安辺営、安辺営至定辺営相去隔遠。合於各該交界地方崖寺子・三眼泉・柳樹澗・尾箚梁、各添哨堡一座。就於鄰近営堡、量摘官軍哨守。又於安辺営起、毎二十里築墩台一座、通共二十四座、連接慶陽。定辺営起、毎二十里築立墩台一座、共十座、接連環県。倶於附近軍民内、量撥守瞭。北面沿辺一帯墩台空遠者、各添墩台一座、共三十四座。随其形勢以為溝墻、必須高深、足以遮賊来路。因其旧堡、広其規制、必須寛大、足以積糧草容人馬。……従之。

とある。王復案は、臨辺の十九堡を拡張あるいは移出させて、十九堡の地理的位置に整合性を与えて守りやすくしようとしたものであった。その意図を実現させるために具体策として、

①府谷堡を巴州旧城に、東村堡を高漢嶺に、響水堡を黒河山に、土門堡を十頃坪に、大兎鶻堡を響鈴塔に、白洛城堡を甎営児に、塞門堡を務柳荘に移出させる

②高家堡と双山堡間、双山堡と楡林城間、寧塞営と安辺営間、安辺営と定辺営間にそれぞれ哨堡一座を設置する

③安辺営から後方の慶陽に連接させるため、全部で二十四座の墩台を築造し、定辺営から後方の環県に連接させるため、全部で十座の墩台を築造する

④北面する沿辺一帯の「墩台空遠」な所に、全部で三十四座の墩台を築造し、さらに地形に応じて「溝墻」の障害を設ける

⑤旧堡を拡張し、糧草及び人馬の収容能力を拡大させる

等を行うとした。この王復案は朝廷に承認され、現実に着工された。しかし不備な点もあったらしく、また防衛上の効果もあまり上がらなかったと考えられる。なぜなら府谷堡は移出先が巴州旧城から清水川に変更され[17]、響水堡と白洛城堡および塞門堡の三堡は、移出後それぞれ平夷・清平・鎮靖と改名していたが、成化七年に旧城に戻された[18]。いずれも水場の問題が生じての結果であった。また前掲北虜入寇事例表を見ても、北虜の侵寇活動が衰えたとはいえない。そして『国榷』成化七年正月戊子の条に、

以延綏辺備廃弛、切責鎮守三司、召還巡撫左副都御史王鋭。

とある。成化三年から延綏巡撫の任にあった王鋭が、成化七年正月に召喚され、同年四月に延綏鎮守太監秦剛とともに投獄された[19]。「辺備廃弛」とあるから、直接的な理由ではないとしても、王復案ではその後あまり効果がなかったことを示唆している。いずれにしても、王鋭の召喚投獄は、成化初年から成化六年までの明朝の北虜侵寇対策がおおむね失敗に帰していたと解釈できる。

四　成化八年頃の軍餉問題と辺墻修築案

成化六年頃までの対北虜防御策が、成果を得なかったため、再び「捜套」を掲げた兵員増強が強調されだした。そして成化八年頃までに、額設官軍一万二千五百名に比べれば、六倍強の八万前後まで増えたことは前述した。しかし北虜の侵寇の勢いは、衰えることはなかった。その上、急激な兵力増強は、新たに軍糧とその運送、すなわち軍餉問題を引き起こした。『憲宗実録』成化六年三月壬辰の条に、

巡撫延綏都御史王鋭言、楡林一帯営堡、原無額設田地、一応糧草、倶係腹裏人民供給、輸運甚艱。

とある。本来楡林一帯には「額設田地」がないため、全ての糧草は腹裏の人民の供給に依存しなければならなかったとわかる。事実、延綏への軍餉とその運輸は、陝西八府を中心に山西・河南の軍民に課せられていた[20]。巡按陝西監察御史劉誠が「供費が鉅万[21]」、平虜将軍総兵劉聚等が「毎年、財力は数百万を下らず[22]」と形容するほど大きな負担で、とくに人民にとって、軍餉の運輸が過酷な務めであった。『憲宗実録』成化七年二月庚午の条に

督理陝西糧餉戸部郎中谷琰奏、近年歳歉兵興、転輸不巳、陝西之民、尤為困憊。……芻糧之費、不得不取於民、官司徴督急於星火、父子兄弟絡繹更代。加以道路険阻、不通車載、肩負背任、辛苦万状、百姓怨咨、逃亡過半。

とある。軍餉を課せられた陝西の人民は、官司の性急な徴督のもと、道路が険阻で車輌が通じないため、自ら背負って転輸せねばならなかった。その辛苦は万状であって、役を逃れるために逃亡した者が「過半」に達していたという。

また、『憲宗実録』成化十年二月戊辰の条に、

戸部郎中李烱然奏、陝西頃有辺事、日支糧草、動以万数、皆出於民。有一家用銀四・五十両者、一県用銀五・六

万両者、公私匱竭。民不聊生、往往流移他方、以一里計之、大率十去其五。

とある。軍餉に対する民の負担は、一家で銀四・五十両、一県で五・六万両となり、負担に耐えかねて他地方に逃亡する者は、郷村内の一里の中で半数にも達したという。つまり窺知しえることは、陝西地方を中心とした山西・河南等の人民は、延綏等の軍糧供給のため、半数近くが逃亡を強いられるほど困窮していたとされよう。したがって明朝は、延綏防衛を推し進める上で、兵力増員策にこれ以上頼っていくことはできず、他に有力な方策を求めざるを得ない状況に追いつめられていたのである。それが成化八年の余子俊による辺墻修築の上奏につながったと思われる。

余子俊案の前に、営堡の地理的配置に統一を与えようとする王復案が発案実行されたことは前述した。この案に「溝墻」を施したことからでもわかるように、余子俊案が形成される前の一階梯であったと思われる。そして『明史』余子俊伝によると、余子俊の修築案は延綏巡撫王鋭の建議から始まったと述べている。つまり王復案のつぎに王鋭案があったのである。王鋭は召喚される十ヶ月前の成化六年三月に、「辺事」三ヶ条を上奏した(23)。その中の第二に、

設険以備辺患。謂楡林一帯営堡、其空隙之地、宜築為辺墻、以為拒守。

とあり、延綏の営堡の空隙地帯に辺墻を築き、これを守りの根幹とすべきだとした。第三に、

団堡以衛民生。……宜築為砦堡、務為堅厚、量其所容、将附近居民、聚為一処、無事之時、聴其耕牧。

と述べ、砦堡を築き、そこに付近の居民を一ヶ所に集めて住まわせ、耕牧させせようとするものであった。この王鋭案は裁可されたが、しかし前述したように成化七年正月に「辺備廃弛」によって本人が召還された。恐らく、王鋭案による工事は遅々として進まず、完成度も低く、套虜の侵寇を容易に許したことも含んでいるであろう。

余子俊は王鋭の後任として成化七年に延綏巡撫に着任、王鋭のこの計画を継承発展させ、最初の辺墻修築案を上奏した。『憲宗実録』成化七年七月乙亥の条に、

巡撫延綏右副都御史余子俊奏、……乞役山西・陝西丁夫五万、量給口糧、依山剷鑿、令壁立如城、高可二丈五尺、山坳川口連築高垣、相度地形、建立墩堠、添兵防守。八月興工九月終止。

とある。山西と陝西の丁夫五万に口糧を与え、彼らを使役して二カ月で高さ二丈五尺の辺墻を築かせるべきだとする内容である。朝廷は、同条に、

上曰、然設険守辺、興工動衆、当審度民力姑緩之。

とあり、修築に人民を動員するには、民力の余裕状況が問題であって、今しばらく時機を待つべきだと、指示したことがわかる。そして翌八年、余子俊は本章冒頭の二度目の辺墻修築の上奏文を提出したのである。

五　辺墻修築の経済的効果と軍事的成果

今まで、余子俊が成化八年の上奏文を提出するに到った背景を検討してきた。ここで再度この計画とその成果について、経済的効果と軍事的成果に分けて論じてみたい。

まず経済的効果についてであるが、比較的史料に記載の多い軍餉問題を中心にして考察してみる。なぜなら、軍餉費が最も防衛費の中で大きな比重を占めたであろうし、前述したように、余子俊の主張を要約すれば、辺墻修築による防衛が、経済的に安価に済むとしていた理由もここにあるからである。彼の主張を考察していく上で、上奏文中でも議論している、

（一）延綏地区の守備軍兵と軍馬の軍餉

（二）河套回復を目指す「捜套」による積極策に必要な軍餉

（三）辺墻修築に要した費用
（四）修築後に開かれた屯田
の四点に問題を設定して、以下に考察を進めていきたい。

（一）延綏地区の守備軍兵と軍馬の軍餉

余子俊は、上奏文でこの費用をつぎのように算出した。成化八年の兵力を、軍兵八万人以上軍馬七万五千頭以上を維持したとして、予想される成化九年の年間糧料費と運納費は、

糧料費　米豆……九十四万六千両、料草……六十万両
　糧料費総計……一百五十四万六千両
運納費　米豆……三百十五万四千両、料草……五百万両
　運納費総計……八百十五万四千両

とした。与えられた数値によって、延綏地区の年間糧料費と運納費の総合計は銀九百七十万両という額になる。(24)

余子俊はすべて銀で換算している。糧料費と運納費の試算を検討するために、糧料を現物数量に置き換えて考えたい。それによって「米・豆」九十四万六千両の米と豆の割合を知り、軍士一人当たりの行糧と軍馬一匹の料豆の数値を知り、他の史料と比較できるからである。『延綏鎮志』巻六、余子俊「計虜賊情疏」に、

孛羅忽・乩加思蘭等、自成化五年相継入河套住牧。……調集客兵及陝西・山西・河南三省軍民、供給軍餉、労我軍馬、耗我辺儲。通査本年以来、運糧四十万石、料五十万石、草一千万束、止足成化九年二月終止支用。縁今年陝西・山西倶被災傷、秋収荒歉。

とある。右記事の「本年」及び「今年」は何年のことか明記してない。しかし成化八年の余子俊上奏文の中に、この記事の「今年陝西、山西倶被災傷、秋収荒歉」に対応した、「且今山・陝之間、旱雹所傷、秋成甚薄」の一節があるし、「止足成化九年二月終止支用」に対応した「累計今年運納之数、止可給明年二月」があるので、「本年」及び「今年」は成化八年と判断できる。上奏文中の米・豆の九十四万六千両は石数にすれば、一石一両の換算率であるから、九十四万六千石となる。記事の糧四十万石と料五十万石の加算数値、九十万石とほぼ同じである。料草費六十万両を束数にすれば、一千万束（草一束、銀六分換算）となり、やはり記事の一千束と同額である。したがって、この「計虜賊情疏」は、上奏文と同じ試算で、銀換算ではなく、現物の数量で成化八年の軍餉を論じたものとわかる。この記事によって成化八年の上奏文にある米豆九十四万六千石（両）の内訳は、米・豆の比が四対五とすることができ、それぞれ米が約四十二万石、豆が約五十三万石と判断できる。この数字を基礎として、成化八年の上奏文の軍士八万人と軍馬七万五千匹の軍餉を再計算すると、一軍兵の行糧は月に約四斗四升となる。一軍馬の飼料は、月に料豆が約五斗九升、草が約十一束と算出される。万暦『大明会典』巻三十九、戸部・廩禄・行糧馬草に、

正統二年、令大同巡辺軍士、月給行糧五斗、料豆一石二斗。

とある。正統二年の大同の例では、月ごとの行糧は五斗、料豆は一石二斗であったとしている。これと比べると、上奏文試算の軍士行糧は六升少なく、料豆は約半分少ない値である。さらに同書同項に、

天順五年奏准、……征勦者、都督・都指揮日支行糧三升、指揮・千百戸・鎮撫・頭目・旗軍一升五合。……馬毎四、日支料四升草一束。

とある。指揮より旗軍までの行糧は、月に換算して四斗五升、軍馬料豆が月に一石二斗、草が三十束となる。谷光隆氏は、明代の軍馬は、月に料豆九斗、穀草三十束の飼料が与えられたと述べられている。(25) このように考えてくると、

上奏文試算の一ヶ月あたりの軍士行糧は正統年間や天順年間の例に比べてほぼ同数、料豆は約半分少なく、草は三分の一少ない値だとわかる。結局、余子俊は、軍士行糧はほぼ通例どおりに、軍馬飼料は通例より半分かそれ以下に算出していたのである（軍馬飼料については現地調達の含みがあるかも知れない）。

運納経費は、米豆と草とでは異なる。米豆は、九十四万六千石を運納するのに三百十五万四千両、料草は五百万両の支出を見込んだ。この数値から、米豆一石につき運納経費は約三両三銭、現物換算で三石三斗、料草一束は五銭もしくは五斗となる。寺田隆信氏は、①景泰年間例で、真定府から紫荊関へ穀物を運ぶのに、一石につき一石の運納経費がかかる、②正統年間例で、山西から宣府・大同へは、穀物一石につき六から七石が必要、③弘治年間例で、陝西より辺境まで麦一石につき銀三両が必要の三事例を提示されている[26]。

米豆に関する運納経費は、とくに③の陝西の事例を照らせば、余子俊試算の米豆一石につき三石三斗の費用がかけ離れた額でないことがわかる。成化九年の見込まれた年間糧料費とその運納経費の総計総額、銀九百七十万両（現物換算で九百七十万石）の試算は、過大なものでなく、軍馬料草費とその運納費が通例より少なく試算されているのを勘案すれば、むしろ控えめであったとしてもよいであろう。

（二）　オルドス回復を目指す「捜套」に必要な軍餉問題

辺墻政策は、防禦施設を造り北虜入寇から内地を守るという、謂わば消極策である。これに対し侵寇するオルドス居住の北虜を掃討する「捜套」策の支出も当然試算され、それと辺墻修築策と比較されてきた。次は「捜套」策の三試算例である。

A、成化二年三月、延綏紀功兵部郎中楊琚の試算[27]

朝廷命将征討、調兵四万一千有奇、計人馬芻粟、日費銀四百余両、若一月則一万三千余両、一歳則十有五万六千余両矣。重以賞労転運之資、通計所費又不知其幾千万也。与其毎年調兵費用、孰若以一年之費、給与寧夏・偏頭関軍民、使其協力移展城堡、密置墩台、且守且耕、尤為愈也。

楊琚の試算に依れば、河套回復に約四万一千の軍兵を動員し、それに伴う軍馬（数は不明）を含めて、人馬の糧料費が日に銀四百余両、一月に約一万三千両、一年間に十五万六千両が必要だとしている。

B、成化八年三月、吏部右侍郎葉盛と総督軍務王越の試算(28)

若調軍選将分路入套、……軍行日不過四・五十里、往返必踰月、計惟調集官軍、必至一・二十万、所需糧料供運之人、不下数十万、事体重大、未敢定擬。

葉盛の見込では、オルドス回復に二ヶ月かかり、その間に必要な軍兵は十万から二十万の動員を必要とする。糧料の運納人員については数十万は下らないとしているのみで、具体的な各軍兵及び軍馬に対する軍餉は算出できない。

C、成化八年十二月、平虜将軍総兵官趙輔の試算(29)

捜套之計、用兵一十五万、姑以両月為期、共費糧料四十余万石、輸運夫卒十一万有奇、深入虜境事難万全。

趙輔の試算では、オルドス回復に十五万の軍兵を用いてやはり二ヶ月かかるとし、それに必要な糧料は、四十万石を見込み、そして運納人員は十一万人が必要だとした。この試算には王越と延綏巡撫余子俊、陝西巡撫馬文升等が加わっていた。

これら三事例は、Aの楊琚は「城堡を移転し、墩台を密置し、且つ守り且つ耕すと、孰れが尤も愈れりと為すか」とし、Bの葉盛は「事体重大にして、未だ敢えて定擬せず」とし、Cの趙輔は「深く虜境に入るは、事万全に難し」として、ともに武力によるオルドス回復策について、軍餉費のわりに、軍事的成果を挙げえぬと否定的な見解を述べ、辺墻等の防禦施設修築の方が経済的に安価であり、上策であると結論づけた。

（三）　辺墻修築に要した費用

修築経費の算出は、不明な点が多く困難であるので、民夫経費に限って述べてみたい。成化八年の上奏文では「陝西の軍民五万を摘取し、徭を免じ糧を給」する予定であった。また、『延綏鎮志』巻六、余子俊「計虜賊情疏」に、

> 於成化九年二月内、就将陝西該運糧草人夫内、摘撥五万名。毎名於本年該納税内、免其遠運辺糧二石、以充盤費。又各於腹裏経過附近倉、分関与食米一石。

とあり、『明経世文編』巻六十一、余子俊「議軍務事」に、

> 成化十年臣巡撫延綏時、曽奏起陝西民夫五万名。……民夫毎名免其遠運辺糧二石、給与食糧一石。両月之間、辺備即成。

ともある。計画では、陝西の民夫五万に遠運辺糧二石を免じ、食糧（米）一石を与えて摘取する積もりであった。ところが実行の段階では、「兵四万余人を役し、三月せずして功八・九成る」であった。つまり辺墻修築に民夫ではなく「兵」を役したのであるから、いわば人件費は安くなった可能性がある。計画通りに民夫を使用して修築したとしても、四万余人に食糧一石を与えて三ヶ月弱で八・九割出来上がったので、現物の支出は四万石強となる。さらに免除した「遠運辺糧二石」は盤費に充てるためであるから、これを経費として加えるならば、民夫経費は総計十二万石となる。

（四）　修築後に開かれた屯田の問題

成化十年の余子俊の報告に、「其界石迤北、直抵新修辺墻内地、倶履已畝起科、令軍民屯種、計田税六万石有余」の一節があった。それは辺墻南側から界石にいたる地域に、軍民に屯田を開かせ、そこから屯田糧の六万石有余が徴税できるとしたのである。修築直後の上奏であるから、余子俊はあくまでこれから税糧六万石有余の徴税を見込んだと解釈すべきであろう。すべてが軍屯とすれば税糧六万石は、屯田兵一万人、屯田一万頃の広さを必要とする。余子俊はなぜ事前にこのような具体的な数字を報告できたのであろうか。

辺墻南側から界石にいたる屯田地域は、前述の通り正統年間以来、「官豪人」が、官軍や逃民を私的に使って不法な墾田経営をした地域と合致する。屯田地域と不法な墾田地域が、地域的に重複していたわけであるから、余子俊開設の屯田は、恐らく「官豪人」が経営していた墾田を多く転用して成立したものと判断される。『明経世文編』巻二百五十、魏煥「楡林経略」に、

(成化)八年、楡林修築東・西・中三路墻塹、寧夏修築河東辺墻、遂棄河守墻。加以清屯田革兼併、勢家散而小戸不能耕。

とある。魏煥は、楡林と寧夏の辺墻修築にともない、「屯田を清理し、兼併を革めた」ため、兼併を進めてきた勢家が他地方へ散ったと述べた。「屯田を清理し、兼併を革めた」とは、楡林においては、「官豪人」すなわち勢家が兼併してきた墾田を転用し、それを屯田化させたことを意味しよう。つまり余子俊は開墾されていた現実の耕地をもとにしたが故に、将来もたらすべき具体的な屯田糧の数字を報告できたと思われる。

以上、四点について検討してきたが、要点はつぎの如くである。

(一)は、成化八年頃の軍餉の実情であり、政府は年間九百七十万石の軍餉費を必要とし、経費削減を迫られた実態が窺える。

(二)は、現状打開策としてオルドス回復の積極策は、効果的でないとされた。
(三)は、辺墻修築に兵四万人以上を使役した。計画通りに民夫を使用したならば、食糧四万石の現物を支給する必要があった。そして各人運糧二石分を盤費として計上すれば、これを加えた合計は十二万石程度となり、これが主要な民夫経費であったと推測される。これらの額は積極策より安価な経費である。
(四)は、辺墻修築に伴い辺墻から界石間に開かれた屯田の多くは、それまでの「官豪人」経営の墾田を転用して成立したと思われる。その屯田から税糧六万石が見込まれた。

右の四点だけでは、まだ辺墻修築の経済性について判断がつかない。『国榷』成化十年閏六月乙巳の条に、

巡撫延綏右都御史余子俊築辺城。東自清水営紫金砦、西距寧夏花馬池、延蔓二千里。……戍卒四万九千二百五十、馬二万四千四百四十六。

とある。辺墻修築後、成化八年の段階で約八万いた軍兵を約五万に、七万五千いた軍馬を約二万四千四百に削減できたとわかる。(30) これら削減できた官軍約三万人と軍馬約五万一千匹に対する、年間節減軍餉及び軍馬飼料費を先の余子俊試算(一軍兵の行糧米が月に四斗四升、一軍馬の飼料は料豆が月に五斗九升、草が月十一束で六斗六升。運納費は米豆が一石に月三石三斗、草が一束に月五斗)で計算すると、約六百万四千石ほどになる。これに税糧六万石が見込まれた新屯田の節減効果も加えるべきであろうが、予測であるので省きたい。新屯田開発の成果が得られていれば、約二・三十万石の節減となったであろう。いずれにしても九百七十万石を必要としているところを、そのうちの六百万石以上の節減ができ、これが辺墻修築によって防衛費を安価にすませる経済的効果だったといえる。

つぎに軍事的成果について述べたい。これも相当程度果たしたと思われる。前掲『明経世文編』巻六十一、議軍務事に、

両月之間、辺備即成。到今十余年、虜賊不敢犯。

とある。また『明経世文編』巻一百十六、楊一清「為経理要害辺防保固疆場事」に、

延綏地方辺墻壕塹、又該巡撫延綏都御史余子俊修濬完固、北虜知不能犯、遂不復入套者二十余年、世平人玩。

ともある。辺墻修築によって延綏地区では、余子俊がいう十年後も、楊一清がいう二十年後も、「北虜」は敢えて侵寇しなかったのである。そしてこの二人の言葉は、前掲の入寇事例表で、成化十年を境に侵寇回数と被害数量が急激に減少していることと一致する。ここに辺墻が果たした防衛上の効果を見出せる。

最後に、修築にあたった人々について述べると、彼等は多大な犠牲を強いられたと思われる。『図書編』巻四十七、楡林総論に、

遺民・故老咸曰、鎮城旧在綏徳、余公遷出楡林、軍民役死不下万計。窮簷荒廃、千里坵墟、孤児寡婦哀麻、扶杖日哭于軍門。

とある。成化九年に余子俊が鎮城を楡林に遷した時、役死したのが一万人を下らなかったとしている。これを考慮すれば、十年の辺墻修築も同様に困難がつきまとっていたと容易に想像がつくのである。

結

本章では余子俊が修築した辺墻について考察してきた。その中で論じたことを述べると以下のようになるであろう。

一、成化年間、オルドス居牧の北虜の延綏と寧夏への侵入は、初年頃から活発化した。その侵寇地は、延綏・寧夏沿辺のみではなく腹裏深く進入した。また明側が受けた被害として『憲宗実録』は、一般人民や羊・牛・馬・騾驢等の

家畜が膨大な数量で搶掠されたと記録している。

二、成化初め頃の延綏防衛上の問題点について明側は、

1守備官軍の不足

2防衛拠点である営堡の不足

3営堡の地理的位置が統一ある防衛線を形成していなかった

等をあげ認識されていた。

三、延綏地区に配備された軍兵の増加は、その頃の「捜套」策と深く関係する。成化初で守備軍兵は一万二千五百人が額設とされていたが、「捜套」策を実行するためとして成化六年で約五万人に、成化八年で八万人程度に増強された。しかしこれらの軍兵は一度もオルドスに出動せず、守備に終始した。またこのような急激な兵力増強は、新たに軍餉問題を引き起こした。それは、余子俊試算によると、成化八年段階で年間九百七十万両、すなわち現物換算で九百七十万石の軍餉費が必要になっていたとし、その負担を課せられた陝西を中心とした河南や山西の華北人民は、負担に耐えかねて逃亡する者が多かった。

四、延綏の営堡の位置が整合性に欠けた理由は、「官豪人」と表現される在地の有力武官や官僚及び民間有力者が、「界石」（明側が定めた北辺耕作限界線）の外側に墾田を開き、官軍や逃民を私的に使役し、営利を働き、その結果、営堡もそれにつれて外へ不法に移転されたためである。それが防衛上の不統一をもたらした。そして北虜もこれら境外の不法墾田地帯を格好の搶掠目標として侵寇した。

五、営堡の増置と地理的位置の整備は、成化初年の王復案によって実施された。その防衛的効果は、成化七年一月の延綏巡撫王鋭の召喚投獄で窺えるように、おおむね失敗に帰したと思われる。王復案の後、王鋭が成化六年に辺墻修

築を根幹とする辺備整飭案を提出していた。この案は現実に実施されなかった。王鋭のつぎに延綏巡撫に着任した余子俊が、王鋭案を受け継いで、成化七年と成化八年に二度に亘って辺墻修築案を上奏した。とくに成化八年の上奏文では、辺墻修築による防衛が経済的に安価に済むとした。

六、余子俊が提出した成化八年の辺墻修築案は、成化十年に実施され、その八・九割が完成した。それは、東の清水営から西の寧夏・花馬池までの約一千七百七十里の辺墻と、十二の営堡、並びに「辺墩」十五座、「守護墸墻小墩」七十八座、「守護墸墻崖砦」八百十九座の創築と修理であった。この延綏辺墻に連動してやはり十年に、寧夏巡撫徐廷章が花馬池・寧夏間の三百八十七里に辺墻を修築した。これらの辺墻によって北虜をオルドスに封じ込める意図であったと考えられる。

七、辺墻修築の経済性を吟味すると、余子俊が修築した辺墻の人件費は、十二万石程度であったと思われる。それに修築後開かれる新屯田からの屯田糧が六万石あるとしているが、開設当初の報告であるから見込みであったに違いない。そしてこの屯田は、かつて「官豪人」が不法に墾田した地域と重複し、その上魏煥の言葉も考慮すれば、多くは不法墾田を接収して屯田化したといえるであろう。

八、辺墻修築の経済的効果としては、守備官軍を約三万人、軍馬を約五万一千匹減らすことができ、計算上約六百万石強の節減効果があったことになる（これは新屯田による節減効果を含まない）。

九、辺墻修築による軍事的成果は、余子俊や楊一清が述べたところによると、以後二十年間延綏地区への侵寇を北虜が「敢えて犯す能わざるを知」って果たさなかったとしている。北虜入寇事例表でも、成化十年を境として急激に減少している。つまり辺墻の軍事的効果はかなりの程度あったと考えられる。

十、余子俊が修築した辺墻の経済的効果と軍事的効果を踏まえると、以降各辺鎮で辺墻修築を中心に画地分守する防衛策が重視され、それが明末まで継続された理由が理解できる。

(1) 李漱芳「明代辺墻沿革考略」(『禹貢』五〜一・一九三六年)、田村実造「明代の北辺防衛体制」(『明代満蒙史研究』京都大学文学部・一九六三年)、呉緝華「明代延綏鎮的地域及其軍事地位−兼論軍餉的消耗与長城的修築−」(『第二届亜州歴史家会議論文集』・一九六〇年)のちに『明代社会経済史論叢』(台湾学生書局・一九七〇年)に再録。
(2) 『延綏鎮志』巻一、地理志。呉緝華前掲論文「明代延綏鎮的地域及其軍事地位−兼論軍餉的消耗与長城的修築−」。
(3) 奥山憲夫「明代軍士の行糧について」(『国士舘大学文学部人文学会紀要』二十三・一九九〇年)。
(4) 『明経世文編』巻二百三十二、許論「楡林鎮」。
(5) 余子俊が修築した辺墻は、『明史』巻四十二、地理志によると、成化九年としている。『明経世文編』巻六十一、議軍務事に「成化十年……辺備即成」とある。また本章後述の北虜入寇事例は成化十一年以降激減しているので、成化十年に辺墻が成ったと考えられる。
(6) 万暦『大明会典』巻十八、戸部に「(成化)九年、令楡林以南招募軍民屯田、毎一百畝、於鄰堡上納子粒六石」とあるので、これより算出した。
(7) 『皇明九辺考』巻一、鎮戍通考に、「成化八年、巡撫延綏都御史余子俊奏修楡林東・中・西三路辺墻・崖塹一千一百五里。十年、巡撫寧夏都御史徐廷章奏築河東辺墻。黄河嘴起至花馬池止、長三百八十七里。已上即先年所弃河套外辺墻也」とある。また『万暦武功録』俺答列伝上に「(成化)十一年、撫臣徐廷璋築寧夏河東辺垣」とあるが、成化十一年に修築したとするのは正しくないであろう。
(8) 青木富太郎『万里の長城』(近藤出版社・一九七二年)。
(9) 華夏子『明長城考実』(檔案出版社・一九八八年)。
(10) 『憲宗実録』成化七年七月乙亥の条。
(11) 『明経世文編』巻二百三十二、許論「九辺総論」。
(12) 田村実造前掲論文「明代の北辺防衛体制」。

(13)『憲宗実録』成化二年六月壬子の条。
(14)『明史紀事本末』巻五十八、議復河套。『明史』巻一百七十二、白圭伝に「而前後所遣三大将朱永・趙輔・劉聚、皆畏怯不任戦、卒以無功」とある。
(15)『全辺略記』巻四、陝西。
(16)『憲宗実録』成化二年三月己未の条。
(17)『憲宗実録』成化三年八月戊申の条。
(18)『皇明世法録』巻六十八、辺防・陝西。
(19)『国榷』成化七年四月甲辰の条。
(20)『憲宗実録』成化九年二月庚午の条と同年九月壬子の条。
(21)『憲宗実録』成化七年正月庚子の条。
(22)『憲宗実録』成化九年九月壬子の条。
(23)『憲宗実録』成化六年三月辛卯の条。
(24)『明代馬政の研究』（東洋史研究会・一九七二年）にある「京辺草料問題」で谷光隆氏は、馬草は運送が困難であるため「北辺の鎮衛に対する草料の供給は、ことに成化以降、本色より折銀への傾向を強めていった」とし、その一部が成化九・十年頃から始まったようであり、それまで延綏の辺兵・軍馬の軍餉は「粮料・草束は主として内地より供給を俟った」と述べている。余子俊は銀で試算しているが、成化八年当時、現物がまだ主であったと思われる。
(25)谷光隆前掲書『明代馬政の研究』一八〇頁。
(26)寺田隆信「北辺における軍事的消費地帯の経済構造」（『山西商人の研究』同朋舎・一九七二年）に、『英宗実録』景泰元年五月辛亥の条・『英宗実録』正統四年五月丁巳の条・『孝宗実録』弘治十四年閏七月乙巳の条の各記事によって述べている。
(27)『憲宗実録』成化二年三月己未の条。
(28)『憲宗実録』成化八年三月壬戌の条。
(29)『憲宗実録』成化八年十二月丙子の条。
(30)『明経世文編』巻一百九十七、議延綏新軍疏に「査得延綏鎮、原額馬歩騎操官軍五万八千六十七員名、弘治八年二万五千四

百二十三員名、正徳十三年二万四千五百八十九員名」とある。「原額」は何時を指すのかわからない。成化十年代前半を指す可能性があり、そうすると延綏鎮の兵力は、『国榷』記載の「四万九千二百五十」人より八千八百人ほど多いことになる。

第二節　宣大総督余子俊の失脚について

序

成化・弘治年間頃の宣府・大同地域では、成化十八年（一四八二）以後の数年間、とくに十九年七月頃から「三万余騎」の北虜が侵寇活動を活発化させていた。侵寇を受けた宣府と大同は、元来軍政区画を異にしていたが、地理的に隣接した地域で、また両者は京師から見て位置が「北門」にあたり、京師防衛上きわめて重要な場所とみなされていた。当時その防衛の任に当たっていた者は、宣府は巡撫の秦紘と総兵官周玉、大同は巡撫の郭鏜と総兵官許寧等であった。彼らは小王子指揮下の北虜に対する防衛戦で失態を犯し、充分にその任を果たせないでいた。しかも年を越した二十年正月になっても、「万余騎」の北虜部隊が大同に侵入したりして、宣大周辺に出没しており、京師防衛という意味でも明朝政府は早急にその対応に迫られていた。その対応策の一つが、延綏鎮で辺墻修築の功績をあげた余子俊を、総督大同宣府軍務兼糧儲として出鎮させることであった。その頃の子俊は太子太保を受け戸部尚書の職にあり、いわゆる〝重臣〟の一人に数えてもよいであろう。しかし子俊が最初に出鎮してから二年へた成化二十二年二月、太子太保と兼務していた全ての官職を奪われ、結局失脚致仕してしまった。

本節では、成化年間に北辺防衛に活躍した余子俊の失脚経緯を取り上げ、当時の北辺問題の一面を述べたいと思う。

一　失脚にいたる経緯

余子俊は成化末年に宣大総督として二度出鎮している。最初は成化二十年二月から同年の十一月までの十ヶ月間である。二度目は、二十一年二月から同年十月の大同巡撫に降格されるまでと、ひきつづいて大同巡撫として同じ十月から翌二十二年二月に罷免失脚するまでとを合わせた一年、両期合わせて足掛け三年の期間である。

最初の出鎮については、『憲宗実録』成化二十年二月壬申の条に、

命太子少保戸部尚書余子俊、兼都察院左副都御史総督大同宣府軍務兼督粮儲。……賜之勅曰、大同・宣府兵政銭粮、近多廃弛虚耗、加以去秋虜寇、大同兵民疲弊。今特命爾総督両処軍務、仍督粮儲、各該総兵巡撫、并京営参将等官、悉聴節制。爾須隨宜駐劄、以時按行両処辺方、及延綏接界之処。凡軍馬・甲兵・関隘・粮草等務、聴爾便宜施行。総兵以下官員不勝任者奏聞、区処都指揮而下、不堪領軍者、罷黜更代。

とある。余子俊が総督大同宣府軍務兼糧儲の命を受けた時の記事である。大同宣府に於ける近年来の兵政銭粮の弛緩と、成化十九年秋の北虜侵寇による兵民の疲弊に対応するため、

①宣府・大同両処の「軍馬・甲兵・関隘・粮草」の軍務指揮

②両処守臣の綱紀粛正

等の二点を主とする任務を課せられ、二十年二月に宣大へ出鎮した。

余子俊は、大同での施策を着任間もない二十年三月に上奏した。(1) その上奏文によると、正統十四年の「土木の変」以来、北虜の騒擾によって宣大の兵民は対応のため疲弊の極にある。現在最も緊急を要する施策は「修理辺備」であるとした。そして辺備を施す際、かつて自ら指揮した延綏鎮の辺墻修築は、今では辺防に効果的であることが証明されたとし、それに倣って宣大に同様な方法を適用し修築を実施すべきだとしたのである。余子俊が宣大地区に修築した延綏の辺墻は、『明献徴録』巻三十八、兵部尚書余粛敏公子俊伝に、

至公（子俊）而後、守禦之具始大備、云。

と評価されたもので、北虜の延綏侵寇が、辺墻修築後十年から二十年の長きに亘って阻止することができ、当時としては実効性あるものとされていた。子俊の「辺備修理」案は憲宗の裁可を受けた。(2) そして『憲宗実録』成化二十年七月甲午の条に、

勅総督大同宣府軍務戸部尚書余子俊曰、聞爾於大同・宣府、修築墩台、開掘壕塹、今已興工、此誠禦夷良策。軍士勤労、宜加優䘏。……子俊等如勅給散以聞。凡給官軍五万九千八百余人、計銀二万九千九百余両。

とある。これによると余子俊は、官軍五万九千八百人を投入して、宣府・大同に墩台修築と壕塹開掘に着手していた。(3) 動員した六万弱の軍士人数をみると、延綏辺墻修築に四万人を動員したのと比べれば、かなりの規模の工事であったことがわかる。ただどのくらいの期間実施したのか、またどの程度工事が進んだのかもはっきりしない。後述のように子俊は、同じ宣大地区の辺備修理の第二案を翌年七月に提出したので、このときのものは不備なものでかつ未完成であったに違いない。

そのほか、余子俊は宣大地域の辺将の罷免や配置転換、さらに総兵官周玉・内官孫振・宣府巡撫秦紘等の弾劾を実行し、(4) 宣大地区の人事面での辺防体制の刷新を計った。一方、宣大への北虜侵寇については、『憲宗実録』成化二十

年十月辛未の条に、

総督大同宣府軍務戸部尚書余子俊等言、虜酋小王子今已遠遁。

とある。この時期、小王子指揮下の北虜勢力は宣大沿辺から離れ、モンゴル奥地に移動し行動していて、一時的にこの地域では緊張が緩んでいた。その情勢を受けて、『憲宗実録』成化二十年十一月庚子の条に、

総督大同宣府軍務戸部尚書余子俊言、虜已遠遁。請班師以省儲費、命太監張善・定西侯蔣琬、京営官軍還京。

とあり、援軍として宣大地区に出動していた京営の官軍を、十一月に宣大地区の軍餉節減の意味も含めて北京に帰し、(5)さらに余子俊自身も十二月には帰京したのである。(6)

余子俊の二度目の出鎮は、翌二十一年二月のことで、宣府大同等処総督軍務兼総理糧儲整飭辺備総督倉場として新たな命を受けた。(7)前回に比べて「整飭辺備・総督倉場」の任務が付加されたことになる。そして余子俊は同年七月、再び彼の第二案である「辺防策」を上奏した。(8)それは再出鎮後、子俊自身が四十数日間に亘って宣大地域を実地踏査し、また内外の守臣と協議を経、その議論を踏まえて作成した案であった。その要点はつぎの如くである。

1、四海冶から黄河南流地点までの約一千三百二十里の間に、旧来の墩台が一百七十座ある。これに加えて毎座高広三丈の墩台総数四百四十座を新たに修築する必要があり、今年の八月に着工すれば、翌年四月に完成できる。

2、上記1項規模の辺備を完成させるために必要な経費について、工人動員総数は八万六千人が必要となり、工人一人に対して月に、粮米六斗、銀三銭、塩一斤を給す。

3、完工したならば、検閲に科道官を派遣し、また各墩台ごとに手把銅銃十、鉄砲二を給す。

この三点を中心とする余子俊の提案を兵部が検討した。『憲宗実録』成化二十一年七月壬戌の条に、

兵部言、子俊前在延綏、曽収明効、故今於宣府・大同・偏頭関一帯辺方、不惜勤労、親歴艱険。画図具説、籌算

詳明。蓋欲必成未畢之功、期収将来之効也。上然之、即勅所司預備器物、俟明年四月即工。

とある。つまり、子俊はかつて延綏で辺墻を修築し、辺防にはっきりした効果を収めた。今次も勤労を厭わず自ら艱険を踏査し、具体的な辺防計画を示している。必ずや「未畢之功」を収めるであろうと戸部は子俊案を支持した。戸部の意見を聞いた憲宗は翌年四月を待って着工するよう指示した。

しかし、余子俊に対する非難はこの時から始まった。このことを、同じく『憲宗実録』の同条は続けて、

然是奏、子俊欲以築墩責成於辺臣、而以閲実付任於科道。但計成算数目、言之可聴而行之惟艱。且自欲還京、蓋不近人情者。是後物議諠然、不平怨謗之来、豈無所自、云。

とあり、余子俊の辺防案は、試算上は聴くべきだが実行するには困難で、その上、子俊自身は帰京を願っているとし、「是の後、物議諠然とし、不平怨謗之来たれる」ようになり、余子俊に対する批判が広範囲にわき起こったことを述べている。つまり子俊の「辺防策」上奏直後から、余子俊排撃の動きが出てきたのである。この動きは大きな勢力となったのであろう、『憲宗実録』成化二十一年十月己丑の条に、

改太子太保兵部尚書兼都察院左副都御史余子俊、為太子太保兼都察院左都御史巡撫大同、仍提督軍務。

とある。上奏から四ヶ月後の同年十月、子俊は兵部尚書の職を奪われ左都御史とされ、総督軍務から巡撫大同提督軍務に降格された。恐らく宣大両鎮の辺臣を指揮できなくされたと思われる。

余子俊排撃の動きはさらに続き、その年の成化二十一年十二月、朝廷は工部侍郎杜謙・工科給事中呉道寧・監察御史鄧庠等を大同に派遣し、子俊が使用したそれまでの修辺費を調べさせた。派遣の事情を『憲宗実録』成化二十一年十二月乙酉の条に、

命工部侍郎杜謙・工科給事中呉道寧・監察御史鄧庠、往勘大同等処修辺之費。時巡撫大同太子太保左都御史余子

俊、会計二年内給過銀糧料草及存留之数来上、且言糧料草不足。……於是戸部覆奏、子俊連年費用銀百万余両・糧料三百五十万余石、况又開中准塩六十五万五千余引、較之往年修辺調軍為数加倍。乞遣官勘実、故有是命。

とある。巡撫大同左都御史余子俊が、着任以来二年間に大同へ給した銀・粮・料草及び在庫のそれらの数目を会計報告し、かつ粮草の不足を述べ、また二年内の税粮未完納者へ督促し、辺に給するように乞うてきた。戸部は余子俊の使用したこれまでの費用は、銀百万両、粮料三百五十万余石、開中准塩は六十五万余引で、これを往年の修辺調軍と比べると、数倍増している。それで官を派遣して調査する命が下ったわけである。さらに、同年同月に、『憲宗実録』成化二十一年十二月乙未の条に、

初鎮守延綏太監韋敬之調寧夏也、怨兵部尚書余子俊発其事、因奏子俊懐姦擅権、以私忿調副総兵周璽・総兵周玉。以私恩保挙総兵岳嵩。

とある。鎮守延綏太監韋敬は、余子俊が私忿によって副総兵周璽や総兵周玉を調し、私恩によって総兵官に岳嵩を保挙した等、権力を濫用して私的配慮による人事を行ったとする点も加えて非難した。そして遂に翌年二月に、『国権』成化二十二年二月甲午の条に、

罷余子俊、奪太子太保。……謙等還奏、子俊在辺未二年、費銀百五十万、糧料二百三十万石。雖公而実糜、下戸・工二部議覆、上責子俊偏乖耗廃焉。

とあり、子俊は「偏乖耗廃」の罪で、巡撫大同の地位を罷免され、太子太保も奪われるにいたったのである。

以上のような経過を経て余子俊は成化二十二年二月に、約三年間にわたる宣大の辺防を指揮提督する任を解かれることになった。

翌年、余子俊は復権する。『明史』巻一百七十八、余子俊伝に、

明年正月、兵部欠尚書。帝悟子俊無罪、復召任之、乃加太子太保。

とある。朝廷は余子俊を無罪とし、兵部尚書に任じ太子太保を復させたのである。

二　余子俊批判の内容

ここで余子俊に対する非難は、どのような内容であったか前掲した各史料を基にして整理しておきたい。

①築墩の責任を辺臣に押しつける。
②築墩後の閲実の責を科道官に付任する。
③余子俊自身が京師に帰還しようとしている。
④私恩によって総兵官に岳嵩を推挙した。
⑤副総兵周璽・総兵官周玉を調したように、私忿によって辺将を出入させた[9]。
⑥余子俊は総督着任以降、辺防に妄費し大同の辺餉は「耗廃」となった。
⑦辺備修理の時期を選ばなかった。
⑧「辺防策」の費用試算とその実行性に問題がある。

これら整理した①～⑤までは、余子俊がいわば専横を働いたとする批判である。『憲宗実録』成化二十二年二月甲午の条に、

初子俊欲修辺墩、会辺境連年災荒、兼値農候、衆皆難之。以有当道者力主其事、上亦任之不疑、遂不能止。既而鎮守延綏太監韋敬、怨子俊奏調之寧夏、其所親内援、有為之搆于上者。上始疑之。適子俊奏欲回京、遂改命留鎮

大同。敬復訐其出入辺将、諸事科道亦乗間言之。及謙等往按其事、皆無所得、乃獲致仕、云。

とある。初め子俊は辺墩を修しようと願った。それに対し、宣大の辺境は連年災荒にあい、その上農侯にもあい、衆は皆子俊から離れていった。また太監韋敬が、子俊がかつて韋敬を寧夏に調する上奏をしたと怨み、親しくしている所の「内援」によって、子俊を上に搆する者となした。適たま、子俊は京師に帰る旨の奏をだしたので、朝廷は命を改め、大同に留鎮させた。韋敬は復た、子俊が辺将を出入させたことを訐き、諸事科道も間に乗じて子俊を該奏した。そこで工部侍郎杜謙が現地に赴き按じた。その結果、韋敬の余子俊弾劾の理由は、根拠が無かったとし、これらの議論は「蜚語」(10)の類と見なされたのである。①～⑤の各批判は根拠がないとされたことをみると、余子俊はある程度合法的に任務遂行をしていたと考えられる。

⑥は、余子俊が宣大総督の任にあったそれまでの二年間に、「妄費」を働いたとする批判である。これは二十一年十二月に戸部が述べた「余子俊が出費した銀百万両、糧料三百五十万余石、開中淮塩六十五万余引は、これを往年と比較すると数倍増し」たとするものを指す。『憲宗実録』成化二十二年二月甲午の条に、戸科都給事中劉昂の意見を載せている。それは、

戸科等科都給事中等官劉昂等、劾奏太子太保都察院左都御史余子俊。……報虜警、而勢多虚張、修辺防而財多妄費、徒労人力、未見先功。惟務更張、無益於事。雖侵欺之情未露、而妄費之責難逃。乞逮至京明正其罪、以為大臣妄費辺儲之戒。

とある。戸科都給事中劉昂等が都察院左都御史余子俊を劾奏した。北虜の進入の警が報じられるが、その北虜勢力の報告は多く虚張されたものである。辺防を修するのに、費やした財の多くは妄費となり、人力を徒労し、まだ「先功」があらわれない。ただ務めのみが更張し、事に利益とならない。「侵欺之情」が露見してないが、「妄費之責」は逃れ

がたい。子俊を逮して京師に至らせ、その罪を明らかにして正し、大臣の「妄費辺儲之戒」にすべきだとする意見である。工部侍郎杜謙等が調査し、官銀一百五十万余両、糧料二百三十万石の費用は公用に使用していた[11]もので、「費やす所、私無し」であって[12]、私的流用はなかった、と報告している。

官銀一百五十万余両、糧料二百三十万石の費用が、それまでの辺防費として適切を欠いたかどうかについて直ちに客観的判断がしかねる。成化二十年に辺備修理の工事を子俊はすでに着手していたし、北虜侵寇活動が活発で宣大は軍事的に緊張した時期で、それらのために出費が増加していたと考えられるからである。いずれにしてもこれが余子俊失脚の直接的な理由とされた。

⑦は、修築時機の適正の問題である。前掲史料にも「辺境は連年災荒ありて、兼ねて農候にも値い、衆は皆な之を難とした」とあって修築時機を問題視している。また『憲宗実録』二十二年二月甲午の条に、

河南等道監察御史朱欽等亦奏、子俊往在陝西、繕修城壁、疏開河湟、蓋嘗粗有成績、頗獲時誉。……而昧於審時、急於成事、乃於凋弊之余、輒興城堡之築事、不酌其可否、功惟幸其必成、遂致辺備空虚、群情嗟怨。

とある。河南等道監察御史朱欽は、子俊は陝西延綏にあって、おおむね成績をあげ、頗る「時の誉」を獲した。しかし審時に昧く、成事に急ぎ、凋弊之余に於いて、城堡の築事を興し、その可否を酌まないで、功を成すことをおもい、結局辺備が空虚になり、群情は嗟怨するに至ったと時機が不適であると劾奏した。修築時機の問題は、軍事的深刻度をどのようにみるかで変わる。度合いが深刻であれば、修築実施を急ぐのはいうまでもない。いまでは事情を詳しく知り得ないので簡単には断じられない。

最後に⑧は、「計画やその費用の試算は聞くべきだが、実行は困難である」とする議論である。この議論はある意味では、余子俊が再作成した「辺防策」そのものを問題視しているととらえたい。余子俊はその宣大の辺備修理に関

する案を、前述したように成化二十年三月と二十一年七月に二回上奏した。前者を第一案(13)、後者を第二案(14)とし、両者の作成時期は一年半の隔たりがあるので、その変化をみていきたい。

I、辺備修築に関して、

【修築範囲】

第一案、大同中路より偏頭関までの六百余里。

第二案、四海冶から宣府・大同を経た偏頭関（黄河南流地点）までの一千三百二十余里。

第二案は、第一案から計画が距離的に二倍以上延長され、四海冶から偏頭関までとなり、宣大地区全域に拡大された。

【墩台の数】

第一案、設置場所は、辺に沿って二里ごとに一墩台の築立。

第二案、四海冶・偏頭関間の一千三百二十余里間の墩台総数は六百十座とし、そのうち一百七十座は旧来のものを利用する。

第二案の各墩台間の平均距離は二里となる。これは第一案の二里ごとに一墩台とする計画とほぼ同じ距離である。

【墩台の規模】

第一案、濶方三丈、高さ三丈、墩台の両角に長濶各六尺の懸楼二を設置。

第二案、広さ方三丈、高さ三丈。修築資材について、宣府地区の二百六十九座は石造、大同地区の一百五十四座と偏頭関の一十七座の墩台は版築。

第二案では、宣府地区の墩台二百六十九座を耐用年数が長い石造にしている。

【墩台の装備】

第一案、各墩台守備に軍兵十人を配置、三・四百歩の射程距離を持つ鎗砲を配備。

第二案、各墩台に手把銅銃十、鉄砲二を給す。

【壕塹】

第一案、各墩台間二里の空隙に、濶一丈五尺、深さ一丈の「壕塹」を設置。

第二案、とくに言及なし。

以上、辺備修築に関する要点を述べたが、それらは余子俊の辺防戦術をも示している。『天下郡国利病書』第十七冊、山西の項に、

旧志載、……後総督余子俊言、禦辺莫先設備。設備在於烝墩。議毎城二里、須墩一座、以十人守之。墩設二懸楼、以施砲石。非但瞭望、得真砲石、亦可以四撃。蓋砲石所及、不下里余。今以両墩共撃一空、無不至之理。……辺塞父老、至今帰功粛敏、以為一労永逸。虜数十年不軽南下、勢之所値異耳。要之速於伝報、以知敵情虚実。

とある。史料は子俊の言として、禦辺には「設備」が第一で、とくに墩台が重要である。各墩台に付した二つの懸楼に「砲石」を設置し、それは射程が一里以上あるので、両側の墩台から侵入した北虜を挟撃できる。この余子俊が立案した戦法を、「辺塞」の父老は高く評価し、虜は数十年も軽々しく南下しなくなったと述べる。つまり二里おきに設置した墩台と、その間の空隙に塹壕を開削し、北虜騎馬部隊の侵入の障害物とし、かつ両墩台から火器で攻撃して侵入を防ごうとするのが、余子俊の宣大地区での基本的な辺防戦術であったとわかる。

Ⅱ、辺備修築に要する経費に関して、

【墩台修築に要する工人】

第一案、工人五百人で、十日間を要して一座修築。一万人で、一月間を要して六十座修築。一万人で、二ヶ月間

を要して一百二十座修築。

第二案、

宣府、域内二百六十九座の墩台を石の材料で増設。毎座六百人の工人を投入すれば六日で完成、四万人を投入すれば二十五日で宣府全域が完成する。

大同、域内一百五十四座の墩台を版築で増設。毎座一千の工人を投入すれば十日で完成、四万人を投入すれば三十八日で大同全域が完成する。

偏頭関、域内一十七座の墩台を版築で増設。毎座一千の工人を投入すれば十日で完成、六千人を投入すれば二十八日で偏頭関全域が完成する。

工人八万六千人を動員して、二十二年四月に全地域完成。

【馬匹】

第一案、とくに言及なし。

第二案、馬匹総数は三千匹。

【工人・馬匹の糧料】

第一案、とくに言及なし。

第二案、工人一人に毎月、粮米六斗・銀三銭・塩一斤必要。八万六千人の粮米総量は一十五万四千八百石・銀総量は七万七千四百両・塩総量は二十五万八千斤必要。馬一匹に毎月、料一升半必要。三千匹の総料は八万五千五十石必要。

右の経費に関する両案の要点は、第一案では、工人に対する経費試算と使用予定の馬匹総数の記述はなく、第二案の工人の粮米・銀・塩・料の総量数については、余子俊は三ヶ月分で試算している。そして宣大の辺備修築経費は、かつての延綏の辺墻修築に要した経費に比べれば、「加迹」があるが、守りがたい起伏のない地形である宣大の事情を斟酌したのであろう、それはやむ得ないものであるとした。そしてそれよりも「一労」を果たして、「永逸之功」を得るべきである、と主張したのである。

以上、余子俊の第一案と第二案をみてきたが、両者の大きな相違点は、後者の方は修築範囲が二倍に拡大され宣大地区の中心部を含む全域に及ぼされた点である。したがって第一案では経費等の負担が明確でないため具体的な比較は無理であるが、第二案で設定された範囲拡大は、それに見合うだけの負担増大があった筈である。これが宣大地区の関係者にとって、余子俊弾劾の引き金となったのかも知れない。しかし余子俊からの上奏を受けた兵部が検討し、憲宗を含む政策決定機関が許可し、翌年の四月からの着工を命じている。この点を考慮すれば子俊の第二案の「辺防策」は、当時の宣大情勢に照らしてある程度合理性をもっていたと判断してもよいであろう。

三　辺鎮の腐敗構造

余子俊失脚の経緯とその理由については前述した。最終的には失脚後、わずか一年で「無罪」とされて復権したことでも分かるように、その主な弾劾理由は、内実がどれだけともなっていたか疑わしい。しかし「衆の皆は、之を難とした」、「上の者も下の者も之を難とした」、あるいは「物議諠然とし、不平怨謗之来れる」とあるように、子俊批判の動きは広く各層にまたがっていたことを窺わせる。その中で、一般軍士や人民にとって直接負担を担わなければならないだけに、その重圧感は免れなかったかと思われる。

一方、とくに注目したいのは『明史』巻一百七十八、余子俊伝に、

中官韋敵…又劾子俊私恩怨易将帥。兵部侍郎阮勤等為白。帝怒、譲勤等。而給事・御史復交章劾、中朝多欲傾子俊。

とあるように、給事中や御史が交々弾劾していたし、「諸事科道も亦、間に乗じて之を言」い、「中朝」の多くの者が子俊排撃に動いていたことである。

彼ら科道官達が、憲宗から許諾を受けた子俊の「辺防策」に対して、直ちに批判しかつ子俊自身を弾劾する行動を起こした理由は、どこにあるのであろうか。『孝宗実録』弘治十一年十二月壬寅の条に、

刑科給事中呉世忠奏、臣観大同辺境、視他鎮為尤重。大同辺備視他鎮為尤廃。請略言之、各辺墩台、率隔三・四・五里、而大同隔十四・五里者有之。……烽火不通、策応不及、此形勢之不便也。将官推挙、多以賄通、一得兵権、如獲私宝、既思償債、又欲肥家。役軍士多至千人、侵屯地動以万計。徴求科歛、前後相続。甚至剋減賞賜、以賂権貴。

とある。子俊が去ってから十年ほど経た頃、刑科給事中呉世忠は、その頃の大同について述べている。大同鎮は他鎮に比べれば、軍事的地位はより重要であるのに、墩台の設置等はまばらで、辺備が尤も廃れている。大同の将官も賄を通じて推挙され職務を得た者たちで、彼らは一度兵権を握ると「私宝」を得たように、自分たちの賄賂資金調達のために負った債務の償還を思い、また「肥家」することを欲した。その手法として自分たちの職務や地位を利用して、軍士を私役している。中には千人の多きを私役する者もおり、また屯地を侵すのに万頃を以て計れるほどで、将官たちは徴求科歛である。しかも歴代の将官が続けてこの行為を働いてきた。つまり呉世忠は、将官たちの猟官活動の資金獲得や私的蓄財の方策は、軍士からの搾取によるのが実態であると説いたのである。当然、余子俊の総督時代も同

じ傾向であったと思われる。『孝宗実録』弘治元年十二月丁巳の条に、

兵部尚書余子俊等、上防辺事宜、……。成化以来、因於大同在城并各衛沿辺、選取遊兵・奇兵、以聴延綏調用。故宣府太監・総兵管官亦各自為営務、選精鋭、各領旗牌。名曰太監営・総兵営・副総兵営・遊撃営・監鎗営。営兵既分各官、視為私属、役占無芸、其有違犯、互為掩匿。而各路所遣、非老即弱、以致有警、不能防禦。

とある。余子俊は成化年間以来として、宣府の太監や総兵官はそれぞれ各自で営務をなし、精鋭を選び、各々旗牌を領した。名付けて「太監営」「総兵営」「副総兵営」「遊撃営」「監鎗営」とした。営兵は各官に分けられ、「私属」のようであった。彼らは軍士を私役するのに果てしがなく、違反が露見した場合でも、互に掩匿しあった。警備にでる軍士は、老者でなければ、弱者であって、非常時には北虜に対し防禦できない状況だという。中央から派遣された宦官勢力をも含む地区の最高責任者たちが、蓄財行為を働いていたのである。このような状態は宣府や大同ばかりではなく、『憲宗実録』成化二十年三月壬子の条に、

余子俊奏、……如遼東餽餉、近被姦臣侵蠹二百余万、以為貨賂権要之資。

とあるように、同じ頃、辺鎮の遼東でも姦臣が、「権要」に賄するために二百余万両という莫大な軍餉を侵し盗んでいた例が発覚しており、遼東でも同じ状況であったとわかる。大同・宣府の守臣や将官が、不正を働いて賄賂資金を捻出しようとしたり、私的蓄財を得ようとする行為は、特殊な例ではなかった。

余子俊の「辺防策」の実行は、軍士や人民の徴用をはじめとする各種の負担を宣大地区に課せねばならず、同じ軍士や人民からの搾取やその他の不正手段による利益獲得を目論む守臣達にとって、ある意味で経済的競合関係に入ることが予測されたであろう。それは程度の問題であるが、余子俊は「一労」とするが厳正に実行しようとすればするほど、債務を負う彼らには賄賂資金の捻出や私的蓄財行為を妨げる存在であったに違いない。そこで「内援」や中央

官界に働きかけ、子俊を弾劾せざるを得なかったと考えられる。

よく云われるように皇帝専制支配政治の下では、賄賂を媒介として、中央官界と地方とは構造的に癒着し循環している。これは一時的な綱紀粛正などで止むものではない。余子俊への弾劾は、この構造が作動し「中朝の多くは、子俊を傾けよう」とした結果であろう。

結

余子俊は成化二十年から宣大総督として、かつて自身が築いた延綏の辺墻に倣って、宣大地区の辺備修築を実行しようとした。子俊は二十一年に第二案である「辺防策」を提出した。案は一旦、憲宗の裁可を受けたにも関わらず、科道官等は子俊への弾劾を強め、実行されずに子俊は失脚した。しかし子俊の失脚後一年あまりで「無罪」として復権したように、弾劾理由の多くは内実のともなわないものであったと思われる。

なぜ余子俊は弾劾されたかを考察してみると、朝廷が望み、子俊が実行した宣大地区の綱紀粛正によって、将官をはじめとする指導層の反感を買った側面もある。それと同時に、賄賂を使って猟官運動をして職務を手に入れた地区指導層は、子俊の「辺防策」を不正な営利活動の障害と見なし、それを阻止するために官界の癒着構造を利用して子俊排撃運動を作動させたと思われる。これは辺鎮問題の一面であるが、根が深いし、明代北辺問題の本質の一部をなしていると考えられる。

（1）『明経世文編』巻六十一、議軍務事、『憲宗実録』成化二十年三月壬子の条。

（2）『憲宗実録』成化二十年三月壬子の条に「戸部仍差官、会居庸関守臣験出、時宣府・大同荒旱、米貴銀一銭止易米五升、而調大衆興大工、人頗難之」と危惧する戸部の意見も記載している。
（3）その他に『懐麓堂集』巻七十一、余粛敏公伝によれば、宣府・大同の外城や「楼櫓」を築き、戦車を数千両造ったとある。
（4）『憲宗実録』成化二十年六月庚申の条。
（5）『国榷』成化二十年十一月甲子の条。
（6）『国榷』成化二十年十二月甲寅の条。
（7）『憲宗実録』成化二十一年二月丙寅の条。
（8）『憲宗実録』成化二十一年七月壬戌の条。
（9）余子俊が宣大総督在任中であった『憲宗実録』記載の宣大地区の人事は、宣府の遊撃将軍宋澄・右参将柳春・万全都指揮同知張璽・大同右参将荘鑑等の改任（成化二十年四月癸亥の条）、大同の総兵官許寧・巡撫郭鏜・鎮守内官蔡新の下獄（成化二十年五月壬寅の条）、大同の守備指揮王永・守備指揮董斌・右参将孫素・左監丞張剛・提督無方を弾劾治罪、これに連坐して宣府の総兵官周玉・内官孫振・宣府巡撫秦紘の治罪（成化二十年六月庚申の条）等の例がある。尚、嘉靖二十年頃成った『皇明九辺考』巻四、宣府鎮によると、宣府の将領の員数は、巡撫都御史・鎮守太監・鎮守総兵官・協守副総兵等の各一員、分守参将五員、遊撃将軍二員、守備三十一員である。また同書巻五、大同鎮によると、大同の員数は、巡撫都御史・鎮守太監・鎮守総兵官・協守副総兵等の各一員、分守参将四員、遊撃将軍二員、守備二十二員である。
（10）『明史』巻一百七十八、余子俊伝。
（11）『憲宗実録』成化二十二年二月甲午の条に「杜謙等勘報還奏、以為子俊在辺未二年、費用官銀一百五十万余両、糧料二百三十万石、雖因供給軍馬、修築墩台、置造兵器、優贍陣亡、皆出公用」とある。
（12）『明史』巻一百七十八、余子俊伝。
（13）『明経世文編』巻六十一、議軍務事、『憲宗実録』成化二十年三月壬子の条、『全辺略記』巻二、大同略。
（14）『憲宗実録』成化二十一年七月壬戌の条、『明献徴録』巻三十八、兵部尚書余粛敏公子俊伝、『全辺略記』巻二、大同略。

第六章　明代中期の寧夏鎮の乱

一

正徳五年（一五一〇）に起きた寘鐇の乱の概略は次のようなものであった。

寧夏慶府の安化王寘鐇は、巫女の占いを信じ、事件の数年前から反逆の意思を抱くようになっていた。しかし王としては直接的に軍事指揮権を持っていなかったため、寧夏鎮の都指揮何錦・周昴、指揮丁広等に接近し交流を深めていた。正徳五年二月大理寺少卿周東が寧夏鎮に派遣され、屯田の丈量を行ったが、宦官劉瑾の意を迎えるため厳しく督責したので、諸将衛卒の怒りをかっていた。寘鐇等はこのことを反乱行動の好機ととらえ、四月五日に安化府で宴席を設け鎮守太監・鎮守総兵官・巡撫都御史を招き殺害しようと計画した。当日招宴に応じた総兵官姜漢・太監李増等を宴席で殺害し、さらに同じ日、寧夏の公署にいた周東と巡撫都御史安惟学も襲撃殺害して一気に挙兵した。

寘鐇挙兵の報を聞いた陝西総兵官曹雄は直ちに征討に向かい、四月二十日黄河を挟んだ寧夏鎮対岸の霊州に至り兵五千を擁して寘鐇軍と対峙した。一方寧夏鎮城内にいた遊撃将軍仇鉞は事態の推移を伺っていたが、城内の反乱将兵三千が征討軍に対する防禦に出動して手薄になった隙に、四月二十三日城内にいた寘鐇を捕らえ征討軍を迎え入れたため、寘鐇軍はたちまち壊滅した。反乱は大規模な戦闘も無く、わずか十八日間という短期間で鎮圧されてしまった。

寘鐇の乱はあっけない結末に終わったが、しかしこの事件は当時の辺鎮問題を内包していたと推測される。そこで反乱側の人員構成を検討し、反乱の性格を考えてみたい。

二

「寘鐇の乱」に関する諸史料の中に、楊一清の『関中奏議』がある。撰者の楊一清は、反乱が起きると総制陝西延綏甘粛軍務に任命され、反乱鎮圧の最高責任者となった人物である。その『関中奏議』の巻十に収められている一連の文書が、この反乱事件関係を取り扱ったものである。同書・同巻、為遵奉勅諭起解反逆賊寇事に、

各職恐有不的、会同重取何錦等一千人証。

とある。反乱鎮圧後、楊一清等は首謀者の何錦を初めとする事件関係者一千人の証言を取ったと述べているので、恐らくその証言をもとにして一連の文書を作成したのであろう。それらには、『武宗実録』や、高岱の『鴻猷録』巻十二、安化王之変に見られない部分もあり、内容もより詳細である。この史料によって反乱側の人員構成を検討したいと思うが、その前に挙兵時に反乱側が襲撃した主な対象者を確認したい。『関中奏議』巻十、為遵奉勅諭起解反逆賊寇事と同書同巻、為分別将官功過事によれば次の通りである。

A、安化府の宴席

1総兵官姜漢を、何錦・高嵩・丁広・魏鎮等が殺害。

2太監李増を、高聡・高士俊・高嵩・王保等が殺害。

3監槍鄧広を、高聡・高嵩・楊泰・姚鐸等が殺害。

B、寧夏都察院

1巡撫安惟学を、何錦・周昴・丁広・姚鐸・陳賢・胡璽等が殺害。

2都指揮楊忠を、周昴・丁二等が殺害。

C、寧夏按察司

大理寺少卿周東と書吏の屠成・岳寧を、史連・馮経・馮済・閻添孫等が殺害。

D、寧夏公議府

1分守参議侯啓忠を、魏鎮・王輔等が襲撃したが啓忠は逃走、翌日捕縛。

2大使張瓛、書吏の董良・佐一を、魏鎮・王輔等が殺害。

3書吏の杜緒・劉尚礼を、魏鎮・王輔等が殺傷。

E、鼓楼街

都指揮李睿を、雷英・姚釗・申居敬等が殺害。

F、場所不明

1都御史曲鋭と曲鋭の妻子を、襲撃傷害。

2管糧通判張江を、四月六日捕縛拘禁。

巡撫都御史と鎮守太監及び鎮守総兵官は、所謂「三堂」と称されて、地方統治における軍民両権を掌握した最高指導者達であった。この「三堂」は、明初の布政司・按察司・都指揮司の三司が漸次、機能を停滞化させたため、宣徳・正統年間頃から中央政府が直接中央官を地方に派遣するようになって形成された。これら中央権力の代行者が、反乱

の最初に一挙に殺害された事になる。その理由は、同上史料「為遵奉勅諭起解反逆賊寇事」に、

　孫景文……計説着、安化王殿下置酒、請三堂到府、衆人斉来将他們殺死、奪了兵権伝檄起兵、有何不可謀。

とある。「三堂」を抹殺して寧夏鎮の「兵権」を奪う狙いが主要目的で、彼等を襲撃したこととわかる。大理寺少卿周東・分守参議侯啓忠と管糧通判張江は兵権を持たないが襲撃を受けた。侯啓忠は分守関西道参議として寧夏鎮にいた。『武宗実録』正徳五年四月庚寅の条に、

　会（周）東被命丈量屯地、希瑾意督責厳急、率以五十畝為一頃、又畝斂銀為賂瑾資。（侯）啓忠亦以催征、至人情大擾。

とあるように、彼等は「丈糧屯地」、「催糧」、「管糧」の任務がもとで反乱側に恨まれていた。それで襲撃を受けたのである。

　寧夏在鎮の都指揮の楊英、李睿と大使張瓛も襲撃を受け殺害されたが、いずれも反乱兵士と偶然出会ったためであって、当初からの襲撃対象者ではなかった。さらに、書吏が六名遭難したが、これらの者は、現場に居合わせたためか、襲撃対象者の手先と見なされた結果だと考えられる。

　結局、反乱側が事前に計画した襲撃対象者は、軍事指揮権と軍政指揮権を保持していた「三堂」とその属官、それに屯田・管糧関係の監査官の二者であったと確認できる。二年前まで寧夏巡撫であって間住していた都御史曲鋭の妻子も傷つけられた。これは、寧夏在鎮の中央から派遣された官が殆ど殺傷された事を考慮に入れると、反乱側の反中央意識の表われともいえよう。

　つぎに反乱側の人員構成を見てみたい。最初に首魁の寧夏慶府の安化王寘鐇であるが、挙兵した時は「六十余」歳[1]で、状貌は「郡王中、魁梧」[2]で、性格は「狂誕」にして「頗る自負」[3]していた人物であったらしい。一方、「昔、善

く市利を営み、賓客と交通」し、鎮巡三司等の官も「其の延を被り、其の餽送を接納」して、彼を「賢王」と称した[4]という。『関中奏議』巻十、為遵奉勅諭起解反逆賊寇事に、

正徳元年、有先未殺寧夏衛儒学生員孫景文、黜退生員孟彬・史連、不時常往、今革爵安化王寘鐇府行走情熟。一日酒後、寘鐇向孫景文説、曾有人相我有帝王像貌。又有寄住未到師婆王九児会跳鸚鵡神、毎神降時、就呼寘鐇是老天子。以此寘鐇動心、因無兵権、一向延捱不得起手。

とある。寘鐇は生員の孫景文、黜退生員の孟彬、史連等と交流するうちに、寘鐇に「帝王像貌」が有ると述べた者がいたり、彼を「老天子」であるとした占いの言を受けたりして、野望を持つようになった。しかし「兵権」を与えられていなかったので挙兵できなかったという。寘鐇が大望を抱き始めたのが、反乱の五年前頃であったことに留意する必要がある。

寘鐇の何錦・周昂との交流は、正徳三年四月に開かれた「武職納銀補官贖罪例[5]」に何錦等二人は応試したと思われるが、その資金として寘鐇から何錦が銀二百七十両、周昂が銀二百両を借入して、都指揮となったことから始まり「往来が稠密」となった。[6]そしてこの二人を介して、指揮丁広、千戸の楊泰・陳忠・胡済・王輔、百戸の魏鎮・陳賢・胡璽・朱霞・銚釟・雷英・李栄・李森・劉鉞・何鋭等をも取り込んでいった。[7]のちに彼等が反乱の指導的立場にたった。それは、寘鐇が挙兵八日後に反乱将兵に命じた「官位」表をみると明らかである。「関中奏議」巻十、為遵奉勅諭起解反逆賊寇事によれば、四月十二日に「主」である慶府安化王寘鐇が、反乱将兵につぎのように「官位」を任命した。

「討賊大将軍」　何錦（都指揮）
「左副将軍」　周昂（都指揮）

「右副将軍」　丁広（指揮）
「前鋒将軍」　張欽（指揮）
「都護」　魏鎮（百戸）・陳賢（百戸）・楊泰（千戸）・胡璽（百戸）・陳宗（不明）・王輔（千戸）・胡済（千戸）
「総管」　朱霞（百戸）・朱洗（百戸）・銚鐸（百戸）・雷英（百戸）・李栄（百戸）・李森（百戸）・王環（千戸）・劉鉞（百戸）・何鋭（百戸）・姜永（百戸）
「儀副」　李藩（百戸）

＊（　）内は反乱前の官位

官位に就いた者は都指揮から百戸に至る、寧夏在鎮の世襲武官で占められていたとわかる。その他同史料に、指揮の馮経、千戸の徐欽、百戸の阮宣・姜忠・鐘羽・陳傚等の反乱行動が記述されていて、世襲武官の反乱参加が目立つ。その事情を、楊一清は同上史料で、

多係掌印管屯官隊官員、常受比較、必然忿恨、易於糾合。

と述べ、「管屯官隊」の掌印官の多くが、税糧・屯糧の比較を常に受けて忿恨を抱いていたことが背景にあって、彼らが反逆行動に糾合しやすかったと指摘している。この指摘は前述の襲撃対象者をも参照すると納得できよう。つまり反乱側の首謀者の中で、首魁の寘鐇とその周囲にいた孫景文・孟彬等の数人を除けば、その殆どは寧夏在鎮の世襲武官達であったわけである。

反乱側に随従した一般の反乱参加者はどうであったろうか。『関中奏議』巻十、為分別将官功過事に「何錦・丁広領了三千人」とある。『武宗実録』正徳五年四月辛亥の条では「錦・広率三千人拒河」とある。また『国榷』正徳五年四月辛亥の条に「何錦・丁広以三千人、分拠要害」とある。反乱側は三千人程度の兵力だったとわかる。そして、

それら一般の反乱参加者の出身については、『武宗実録』正徳五年四月己酉の条に、

命発延綏官軍一千五百人於寧夏、属総兵楊英。以寧夏官軍多従逆、英新任欠軍故也。

とある。寧夏の官軍の多くが反乱に従った。そのため、延綏の官軍を寧夏に差し向けたとある。また、『関中奏議』巻十、為遵奉勅諭起解反逆賊寇事に、

錦同丁広・張欽・楊泰・胡済・魏鎮・胡璽・李森・陳賢・劉鉞・何鋭・姜永等、統領馬歩官軍都指揮鄭卿等二千員名。

とあり、鄭卿指揮下二千人の官軍を、何錦等が反乱軍として統領していた。さらに、同書巻十、為溥恩典以恤辺軍事に、

寘鐇・何錦謀逆之時、寧夏在城官軍、除同謀逆党外、近拠総兵官署都督僉事楊英査報、聞変出城、止有官旗軍舎都指揮等官鄭廉等五十二員名、其余尽被脅従在内。

とある。官軍の中で、反乱に従わなかった者は「五十二名」しかいなかったのである。反乱兵士「三千人」の出身は、寧夏在鎮の官軍が大部分だったとわかる。以上、この反乱の人員構成の特徴は、寘鐇とその周辺にいた数人を除いて、寧夏鎮の世襲武官と軍士で大部分を占めていたと結論できる。

ところで前述したように、何錦等は最初に一挙に「三堂」を襲撃した。『関中奏議』巻十、為遵奉勅諭起解反逆賊寇事に

寘鐇向錦等謀説、……大事挙行人無不従、但恐人少不能成事。

とあるように、挙兵しても反乱に参加する者が少ないのではないかと恐れ、寧夏鎮の軍事指揮権を奪うための行為であった。寘鐇と世襲武官達の判断では、寧夏の官軍が必ずしも彼等と行動を共にする状況ではないと見ていたのである。その見地からすれば、挙兵三日後に、操征兵と守城兵等に各銀二両と一両の賞犒(8)を総額一万余両与えて(9)、人心収

攬に努めたのは当然かも知れない。そして反乱十八日後に仇鉞が霊州に対峙していた征討軍を導引すると、反乱側が直ちに壊滅してしまったのは、作戦上の問題もあろうが、一般反乱軍兵士の士気の低さを示している。『武宗実録』正徳五年五月壬申の条に、

護寘鐇宮眷、及械繋何錦等家属至京、脅従者皆宥之。

とある。平定後、捕縛された寘鐇とその宮眷及び何錦とその家族等は、京師に護送されたが、「脅従者」は宥されたのである。「脅従者」とは、反乱に参加した多くの寧夏鎮の官軍が、乱後その罪を免ぜられているので[10]、彼等を指している。そこには朝廷が彼等の反逆行為を能動的と認めなかったが故の処置だと思われる。結局、何錦等の世襲武官と「三千人」の軍士とは意識の上でも反乱行動でも違っていたのであり、反乱に対する各々の立場は一致していなかったのである。

寧夏の軍人が挙兵した主要な原因の中に、当時の辺餉問題と関係があった。『継世紀聞』巻三に

劉瑾既止各辺送銀、又禁商人報納辺儲、遂大匱乏。因詢国初如何充足、浅識者以為国初屯田修挙、故軍食自足。後為勢家所占、以此軍不自給、瑾遂慨然修挙屯田、分遣郎中胡汝礪・御史楊武・少卿顔頤寿等、往各辺丈量屯田、以増出地畝甚多、及追完積逋者為能、否則罪之。……大理寺少卿周東在寧夏、与都御史安惟学比較屯種、厳加刑於軍官妻子、人心憤怨。千戸何錦等、遂与安化王謀起兵、伝檄以瑾等為名、瑾禍自是起矣。

とある。国初、各辺の軍糧は屯田によって自給していた。その後「勢家」の侵占によってそれが不可能になった。そこで屯田の再興を期し、科道官を各辺に派遣して屯田を丈糧させた。寧夏では周東が着任し、厳しく丈糧を実行したため、憤怨した何錦等は寘鐇と挙兵したのだと述べている。『継世紀聞』のように、反乱の原因を劉瑾の辺餉政策とこれに彼の収賄政治に求める見解は、大略では他の史料と一致している[11]。劉瑾の貪欲な収賄政治は著名であるから付

言する必要ないであろう。しかし各辺への銀両送付の廃止と屯田の丈糧を強化しようとした辺餉政策は、それなりに理由があったと思われる。

正徳元年の戸部の議論によると、その頃の歳入銀両が一百五十余万両あったのに対し、通常歳出銀両は宣・大等六鎮の年例銀三十四万両を含んで一百余万両であった。ところが臨時支出はそれよりも遙かに多額で、前年の弘治十八年の場合は、各辺への添送銀約二百七十七万両と各辺官軍の給賞約七十二万両を含む五百数十万両以上に昇り、通常支出と合算すると、総支出は歳入の四倍以上の六百二十五余万両にもなった(12)としている。当時の国家財政の逼迫度が知れる。

各辺の屯田についても、正徳三年に巡按山東監察御史周熊が上疏している。それによると、遼東二十五衛の原額屯田が二万一千四百七十一頃、該糧が六十三万五千石あったのに対し、当時の屯田が一万二千七十三頃、該糧が二十四万一千石と、耕地面積で二分の一、該糧で三分の一に激減した(13)とした。余継登は『典故紀聞』巻十六で、この上疏を引いた後「読此疏、則挙一鎮而各鎮可知」と述べ、各辺の同様な屯田の廃弛を推測したのである。このような屯田状況をもたらしたのは、『継世紀聞』で「勢家」と表現する有力官僚・有力武官・民間有力者等の屯田侵占、各辺の軍政の荒廃であった(14)。こういった背景を受けて、劉瑾はその政策を実行していった(15)のであろう。

科道官が頻繁に各辺に派遣されるようになったのは、正徳三年頃からであった。この年の三月、朝廷は各辺への銀両送付を廃止した。その分を、侵占された屯田の回復や増田、軍糧の盗取や浪費の防止を科道官の派遣によって果たそうとした(16)。『武宗実録』正徳五年八月戊申の条に、

添設巡塩巡捕査盤等官、四出捜索、法令日繁、又差官検覈。各辺屯田倍増其税。于是天下紛紛多事、民不堪命。

とある。科道官が四出して「天下は紛紛」としたが、屯田からの税を倍増させたのである。勿論、劉瑾の収賄政治か

ら発する過酷で不当な手段が付きまとっていた事は間違いあるまい。

寧夏では、正徳三年四月に監察御史張彧が赴任し、屯田を清理して四千四百頃を増田した(17)。さらに工科給事中安奎とともに、寧夏諸衛の指揮・千戸・百戸等の世襲武官百三十余員を、「虧耗」があったとして告発した(18)が、この中に寘鐇の乱に加わった指揮丁広も含まれていた。翌正徳四年正月に、工科給事中呉儀が、寧夏・固原の馬価・塩課銀を査盤して「侵欺情弊」ありとして告発し、寧夏諸衛の指揮同知周晃（周昴？）、指揮使の沈珺・楊英、指揮僉事の馮鉞・陳珣、百戸の李茂・黄確等の世襲武官等が罪ありとされた(19)。そして正徳五年二月に大理寺少卿周東が赴任したのである。以上のような当時の辺餉政策と寧夏への査察経緯を考慮するならば、これによって最も直接的打撃を受けたのは、寧夏では寧夏在鎮の世襲武官だったと容易に推測がつく。反乱時に見せた能動的な世襲武官と消極的な反乱軍士の対応の違いがその証である。そしてそれは、長い間屯田・屯田糧・年例銀・塩課銀等の辺餉に関わる逋賦や不法収奪を既に既得化させていた、その構造については必ずしも明瞭でないが、そのような世襲武官の立場をも示しているのではあるまいか。

この反乱の首魁は郡王の寘鐇であった。彼は劉瑾の辺餉政策が実施される二年ほど前から反逆心を抱いた点から、何錦等と挙兵動機が異なっていたと考えられる。しかも反乱側の人員構成では、何錦等世襲武官や寧夏官軍の占める割合が圧倒的であった。又「善く市利を営」み、何錦に二百七十両、丁広に二百両を貸与したり、鎮巡三司等の官に餽送できる程度に財政的に余裕があった。困窮による反逆でもなかった。六十余歳の寘鐇が挙兵した動機については不可解な点が多い。高岱は寘鐇を「狂豎子」と述べている。

「寘鐇の乱」は、寧夏在鎮の世襲武官主体の反乱だとする性格が強いのではなかったか、と私は推論する。

（1）『朔方新志』巻三。
（2）『武宗実録』正徳五年四月庚寅の条。
（3）『鴻猷録』巻十二、安化王之変。『明史』巻一百十七、寘鐇伝。
（4）『関中奏議』巻十、為議処宗藩以防患将来事。
（5）『武宗実録』正徳三年四月乙亥の条。
（6）『関中奏議』巻十、為遵奉勅諭起解反逆賊寇事。
（7）『関中奏議』巻十、為遵奉勅諭起解反逆賊寇事。
（8）『関中奏議』巻十、為遵奉勅諭起解反逆賊寇事。
（9）『関中奏議』巻十、為議処宗藩以防患将来事。
（10）『関中奏議』巻十、為遵奉勅諭起解反逆賊寇事。
（11）『武宗実録』正徳五年四月庚寅の条。『鴻猷録』巻十二、安化王之変。王春瑜・杜婉言編著『明代宦官与経済史料初探』（中国社会学出版社・一九八六年）。
（12）『武宗実録』正徳元年十月甲寅の条。
（13）『武宗実録』正徳三年六月己卯の条。
（14）清水泰次氏の研究に「明代の屯田」（『東亜経済研究』四－三・一九二〇年）・「明代の軍屯」（『東亜経済研究』八－二・一九二四年）・「明代軍屯の崩壊」（『史観』五・一九三三年）等があり、のちに『明代土地制度史研究』（大安・一九六八）に再録。王毓銓『明代的軍屯』（中華書局・一九六五年）。
（15）『武宗実録』正徳三年三月己亥の条。
（16）『武宗実録』正徳三年三月乙卯の条。
（17）『武宗実録』正徳三年四月辛巳の条。
（18）『武宗実録』正徳三年五月壬寅の条。
（19）『武宗実録』正徳四年正月丁未の条。

第七章　翁万達と嘉靖年間の馬市開設問題

序

隆慶五年（一五七一）に成立した〝隆慶の和議〟は、紛争の絶え間のなかったそれまでの明・北虜関係を劇的に転換させた。和議の具体的な内容は、宣府・大同・山西・延綏・寧夏・甘粛の各地域に数ヶ所ずつ恒常的な馬市を開くことであった。タタールやオイラトの「北虜」は指定地の馬市で交易をせねばならない制限があっても、基本的には官市のあとに開かれた民間貿易（私市）等によって一般「虜衆」までが、馬市で絹布や粮米・生活必需品等を交換入手できるようになった。これによって土木の変以来約一百二十年間、北虜が中国物資を求めて侵寇を繰り返して起こる北辺防衛問題がほぼ解決したのである。[1] しかし隆慶の和議が成立する二十年ほど前の嘉靖三十年（一五五一）に、明・北虜間で馬市の〝盟約〟が結ばれていた。これは一年で破綻したが、隆慶の和議にいたる重要な一階梯であったことは言うまでもない。またその頃、庚戌の変が起きたことでもわかるように、明・北虜間が軍事的にきわめて緊張した時期でもあった。宣大山西総督翁万達は、これらの事案を直接対応せねばならない立場にあって、北辺防衛問題や馬市開設問題で積極的に活動した。

本章では、最初に庚戌の変直前に活動した翁万達の治績の概略と北虜防衛で残した軍事的功績を述べる。つぎに明中期の明・北虜間の朝貢貿易を考察し、そして北虜俺答汗（アルタン・ハン）が明に要求した「求貢」の性格について考え、最後に翁万達が果たした隆慶の和議前史としての歴史的役割を考察してみたいと思う。

一　翁万達の宣大総督としての治績

翁万達は、弘治十一年（一四九八）に広東潮州掲陽で生まれ、嘉靖四年郷試に合格、五年に進士、そして翌六年三十才の時に官界入りした。次表は、入官以後解職までの翁万達の官歴である。官歴表でも分かるように翁万達が北辺で活動した期間は、嘉靖二十三年十二月の宣大総督就任から三十年二月の解職まで、約七年間（一年の服喪期間を含む）であった。その間に翁万達が果たした治績[2]の大略を述べたい。

まず嘉靖二十四年八月に、鵓鴿峪の戦役で武功をあげている。これは数万騎の俺答配下の北虜が、大同中路の鐵裹門等に侵入し、総兵官張達等が力戦して退けた。と同時に別行動の北虜が大同の鵓鴿峪を犯したため、翁万達は大同総兵官周尚文等と大同陽和に陣を敷き、四出して北虜を邀撃し、北虜を退却させた[3]とする戦役であった。同年十月、大同宗室の謀反を摘発した。初め、大同の平虜・玉林等の草場で、連続して火災が起きたことに不信を抱き、関係者の門四等を調べたことから事件が発覚した。のちに調査して判明したことは、大同に封建された代王府の支流である和川王府の奉国将軍充灼等の宗室が、北虜と通謀してその軍事力をあてにした反乱未遂事件であった。北虜に内応しようとする明内部の一勢力を、万達が摘発したのである[4]。

翌二十五年二月翁万達は、数年前から懸案とされてきた[5]大同東路の陽和より宣府の李信屯堡の辺界まで延長一百三

十余里の辺墻と、濬濠建堡・増設墩哨等の修築費用を含む経費約二十九万余金を要請し認可された。[6] その修築結果として、

①大同東路の天城・陽和・開山口一帯の辺墻一百三十八里、堡七、墩台一百五十四

②宣府西路の西陽河・洗馬林・張家口堡一帯の辺墻六十四里、敵台十、斬崕削坡五十里

等が、見込み経費二十九万余のうち九万余両を余して五十余日で完工した。[7] この功績により、翁万達は都察院右都御史兼兵部左侍郎に、周尚文は左都督に陞り太子太保となった。

同年七月俺答が、使者の堡児塞等三人を大同左衛に派遣し「求貢」してきた。家丁董宝は、堡児塞等を殺害し首功を得たとして朝廷に報告した。この時、翁万達が上疏した。『世宗実録』嘉靖二十五年五月戊辰の条に、

翁万達疏言、……今彼酋復遣使扣辺、卑詞求貢、雖夷詭秘反覆叵測、在我当謹備之而已。王者之待夷狄、来則勿拒。

とある。万達は、夷情は「叵測」としながらも、俺答の「求貢」の申し出に対応すべきだと主張し、使者を殺害したのは、明側の非であると述べた。しかし朝廷は万達の俺答との交渉提案に首肯しなかった。

二十六年正月に、俺答がまた李天爵を大同に遣わして「求貢」してきた。翁万達が李天爵より聴取した「求貢」内容は、

嘉靖　六年		戸部広西司主事
八年		権河西務
九年		署戸部員外郎
十年		戸部山東司郎中
十二年		広西梧州知府
十五年		広西征南副使
十八年		浙江右参政、請留副使
十九年		広西参政
二十一年		四川按察司
二十三年	二月	兵部右侍郎兼都察院右僉都御史
	十二月	兵部右侍郎兼都察院僉都御史　総督宣大偏保地方軍務兼理粮餉
二十八年	十月	兵部尚書　父の喪に赴く
二十九年	十月	兵部右侍郎兼僉都御史経略紫荊諸関
三十年	二月	解職回郷

「俺答と保只王子・吉囊台吉・把都台吉の四頭目が協議した結果、逓年一次か二次の進貢が得られれば、北辺の侵寇活動をやめる」とするものであった。そこで翁万達は総兵官周尚文等と計り、俺答の「求貢」を何らかの形で認める意見を添えて、二月に朝廷に報告した。しかし朝廷は俺答の「求貢」を退け、さらに万達を譴責したのである。(8)

その年の二月、翁万達は宣大・山西の鎮巡官と協議し、「辺防修守事宜」十事を作成し、宣大の辺墻整備を含む「併守」案を上奏した。(9)「併守」案は翁万達の辺防構想の根幹になったもので、朝廷は四月に三十七万の帑銀出費を認め、「併守」案に基づく宣大の辺墻の修築を命じた。工事は五月に一旦終え、つぎに旧設辺墻の低薄な部分の補修にとりかかり、(10)二十七年六月までに完工した。

二十七年三月、「求貢」の道を断たれた北虜が大挙入犯するとの情報を得、翁万達は俺答「求貢」の容認を促す上疏を行った。朝廷は強硬でついに「求貢」の議を絶った。(11)八月に北虜は大同を犯すも克てずして後退し、今度は大同五堡を攻めた。万達は出軍して弥陀山で北虜を破り山西に趨らせたという弥陀山の戦役で武功をあげた。さらに北虜は山西でも侵入しようとしたが明側の防禦が固く、再度宣府方面に転進して宣府の永寧・隆慶・懐来に入掠し、(12)明側は軍民数万が犠牲となった。直接的には宣府総兵官趙国等の失態であったが、総督の万達も停俸二級の処分をうけた。(13)

二十八年正月、北虜が宣府に入犯し居庸関に迫った。急遽、翁万達は大同総兵官周尚文等を呼び寄せ、二月に共に曹家荘で俺答軍を敗り退却させた。いわゆる曹家荘の戦である。(14)この戦いの最中、今一度、俺答から翁万達に「求貢」の意志表示がなされた。『世宗実録』嘉靖二十八年四月丁巳の条に、

先是二月、虜擁衆寇宣府。束書矢端射入軍営中、及遣被掠人還皆言、以求貢不得、故屢搶、許貢当約束部落不犯辺、否則秋且復入過関、搶京輔。宣大総督翁万達以聞。上謂求貢詭言、屢詔阻格、辺臣不能遵奉、輒為奏瀆、姑不問、万達等務慎防守。

とある。俺答は朝貢が果たせれば明辺に入犯しないが、否ならば深く京輔まで入り搶掠するという内容の矢文をもって通告してきたのである。そのことを朝廷に転奏しても認められず、逆に万達は「奏瀆」したとして譴責されたことがわかる。言うまでもなく、この俺答の通告は庚戌の変の前ぶれであった。そして十月に翁万達は服喪のため帰郷し、五年に亘る宣大総督の任を離れたのである。

二十九年六月、北虜が大挙して大同に入犯し、総兵官張達らが戦死した。朝廷は潮州揭陽で服喪中の翁万達を急遽北京に呼び戻したが、万達は期日までに北京に到着することができなかった。そのことで兵部右侍郎兼僉都御史に降格され、経略紫荊諸関に左遷され、三十年二月に辞職を申し出たが却って解職された。さらに「謝恩疏」で訛字の罪ありとして民に落とされ、潮州揭陽に帰郷した。翌三十一年十一月十三日、万達は友人を福建に訪ね、そこで客死した。その時五十五歳であった。死去前の三十一年十月に、朝廷は再び万達を兵部尚書に起用していたが、その辞令が届かないうちのことであった。

以上、翁万達の宣大山西総督としての治績の大略を述べてきた。その活動は、

（1）文臣辺臣として、宣大及び山西地区での武功や辺備修飭等の軍事的活動

（2）俺答「求貢」の受け入れによって、北虜との関係改善を目指す交渉活動

の二点に集約されると考えられる。

二　翁万達の「併守」案と辺備修飭

翁万達は前述したように、嘉靖二十四年八月の鵓鴿峪の戦役、二十七年八月の弥陀山の戦役、そして二十八年二月

の曹家荘の戦役等で、文臣ながら珍しく積極的に戦陣に臨み武功をあげ、また大同・宣府の外辺に大規模な辺墻を修築した辺臣であった。したがって翁万達研究の軍事的側面では、これらの点を強調するきらいがある。それよりも、対北虜辺防策である「併守」案の作成とその実施が重要であると考えられる。

翁万達が「併守」案に到達したのは二十五年十月頃[15]で、翌二十六年二月に「辺防修守時宜」として上疏している。その原文と思われる「集衆論酌時宜以図安辺疏」をもとに要点を以下に記述する。

宣府・大同・偏頭関（山西）三鎮には、外辺と内辺がある。外辺は、山西黄河東岸の保徳州を起点として、偏頭関・老営堡・大同・宣府を経て宣府東路の四海冶までで、延長は一千九百余里あり、北虜の居牧地に隣接した「極辺」である。内辺は、老営堡から寧武・鴈門・平荊・竜泉・倒馬・紫荊・浮図峪・沿河口を経て居庸関までで、延長は二千五十余里あり、北虜と直接的には対峙しない「次辺」である。これら外辺と内辺で「燕・晋を扞蔽」するが、また両辺は「唇と歯」「門戸と堂奥」の関係である。

ところで内辺では、（A）「邇年」以来、しばしば「大虜」の侵寇を受け、山西（太原）方面へは大同から、紫荊関方面へは宣府から侵入している。（B）その上当時の「地方諸臣」が、寧武・平荊間八百里に内辺辺墻を修築したり、また内辺の守兵不足[16]に新たに六万余の「新軍」と「新旧の民壮・屯夫・弓兵」を内地から動員補充したりして、過大な負担で「内地は騒動」している。

このような状況下にあって、外辺に内辺の兵をも加えて守る「併守」が、「善経」である。具体的には、外辺の辺墻を整備して、これに兵力を注ぐ防衛の一本化である。山西（保徳州から老営まで）の辺墻は、高さも厚さも充分であるし、大同各路と宣府西・中二路の辺墻は、その七・八割は利用できる。さらに補強すれば、数ヶ月内に千里に及ぶ辺墻が完工でき、「併守」の体制確立が早急に可能である。「併守」案を実施すれば、内地の新旧の民壮六万余人を革罷でき、内辺三鎮の防秋費用は六十八万両以上を節約できる。

この万達の「併守」防衛構想の（A）と（B）の一節について考察すると、「併守」案作成の背景がある程度把握できると思われる。

（A）の「邇年」以来の「大虜」侵寇について

「邇年」とは、『翁万達集』巻十四、論幷守後疏に、

嘉靖十九・二十・二十一年、大虜屢潰大同、軼山西、蹂躙流毒。

とあるから、嘉靖十九年・二十年・二十一年のことだとわかる。十九年の侵寇は、八月七日から十六日までの間に、寧武関から侵入し、山西中西部の岢嵐州及び静楽・嵐・興等の諸県を犯した。その被害は殺害擄獲された者が一万を数え、搶掠された財畜は算定できない程であったという[17]。二十年の侵寇は、『世宗実録』嘉靖二十年八月甲子の条に、

巡撫大同右侍郎史道言、虜酋俺答阿不孩、以求貢不允、糾合諸部将入犯山西。

とある。俺答が「求貢」を拒否されたことにより、明側に圧力をかけるため、山西へ侵入しようとして入犯したとわかる。それは前年以上の規模をもつ侵寇となった。岢嵐・石州・忻平・寿陽・陽曲・太原等の山西南部まで及び、明の受けた被害は殺害擄獲された者は五万一千人以上だったという[18]。二十一年についても、再び俺答が五月に「求貢」したのに対し、明側は俺答の使者三人を殺害してこれを拒否した。そのため憤怒した俺答は、六月に大規模な侵寇を敢行した。この時の侵寇の被害状況を、給事中の張堯年と御史の王珩が調査したところによると、北虜の侵寇は二十一年六月から約一ヶ月間に亘って、ほぼ山西全域におよぶ十以上の衛所と三十八の州県を蹂躙し、殺害擄獲された男女は十万以上、掠された家畜や財物は無数であって、侵寇の期間と広がりとその被害は、前例がない惨状であったという[19]。その他十九年から二十一年までの北虜侵入地は、山西ばかりでなく京輔西南部（関南）にまで及んでいた。侵

寇は腹裏奥深くに広がり、被害も飛躍的に拡大していったのである。この状況からすれば大同や宣府は、北虜が山西内地や紫荊関（関南）方面に侵入する回廊となり、外辺防衛線も半ば破綻していたことがわかる。

（B）「内地は騒動」について

上記十九年・二十年・二十一年の山西最深部への北虜入寇の対応策から発生した。それまで内辺の寧武・鴈門・平型の三関は守兵が少なく防禦施設も充分でなかった。そこで十九年十二月の山西巡撫陳講が、内郡（山西・河南・山東）から動員増兵して「画地分守」する擺辺案を建議し実施した。それに加えて寧武・平荊間八百里の内辺辺墻の修築も立案された。これは、二十三年に山西三関巡撫曽銑の建議(20)で始まり、二十五年三月にその内の五百里が完工した(21)。厳従簡は『殊域周咨録』巻二十一、韃靼で、

按、……内辺之戍也、豈惟山西・河南・山東倶有班戍、真・保・順・広之間塞役不休矣。於是大河以北、無息肩之期、而両鎮連百数十城有弃置之恐矣。其時復有築堡之役、杵声遍於中原、農事廃於南畝。

と述べている。内辺の班戍・塞役・築堡の役によって、山西・河南・山東等では、人民に「息肩之期」が無いとして、「中原」の困難ぶりを指摘し、さらに「両鎮」すなわち大同・宣府の放棄さえ強いられる危険があったともしている。まさに万達の言う「内地の騒動」とはこのことを指すに違いない。

『翁万達集』巻十四、論併守後疏に、

寧・鴈之守、止可例於紫荊・居庸諸内地、而特重大同者、慮弃大同耳。守大同、守山西也。宋人失山後雲中郡、不得不退守諸関、然終宋之世、陵夷衰弱、其道何繇。

とある。三関の寧武・鴈門等の守りは、内地の紫荊関や居庸関程度とすべきで、それよりも大同を重点に置いて守らなければ、大同をも棄てることになる。それは宋が雲中郡を失った状況と同じで、その結果は「陵夷衰弱」となる。

万達は当時の情勢を、燕雲十六州を回復できず、これによって北方民族から多大な圧力を受けた北宋と同様になる瀬戸際とみていたとわかる。さらに『世宗実録』嘉靖二十八年四月己未の条に、

総督宣大尚書翁万達奏、……蓋天下形勢重北方、以鄰虜也。而我朝与漢・唐異、漢・唐重西北、我朝重東北、何者。都邑所在也。

とある。明が漢・唐と異なって東北を重視するのは、北京に京師が置かれているからであるとしている。ましてこの危機は、北京が北辺に隣接しているだけに、北宋より深刻であると認識していたに違いない。「併守」案の意図は、辺防費用の節減とともに外辺の大同・宣府・偏頭関を、京師防衛の意味で、死守すべき軍事的防衛線として位置づけることでもあったのである。

翁万達が上記の宣大外辺の守備に重点をおく「併守」案を上疏すると、朝廷はこれを裁可した。ところが新任の山西巡撫孫継魯は、万達の「併守」案に強く反対して、内辺の寧武・鴈門・偏頭の三関の辺防を重視する案を上疏し、両者の論争となった[22]。朝廷は万達案を支持し、『明史』翁万達伝がいう「大同西路と宣府西路の辺墻八百里」の修築が実施されて、五月に工事は一応終えた。つぎに旧設辺墻の低薄な部分の補修にとりかかり、二十七年六月までに完工した。この辺墻八百里に、二十五年に修築していた「大同東路の辺墻一百三十八里、堡七、墩台百五十四」と「宣府西路の辺墻六十四里、敵台十、斬崕削坡五十里」の二百里余りを合わせ合計千里以上に及ぶ、「併守」案を防衛戦略の原理とした外辺辺墻が成立することになった。

二十七年九月俺答は宣府の永寧及び隆慶に、十月には隆慶・八達嶺に侵寇し、翌二十八年正月に宣府から入犯し、居庸関にまで迫った。二十八年二月に俺答が矢文の中で、明が拒否するならば京輔を搶掠すると通告してきたことは前述した。これらはいずれも二十九年に起きた庚戌の変の前兆とみなせるが、恐らく最も憂慮した一人に翁万達がい

たであろうし、彼はその対応策を二十八年四月に上疏した。前掲紀事『世宗実録』嘉靖二十八年四月己未の条に、

往年修辺之役、宣府始西・中路者、先所急也。北・東二路限于財力、間多未挙、又以独石・馬営・永寧・四海冶之間、素称険峻、朶顔支部巣処其外、尚能為我藩籬故耳。今西・中路辺垣足恃、慮不易犯、其勢必不肯、以険遠者自阻、而朶顔支部復為所逼、徙避他所、北・東二路之急、視前蓋数倍也。

とある。往年（二十七年）に外辺辺墻を修築したが、宣府北・東二路は工事がいまだ充分でない。二路の工事を急がなかった理由は、財政上の問題と「朶顔支部」が近くで居牧して明の藩籬となっていたからである。近頃、朶顔支部が俺答に追われて他所に移動した。そのため防禦が手薄になり、以前に比べて数倍の危険があるとしている。宣府北・東二路は北に対する京師防衛の直接的な防衛線であり、そこへの侵入は北京陥落の危機でもあった。これは深刻な国家的重大事に発展する。事実、翌年の庚戌の変で、俺答が宣府東路の四海冶よりもやや東側の古北口付近から入り、北京を囲んだのは周知の通りである。翁万達はこの危機を事前に充分に承知して、宣府北路に内墻・外墻の各一道、東路辺墻一道の修築を要請し、世宗の裁可を受けていた(23)。しかし北路の内墻は修築できたが(24)、その他の工事は果たせない内に、同年十月に父・翁玉の死去に会い帰郷服喪したのである。

翁万達の偏頭関・大同・宣府の外辺に辺備を整え、そこで北辺防衛を一本化する「併守」案とその実施について考察してきた。その効果については、『明史』翁万達伝は、「北虜は進んでは軽々に犯さず」と述べている。事実、俺答の侵寇がしばらくは山西内部に及ばなくなり、また侵入地点がまだ辺備の整っていない宣府北・東二路に、移動していったことをみると、外辺の辺墻修築とその他の備えの有効性を示すものと考えられる。

ただ、翁万達はこのような辺墻を中心とする外辺守備策だけで、こと足りるとは考えていなかった。翁万達自身が、辺墻を中心とした守備では、北虜数十万が大挙侵入したならば防げないと述べている(25)。さらに『翁万達集』巻十、北

虜累次求貢疏に、

俺答固梟猄之雄也。……雖恃有辺墻、拠険為禦、而聚兵転餉、必自倉皇。無待防秋、已先困竭、臨時奏討、愈益紛紛多事、且不免於惴惴自危矣。…即許之貢、無弗可者。

とある。この記事は、二十六年の俺答「求貢」の際に、万達が上疏した文である。俺答は梟境の雄であり、辺墻を設け、険に拠って防禦するとしても、集兵と転餉に混乱が起き、しかも臨時の軍事調達があれば、いよいよ紛々として多事となって混乱をきたす。それ故に俺答の「求貢」を受け入れた方がよいとした。ここに翁万達は、「併守」案による辺防策と、「求貢」受け入れによる「制禦の策」も重視し、両方合わせた外辺守辺策でなければ、北虜の侵寇を止めることはできないと考えていたことがわかる。

三　明中期の北虜朝貢貿易

北虜の小王子及び俺答が嘉靖十一年からしきりに「求貢」し[26]、朝貢貿易を求めてきた。明朝廷はその度に拒否を続けたが、三十年になって急に転換して、朝貢貿易ではなく民間貿易の「馬市」を成立させた。この馬市の〝盟約〟が、いわゆる隆慶五年の馬市開設を根幹とする隆慶の和議をもたらす重要な階梯となった。したがってこれまでの研究で嘉靖年間に俺答等が行った一連の「求貢」について注目されてきたし、北辺防衛史からみても重視すべき事件であったといえる。ただこの俺答「求貢」を考える上で、明中期の北方民族との貿易関係を踏まえた議論が欠けがちだと思われ、その点をまず検討したい。

そもそも明代中期の北辺において、明と北方民族との平和的な交易手段は、朝貢貿易と馬市の二形態に集約された。

馬市は当初明が軍馬を北方諸民族から輸入するため、辺境地帯に設置した官市であった[27]。主に江嶋寿雄氏の遼東馬市に関する研究をもとに述べれば、兀良哈（ウリヤンハ）と女直に対する馬市は、永楽三・四年頃に遼東の開原・広寧の二ヶ所で開かれ、永楽末年頃に軍馬が充足すると、官市から主に明の兀良哈と女直との私市（民間貿易）に転換していった。明側は絹布・穀物・塩・鉄器等を、兀良哈や女直は馬・家畜・毛皮等を交易品とした[28]。さらに正統四年には女直に対する馬市をもう一ヶ所、開原の南関に増設された。しかし正統十四年の土木の変後、兀良哈がオイラトの也先（エセン）を嚮導したとして、懲罰的意味もあって、明は兀良哈向けの開原・広寧の馬市を閉鎖した。女直専用の開原南関馬市だけは継続され、さらに天順八年には建州女直のために撫順馬市も開かれた。馬市を閉鎖された兀良哈は、景泰・天順年間以降も、朝貢を毎年数回行いながら、それとは別に明側に馬市開設を求めた。『明実録』では、天順三年十一月、成化十一年七月、成化十二年十月等にその記録がある[29]。そして成化十四年になって開原と広寧に馬市の再開が認められた。この時点で遼東の馬市は合計四ヶ所となり、いずれも私市すなわち民間貿易が主体であり、それが明末まで続いたのである。一方、タタールやオイラトの北虜に対する馬市は、正統三年に大同で開設された。この大同「馬市」の実態について短期間のうちに断絶したこともあってはっきりしない。筆者は遼東の民間貿易である馬市と異なって、朝貢使臣のみに許された朝貢貿易の範疇に入る性格の使臣貿易と考えており、それは後述したい。結局明代中期の馬市は、主に遼東の兀良哈及び女直に対するもので、しかも朝貢貿易と由来の異なる別系統の民間貿易（私市）であったのである。

つぎに朝貢貿易について述べたい[30]。明中期の北虜の朝貢貿易を主題とする論文は殆どなく、不明な点があるので、若干の考察を試みたい。朝貢貿易とは、朝貢時に正使や使臣等が明側から撫賞と回賜を受け、さらに使臣が帯同品を会同館内及び街巷で明人と平価交易する〝使臣貿易〟も含むもので、明初以来継続してきた。とくに正統年間に交易量の増大を計るオイラトの也先が、朝貢団を急速に三千余人の使臣を擁する規模にまで拡大し入京させたことは著名である。景泰五年の也先横死後、モンゴルの覇権はめまぐるしく変転したが、北虜の各覇者は明との朝貢貿易を望んだ。鉄器・糧米等の入手を明に頼らざるを得ない北方民族の経済的体質が主因であった。

まず孛来（ボライ）は、天順五年七月に、明との間に「講和」を結んだ。『英宗実録』天順五年七月辛酉の条に、

　虜酋孛来三上書、求遣使講和。……上允所請。

とある。孛来が三度「講和」を求めた結果、この時点で英宗が「講和」に同意したとしている。天順五年以前に孛来が明側に遣使した例は、景泰七年十二月・天順元年五月・天順二年十一月等にある(31)。ただ両者の間は必ずしも順調な関係ではなかった。幾たびかの折衝を経たであろう結果、天順五年の「講和」となったと考えられる。これからの孛来の朝貢はつぎの通りである。

天順六年(32)　朝貢使臣人数は三千人で、入関使臣人数は不明、入京使臣人数は正使察占等三百人か、あるいは四百五人。朝貢品は馬一百二十九匹。

天順七年(33)　朝貢使臣人数は不明、入関使臣は平章朶羅禿等一千八百余人。入京使臣一千人、朝貢品は馬三千余匹。

成化元年(34)　朝貢使臣人数は不明、入関使臣は平章孛羅赤等二千一百九十四人。入京使臣六百六十人、朝貢品は馬。

つぎの覇者である毛里孩（モリカイ）は、成化初年にオルドスに入り、成化二年頃孛来を襲殺し自ら太師となった。その毛里孩は成化三年三月に朝貢した。

成化三年(35)　朝貢使臣人数は不明、入関使臣は不明。入京使臣は咩勒等二百八十一人。朝貢品は馬。

毛里孩の覇権は長く続かず成化四年に彼自身が殺害され、かわって癿加思蘭（ベケリスン）等がつぎのように朝貢した。

成化七年五月(36)　朝貢使臣人数は不明、入関使臣は兀馬児平章等三百三十人(37)。入京使臣三十人、朝貢品は馬四百三十匹。

　七月(38)　朝貢使臣人数は不明、入関使臣は完者禿等で人数は不明。入京使臣は三十人。朝貢品は不明。

成化十一年(39)　朝貢使臣人数は不明、入関使臣は樋哈阿刺忽平章等一千七百五十余人。入京使臣は五百人、朝貢品は馬。


モンゴル中興の祖と評される達延汗（ダヤン・ハン）は、弘治元年（一四八八）から朝貢を始め、それによって、明・北虜間に一時平和をもたらしたとされる。彼が派遣した朝貢はつぎの通りである。


弘治元年(40)　朝貢使臣人数は不明、入関使臣は一千五百三十九人。入京使臣は五百人、朝貢品は馬騾四千九百三十匹。

弘治三年(41)　朝貢使臣人数は不明、入関使臣は一千五百人（うちオイラトが四百人）。入京使臣は五百五十人（うちオイラトが一百五十人）。朝貢品は不明。

弘治四年(42)　朝貢使臣人数は不明、入関使臣は一千五百人。入京使臣は五百人、朝貢品は不明。

弘治九年(43)　朝貢使臣人数は三千人、入関使臣は一千人（初め北虜側は三千人の入京要求）。入京使臣は不明、朝貢品も不明。

弘治十一年(44)　朝貢使臣人数は六千人、入関使臣は二千人。入京使臣は五百人。朝貢品は不明。
　＊孛来から達廷汗までの各北虜朝貢の入関地はいずれも大同。

弘治十七年に至って、達延汗は阿黒麻等六千人の入貢を要求した。明側は弘治十一年の例に準ずる以外は認めなかったため(45)、達延汗は不満としたのであろう侵寇を再開し(46)、両者はついに〝戦争〟状態に入った。それが嘉靖三十年（一五五一）まで約四十七年間も続いたのである。

以上の中期朝貢事例から指摘できる点は、北虜の各覇者は、也先時代の朝貢使臣約三千余人という最も多い時に比べて、最大で同程度か二倍の六千人の使臣入関を要求していた。それに対し、明側は入関使臣二千人を限度とした。また朝貢形式では、入関した使臣が過半以上占める〝存留大同使臣〟と〝入京使臣〟の二者に分けて朝貢させることが常態であった等である。『明実録』では朝貢使臣人数の不明例が多い。万暦『大明会典』巻一百七、礼部・朝貢二・北狄に、

（成化）十三年、満都魯・乩加思蘭遣桶哈阿忽剌等四千人、貢馬駝五千。許以一千七百人入辺。……虜自天順・成化以来、更立数王。然皆称小王子、自是頻年入貢。（弘治）元年貢使六千余人、准放一千五百余人。三年三千五百人、准放一千五百人。四年五千人、准放一千七百余人。九年三千人、准放一千人。十年六千人、准放二千人。至京者、以五百人為率、貢道皆由大同、入居庸。

とある。これは弘治年間の朝貢を主として述べていて、朝貢使臣人数を明記している。ただ弘治十年の朝貢はそれに該当する記事は『明実録』にはない。万暦『大明会典』によれば、達延汗の要求した朝貢使臣人数は三千五百から六千人であり、それに対し明は三分の一をめどに最大限度二千人までの入関を許し、そのうち入京使臣は五百人を率として認めていた。これを明が北虜朝貢貿易の原則としていたとわかる。この入関人数は、也先時代の景泰三年の使臣三千余人（帯同馬匹は四万余）の例に比べても絶対数で千人ほど少ない。明は交易量を抑えるために、北虜の要求した朝貢使臣人数をかなり制限していたのである。

さらに大同に留められた存留大同使臣の制も、朝貢貿易を規制するためのものであったと考えられる。入京した使臣は撫賞・回賜や賜宴を受け、また北京の会同館等での使臣貿易も明初以来許されていたことは言うまでもない。そ

れに対し存留大同使臣については、『英宗実録』天順六年五月壬戌の条に、

勅諭迤北正使察占曰、今得大同奏報、尓領三百人来京朝貢、……将緊要使臣帯領来京、其余従人倶留大同安歇、給与口糧下程、有貨物交易者、聴其就彼交易。

とある。この時孛来は三千人の朝貢使臣団を組織した。そのうち「緊要の使臣」三百人が入京し、入関を果たした「其の余の従人」に大同に留めて口糧や下程を与え、その地で交易を聴したとある。『武備志』占度載・四夷三に、

勅虜使察占、毋多挟人来。留其余塞下官餼之、聴与辺人交易。

とある。やはり入京以外の使臣を「塞下（大同）」に留め、そこで食を餼り「辺人」との交易も聴したとある。さらに『孝宗実録』弘治元年六月癸卯の条に、

令太監金輔・大通事楊銘往彼、訳審正使・副使・頭目従人若干、及分為等第赴京、其余倶留大同、以礼館待候給賞賜。

とある。これによると、存留大同使臣は大同の「礼館」に滞在し、そこで賞賜（撫賞と回賜）を給されていた。「礼館」は他の『明実録』記事では、「館」「館駅」「使館」とも記されており、大同の駅伝宿舎を指している。これらの史料から、入京使臣が駅伝の総中心ともいうべき北京の会同館に滞在し、賞賜と賜宴を受け、交易も許されていたのと同様に、存留大同使臣は大同の館駅に滞在し、口糧と下程を受け、京師から送られた賞賜を給され[47]、交易も許されていたとわかる。両者の明側からの扱いはほぼ同じだといえる。ただ大同での交易は、使臣貿易であったとしても、朝貢使臣が入京を強く希望している点から、待遇や賞賜あるいは交易上の諸々の面で入京した方がはるかに有利であったと推測される。

この京師と大同に分ける朝貢形態は、前掲『英宗実録』天順六年五月壬戌の条が『明実録』で明確に述べた最初の

記事である。起源を訪ねると、それは正統三年四月に大同で開設された馬市だと思われる。一般に大同馬市は「庶遠人駝馬、軍民得与平価交易」[48]の一節からであろう、オイラトのために設置された遼東馬市と同様な民間貿易の互市とみなされてきたきらいがある。その成立事情を考察すると、性格はやや異なるものがある。『英宗実録』正統三年正月戊子の条に、

勅大同総兵官都督陳懐等曰、得奏知瓦剌脱歓又遣人来朝、……諭令正使三・五人赴京、所貢馬駝令人代送、其余使臣従人、倶留止大同、并脚力馬給与芻糧、聴其与民交易。

とある。大同馬市開設の二ヶ月前に、朝廷はオイラト朝貢使節の正使等三・五人のみ京師に赴かせ、かつ朝貢品を代送させ、他の使臣は大同に留め民との交易を聴すとした。そして『英宗実録』正統三年四月丁丑の条に、

行在刑部尚書魏源等、以瓦剌遣使臣貢馬、援遼東開原例以六事聞曰、置馬市、選貢馬、輸供具、厳禁約、択通事、設牙行。上以馬市労軍民、不必置、待遠人宜従厚。貢馬不必選、供具取給公帑銭、勿擾吾民、余悉如議。

とある。やはり馬市開設の数日前に、魏源等が瓦剌の「遣使臣貢馬」に、馬市開設に関する六事を英宗に問うた。英宗は馬市開設に積極的でなかったことと、彼が答えた「供具取給公帑銭」等の一節から、馬市はオイラトの朝貢使臣に対する応接の一部であったことがわかる。結局、大同馬市は正統三年四月に開かれ、それはオイラト使臣の全員を入京させないために、使臣の大部分を大同の館駅に滞在させ[49]、そこで交易をさせるためであり、まさに朝貢時の使臣貿易であった。これが天順以降に常態となった大同使臣貿易の濫觴であろう。ところがその後、正統四年十月に一千余人、正統五年十一月六百四十四人、正統六年十月に二千四百人等の也先の朝貢例がある[50]。これらの使臣は入京「来朝」した。前述の正使等三・五人のみ京師に赴かせるとする英宗の命は守られなかったのである。正統七年になると、『英宗実録』正統七年正月戊寅の条に、

諭瓦剌令自今差遣使臣多不許過三百人。庶幾彼此両便、此後如来者尚多、爾（大同総兵官）等止遵定数容其入関、余令先回、或令於猫児荘俟候使臣、同回。

とある。朝貢使臣は三百人を定数として、それ以上の場合は入関させず、北帰させるか大同の北に位置する猫児荘に留めることとしたのである。しかし『英宗実録』によれば、同年十一月に二千三百二人が来朝し賜宴され、九年十月に一千八百六十七人、十二年十一月に二千四百七十二人等の入京の例があり、正統七年の使臣三百人を限度とする令もやはり厳守されなかった。土木の変後はさらに拡大して、三千余人の大規模の朝貢使臣団であっても入京した[51]。朝貢使臣の大部分を大同に留めようとする英宗の命は、実行された様子が窺えない。存留大同使臣の制は天順年間の孛来の時になって、ようやく定着したと判断できるのである。

京師と大同に分ける朝貢形態は、孛来以降の毛里孩や乩加思蘭さらに達延汗等も踏襲させられ、しかも存留大同使臣が入関使臣の過半数から四分の三に達している点をみると、使臣貿易の重点は北京から大同に移されていたといえる。弘治年間の大同における使臣貿易の具体的な実態を示す史料として、『孝宗実録』弘治十二年五月壬午の条につぎのような記事がある。すなわち、

先是、大同開市易馬。左副総兵都指揮僉事趙昶与総兵神英、都督宋澄・馬儀、参将李璵・秦恭・奉御侯能、及遊撃将軍劉淮、皆令家人以段布市馬。而英・昶家人因以違禁花雲段、与虜交易。提督使館都指揮李敬、亦因而市馬自入。頃之、虜使完者欲引境外虜衆入市、託言在館虜衆多染疾、欲往牧馬所避之、而私以馬一遺敬。敬為請于守臣、而許之。由是虜衆縱横出入、居民苦之。既而虜復以迎帰使為名、駆馬入小辺、誘貿鉄器。太監孫振、都御史劉瓛及英不為防制、故遠近商賈、多以鉄貨与虜交易、村市居民亦相率犯禁。既而虜使回、令昶以奇兵三千防水口堡、英及昶等復以貨易馬、前後所得各九十余匹。虜使出境。

とある。「先是」「使館」「虜使」等の語句から、この事件は弘治十一年達延汗最後の朝貢時に起きたことがわかる。この時の達延汗の六千人入貢要求に入関使臣は二千人で、そのうち入京した使臣は五百人であり、彼等は京師で交易した。[52] 入京を果たせなかった一千五百人は、大同の「使館」に留められ、そこで彼らのために開かれた市で交易した。[53]「境外の虜衆」とは、恐らく入関を許されなかった者たちであろう、彼らは「市」に入れなかった。虜使の完者が計略を用いて、境外の虜衆を違法に誘い入れ、交易したというのである。この記事から、以下の点が指摘できる。

①存留大同使臣一千五百人は、大同の館駅に入関時から正使北帰の間まで滞在した。

②存留大同使臣のために「市」が開かれた。交易の場所は大同の館駅内かその付近の地域に限定されていたと考えられる。

③「市」には入関使臣のみ参加でき、境外の「虜衆」（恐らく入関を拒否された残りの使臣四千人）は入関できなかった。この規定は、北虜側の策略によってようやく「虜衆」を引き入れられたとしているので、かなり厳密であったとわかる。

④北虜側の交易品は馬であった。天順以降の北虜朝貢品も馬・駝と記録した例が殆どである。也先時代は馬以外に貂鼠皮・銀鼠皮・青鼠皮・駱駝・玉石等が朝貢品に含まれていることと異なる。馬は北虜富民の交易品でもあったことを考慮すると、使臣は北虜内の上層民で占められていた可能性がある。この市で彼らは、段布や違禁品である鍋・釜等の鉄器日用品及び花雲段等を取得した。これらに米粮等も入っていたであろう。

⑤明側は、総兵官以下多くの高位武官が配下を使って市に参加し、違法な交易を行っていた。総兵神英や副総兵張昶は馬九十匹余も獲得し、それらを転売して巨利を得ていたと思われる。

⑥明側の遠近の商賈や村市居民も「相率犯禁」して交易したと述べている点から、一般辺民は市に参加できず、恐

らく官から許可された者が市で交易できたと推測される。

弘治年間の大同での交易は、規制が多く、境外の虜衆は制限されて「市」に参加できず、使臣だけが許されていた。したがって平和裏に中国物資を多く取得しようとすれば、北虜のために馬市が開かれていなかった以上、入関できる朝貢使臣の人員増加を求める以外に方法はなかった。達延汗が弘治十七年に六千人の使臣の入関要求をしていたことは、その現れであろうし、また朝貢貿易に関する彼等の欲求と、明側の許容範囲との落差をも示している。この状況は明中期全体に当てはまるとしてもよいであろう。

明代中期において兀良哈と女直との貿易では、朝貢貿易と馬市の二形態があった。とくに馬市は、制限の少ない民間貿易であり、一般民の鉄器・粮米や日用品の交易要求をある程度充足させていた。『今言』巻三に、

沿辺諸鎮、惟遼東最易治。虜寡亦弱、又縻我官賞交市、且地饒魚・米・塩・馬。

とある。鄭暁は諸鎮の中で遼東が最も治めやすいとする理由に、虜（兀良哈・女直）に対する「官賞交市」すなわち朝貢貿易と馬市をあげ、それによって羈縻していたとしている。ここに明は、兀良哈や女直に馬市を認めて優遇し、ある程度満足させていたとわかる。また優遇措置は逆に、兀良哈と北虜との分断をはかる明の意図と受け取れる。

これに反し北虜との合法的な交易は、朝貢貿易だけに限定した。その朝貢貿易も、北虜の三千人から六千人の使臣入関要求に、明は三分の一をめどに最大限度二千人までの入関と五百人の入京しか認めなかった。朝貢貿易は使臣のみに許すものであるから、明が北虜との貿易を制限していたことは明瞭である。そして使臣貿易の重点を辺関の大同に移した意図は、京師に多数の北虜使臣を入れることの軍事的危険性と明の内部情勢の漏洩等を防ぐ防衛上の問題、使臣が関わる京師や沿途での紛争や密貿易を防ぐ等の治安上の問題、朝貢使臣団を大同・京師間の往復路に伴送する警備費用の問題、あるいは使臣の宿泊・食事等の接待費用は膨大でその費用の削減を図る経費上の問題等が考えられ

る。やはり管理を強化して、北虜に対する朝貢貿易を規制制限することに主眼があった。結局、北虜に対して朝貢貿易を制限し馬市も開設しないとする姿勢は、兀良哈・女直に比べて、貿易上の経済的便宜を与えないとする明側の原理が根底に存在したとみなすべきである。それは土木の変の後遺症ともいうべき警戒心からであり、かつ実効はともかくとして貿易を制限することによって北虜の経済力や軍事力の充実を阻む意図があったと理解できる。

北虜からみれば、也先時代よりも少なく制限された朝貢使臣団では充分な交易量がはかれず満足できなかった。そして参加できる者は、朝貢団の規模に応じて段階的に各部落の有力諸酋かその影響下の者から順次選ばれたに違いない。使臣の数が制限されれば、一般虜衆には朝貢貿易に参加する機会がなかったことになる。この点に関して、『世宗実録』嘉靖二十五年七月戊辰の条に、

総督宣大侍郎翁万達奏、……或謂虜性貪利、入寇則利在部落、通貢則利在酋長。

とある。侵寇掠は部落（虜衆）に利があるが、通貢では利が酋長（諸酋）にあるとする。直接的ではないとしても、中期の北虜朝貢貿易では虜衆は恩恵を受けられず、それ故に侵寇がやまない明・北虜間の状況を述べているとみなせるのである。

四　嘉靖年間の俺答「求貢」の性格

嘉靖年間の北虜「求貢」は嘉靖十一年（一五三二）から三十年まで頻繁に行なわれた。達延汗の最後の朝貢からすでに三十年以上経ており、その間に侵寇は熾烈さを増しても朝貢事例はなく、この動きは唐突の感をまぬがれない。嘉靖の北虜求貢事例は、『世宗実録』によればつぎのごとくである。(54)

嘉靖　十一年　　三月　　「北虜自延綏、求通貢市」
　　　二十年　　七月　　「款大同陽和塞、求貢」
　　　二十一年閏五月　　「自大同鎮辺堡、款塞求貢」
　　　二十五年　五月　　「款大同左衛塞、求貢」
　　　二十六年　四月　　「求貢」
　　　二十七年　三月　　「祈貢為言」
　　　二十八年　二月　　「求貢」
　　　二十九年　八月　　「求貢」
　　　二十九年十二月　　「叩宣府辺、求貢」
　　　三十年　　三月　　「求通貢市」、＊馬市開設
隆慶　五年　　　　　　＊「隆慶の和議」成立

しかし北虜の俺答が「求貢」した回数は、翁万達の言によると、「虜自冬春、来遊騎信使、款塞求貢、不下数十余次、詞額恭順」とし[55]、二十五年の冬と二十六年の春だけで数十回に及んでいたという。「求貢」と表現される朝貢要求の各発動者は、十一年の小王子（『国榷』では吉嚢[56]）以外はすべて俺答汗であった。俺答が最初に求貢した時の記事が、『世宗実録』嘉靖二十年七月丁酉の条に、

北虜俺答阿不孩遣夷使石天爵・肯切、款大同陽和塞求貢言、其父諰阿郎在先朝、常入貢蒙賞賚、且許市易、漢達両利。

とある。先朝とは弘治年間の達延汗の時代で、北虜は朝貢し賞賚を受け、且つ「市易」を許され、それによって明と

北虜双方が利益を得たとしている。市易とは、弘治年間当時、北虜のための馬市が開かれていなかったので、朝貢時の使臣貿易を指している。さらに二十六年四月に俺答は、『世宗実録』嘉靖二十六年四月己酉の条によると、

①北虜は逓年一・二次入貢する

②明は辺内で種田し、北虜は辺外で牧馬して、互いに害さない。それは、東は遼東より、西は甘州・涼州に至るまでの辺境地帯で行われる

③北虜及び中国の者が、相手側の地域で不法な行為をすれば、それぞれ相手側にその者を引き渡す

とする内容を述べて、明朝の求貢受け入れを前提として侵寇搶掠は行わないことを表明した。それまで北虜は侵寇を頻繁におこない、搶掠が生業の如くなっていた状況を考慮すると、俺答の「求貢」への期待が非常に大きかったとわかる。またその頃侵寇搶掠の手段では、中国物資獲得に限界があったことをも意味している。明朝廷はこのような北虜の要求を嘉靖三十年まで全て拒否した。では俺答等北虜の「求貢」は、いかなる性格のものであったろうか。

北虜求貢の性格を考える上で、まず結着点である三十年の馬市成立の事情をみてみたい。庚戌の変が起きた翌三十年三月に、宣大督撫蘇祐が俺答の「求貢」内容を朝廷に報告した。『世宗実録』嘉靖三十年三月壬辰の条に、

宣大督撫蘇祐等以其事聞曰、……虜既称部落衆多、食用不足、欲先許開市、以済目前。令其将各部夷衆、于宣・大・延・寧分投開市、以家之布帛・米粮、易彼之牛・羊・贏馬。

とある。虜衆は食料が足らず、まず「市」を開き、明の布帛・米粮と北虜の牛・羊・贏馬との交易を願い、目前の状況を打解するため急に馬市開設を求めてきたとしている。さらに同書同記事に、

詔兵部会廷臣従長計議以聞。於是兵部尚書趙錦会同咸寧侯仇鸞等、吏部侍郎李默議、称永楽・成化間皆嘗説馬市、遼東以待海西女直及朶顔三衛諸夷、今虜酋俺答等求開馬市。……宜比照遼東事例、暫為允許。……従之。

とある。俺答の申し出に、兵部尚書趙錦・咸寧侯仇鸞等が議し、遼東の馬市事例に照らした馬市を認めるよう具申し、世宗によって認められ、ようやくここに明・北虜間で初めて民間貿易の性格をもつ三十年馬市が成立した。(57) この時の廷議では仇鸞の主張が重要で、『明史藁』巻一百五十七、仇鉞伝に、

夫彼（北虜）生歯日繁、事事仰給中国、求之不得、則必入寇。故毎歳擾辺、無不得利。徃者請貢未許、尚文乗其効順、私与市易、彼既如願、辺亦少寧。与其使辺臣私通、利帰於下、孰若朝廷自行、恩出於上。

とある。仇鸞は、以前に大同総兵官周尚文が私易（密貿易）によって、辺の少寧を得ていたとし、馬市を開いて北辺を安寧化させようとする提案を上疏していた。三十年馬市の開設は、仇鸞の上疏が反映された結果であったといえる。この点に関して、いままでに林章氏や達力札布氏等が指摘している。(58) この議論をさらに一歩進めたい。

嘉靖十一年から二十年間に亘る一連の北虜求貢、とくに俺答の求貢は、結着点である三十年馬市成立を踏まえ、かつ後述するその他の事情も考慮に入れると、北虜「求貢」そのものが従来の朝貢貿易の復活を目ざすものではなく、別個のその頃から盛行し始めていた北辺での密貿易（私貿易）を合法化する運動だと考えたい。その第一の理由は、密貿易が惹起した時期と北虜求貢の時期が一致することである。明代北辺での密貿易は、明代前期からすでにみられていた。川越泰博氏の研究によると、(59) 嘉靖以前では正統年間頃が活発であり、北虜側の担い手は朝貢使臣が大多数を占めていたという。したがって前述した中期のよく規制されていた朝貢貿易期や正徳及び嘉靖年間初めの朝貢断絶期は、使臣の入関がないので密貿易は下火であったと推測される。そして嘉靖年間に入って、その十年代から一般虜衆との密貿易の記事が『明実録』に見えてくる。『世宗実録』の嘉靖十一年十月戊寅の条に、

刑部覆給事中王守奏、請申厳禁例。沿辺将士軍民人等、有与夷虜私通貿易、及出境盗逐馬匹者、……疏上倶得旨允行。

とある。また『世宗実録』嘉靖十三年十二月戊午の条に、

兵部覆給事中楊僎条陳辺防事宜……、沿関居民往往与虜市、因洩我事于虜、宜申明禁例、犯者治以重典。得旨如議行。

とある。二記事とも私的交易を禁止するもので、この頃密貿易が「虜夷」と「沿辺の将士軍民」や「沿関居民」との間で、すでに行われていたことを裏書きしている。また萩原淳平氏は、嘉靖三年の第一次大同兵変と十二年の第二次大同兵変との違いの一つに、反乱軍の北虜への姿勢であるとしている。第一次では叛卒は北虜を恐れて反乱をおこした。第二次兵変では、反乱軍は北虜を城内に引き入れて頼みとした。この間に、北虜と明の沿辺軍民は「なんらかの交渉をもつようになった」ため、第二次で北虜を城内に入れられることができた[60]。「交渉」とは密貿易が主であろう。つまり嘉靖三年から十一年までの間に、北虜と辺民との間に交流が活発となり密貿易が惹起するようになったと考えられる。そして以降三十年の馬市成立までに、密貿易は北辺で広く浸透していった。この期間は、まさに北虜が求貢した期間と一致するのである。

北虜求貢を密貿易合法化運動だとする第二の理由は、俺答「求貢」の実質的内容が「貢市」であった点である。前掲北虜求貢表によると、嘉靖十一年と三十年は「貢市」で、他は「求貢」である。『世宗実録』嘉靖二十九年八月甲申の条に、

礼部尚書徐階、集廷臣上俺答求貢議略言、……按、虜自壬寅以来、無歳不求貢市。

とある。「求貢」とする事例も実は「貢市」であったとわかる。北虜は一貫して貢市を要求し続けていたことになる。貢に市を付した「貢市」の用語は、『明実録』の北虜朝貢記事では嘉靖以降に多出するもので、以前は「朝貢」「貢馬」「貢馬来降」「来朝貢馬」「入貢」「進貢」「求貢」等を使っている。嘉靖十一年の「求貢市」を、『国権』では「求互市」

としていることをも考慮に入れれば、「市」に力点があり、それは旧来の中期朝貢貿易と異なった内容をもつ新しい概念の北虜朝貢貿易を意味した用語と考えられる。

第三の理由は、「求貢」は北虜「虜衆」すなわち下層民の要求から発している点である。『世宗実録』嘉靖三十年八月壬戌の条に、

侍郎史道疏言、……虜富者十二、而貧者十八。

とある。当時北虜の富者は二割で、貧者は八割を占めていたことがわかる。八割を占める下層民とは、馬を保有できないで、牛羊しか飼育できない者たちであった。[61] 貧者を主とする虜衆が密貿易に参加した。この点に関してすでに論じられているので要点だけを述べたい。[62]『訳語』に、

辺方夙弊不可勝言、其甚者墩軍多与零賊交易。

とあり、墩軍が「零賊」と私的な交易をしていて、夙弊となっていた。「零賊」とは八割を占める貧者であろう。また『世宗実録』嘉靖二十九年八月丁丑の条に、

大同総兵仇鸞言、……我之墩軍・夜不収往往出入虜中、与之交易久、遂結為腹心。

とある。墩軍・夜不収等が虜中に出入して私的に交易した。明側の墩軍・夜不収等の資力を考えれば、交易相手は北虜の「零賊」が主だと思われる。そして嘉靖三十年の馬市盟約は翌三十一年九月に破綻したが、理由は明側が当初の約定と異なって、北虜下層民の家畜である牛羊と明側の米糧との交易に応じず、[63] 結果として北虜下層民が馬市に参加できなくなることであった。これら諸点を勘案すると、北虜下層民は、密貿易を安全でより容易に行いうる合法的な交易への転換を願っていたと考えるのが自然であるし、またそれが北虜「求貢」にもつながったと思われる。

第四の理由として、俺答等虜酋が北虜の内部矛盾を、「求貢」によって緩和しようとした点である。当時北虜内は

二割の富者と八割の貧者がいた点から、内部矛盾の存在を窺わせる。とくに嘉靖二十年に俺答が最初に「求貢」した時、内部に大きな問題を抱えていた。『世宗実録』嘉靖二十年七月丁酉の条に、俺答の言として、

因人畜多災疾、卜之神官、謂入貢吉。

とある。この記事にある「災疾」とは費克光氏の研究(64)によって、具体的には北虜侵寇時に、明側から北虜に伝染した天然痘であることが判明している。当時天然痘は、人畜共通の伝染病で高い死亡率を示し、初めて罹患した場合、三割から五割の人および家畜が死亡する。嘉靖二十一年頃、北虜全域ではないであろうが、「疾疫」によって死亡者は過半に達していたという。(65)北虜の生活の糧とも言うべき家畜も同様な死亡率であったに違いなく、内部矛盾が一層深刻化した状況であったろう。俺答はこの困難打開のために、神官の「卜」としながらも最初の「求貢」をしたとわかる。

その頃の俺答の立場を理解させられる史料に、『明経世文編』巻一百六十六に掲載されている史道の「題北虜求貢疏」がある。それに、

彼(俺答)以入搶之利、散帰於衆、而進貢之賞賚、多為已有。且馬市一開、上下通利。比之殺人而後有所得者不侔、此又俺答之所楽為者也。

とある。入搶の利は衆に帰し、「進貢」した場合の賞賚は俺答自身(あるいは諸酋)が受ける。それに対し虜衆が参加できる馬市を一度開けば、北虜の上層民・下層民にも利をもたらすものだとしている。新しい概念の「求貢」は階層分化した八割の下層貧民にも利益をもたらすもので、したがって内部矛盾を俺答は新しい概念の「朝貢貿易」で緩和しようとした意図と理解したい。

以上のべてきたことを総合的に判断すると、嘉靖期の俺答等による北虜「求貢」の性格は、前述した中期朝貢貿易

のような虜衆の参加機会が少ない交易ではなく、当初から密貿易を合法化した民間貿易を求める運動が本質であり、「貢」すなわち朝貢は華夷思想を堅持する明朝廷の体面を尊重して単に付したものに過ぎないと考えられる。この運動の結実が、庚戌の変の武力的圧力もあって、三十年馬市になったのである。北方民族が生活必需品を中国物資に依存していたことは、すでに繰り返し述べられてきたことである。しかしその状況は明一代を通じて一律同様とみなせないし、時代ごとにそのあり方や依存の度合いに段階があると思われる。弘治年間頃まで明・北虜関係は、朝貢貿易であれ、密貿易であれ、その交易の担い手は朝貢使臣が中心であって、政治優先の形態から派生した北虜富民層中心の交易であった。嘉靖年間では、非合法の密貿易という形であるが、交易の主な担い手は一般虜衆であり、沿辺の軍民であって、明・蒙一般民が中心となる交易の状況にまで至った。この違いは、弘治末年から朝貢貿易関係が断絶しながらも、その間に北虜が侵寇擄掠を繰り返すうちに中国経済により一層深く組み込まれたことを示す。一方、明が俺答の要求を拒否し続けた理由は、一般に世宗を初めとする朝廷の華夷思想の意識が、北虜への姿勢を強硬にしたとされている。これに加えて、朝貢貿易は認めても貿易上の優遇をしないとする明中期の伝統的な原則があり、俺答「求貢」の性格はそれから免脱していたのである。しかし明朝廷にとってこの政治姿勢を貫徹できない現実が、嘉靖年間の宣大地方を中心とする北辺に出現していたと考えられる。

五　馬市開設における翁万達の役割

最後に翁万達の馬市開設問題で果たした役割を考えてみたい。北虜の各「求貢」時に直接折衝した明側の者は、十一年が総制陝西巡撫三辺軍務唐竜、二十年が大同巡撫都御史史道、二十一年が大同巡撫都御史竜大年、二十五年から二十八年までが宣大山西総督翁万達、二十九年十二月から三十三年三月までが宣大督撫蘇祐であった。まず唐竜と史道がとった態度は、北虜の侵寇が止まぬ状況下にあって、その勢いを緩める意味で、婉曲ながらも一時「求貢」を受け入れるよう朝廷に要請している。しかし朝廷は、俺答との対立姿勢を明らかにして強硬であった。朝廷の強硬姿勢は、二十一年に竜大年が俺答の使者である石天爵と肯切を捕縛し（のちに磔死）、やはり使者の満受禿を殺害するという事件を引き起こした。これに憤怒した俺答が前例にない熾烈さをもってほぼ山西全域に侵寇したことは前述した。二十五年から折衝した翁万達は、何度となく「求貢」受け入れを要請したが、最後まで朝廷は認めなかった。

さて、中国で数本ある翁万達研究の共通した「求貢」に関する議論は、翁万達は俺答の「求貢」受け入れを朝廷に働きかけ、宣大総督在任中に実現できなかったが、馬市の盟約及び隆慶の和議の成立に影響を与えたとする見解である。しかし俺答「求貢」の内容について従来の朝貢貿易と同一視していて、それが馬市へ発展したとするには飛躍がある。北虜の「求貢」自体が密貿易の合法化運動とみなせる以上、その立場で翁万達の役割を考察したい。

『翁万達集』巻十、北虜累次求貢疏に、

至如周総兵所云夷漢兌換之説、甚非事体、切宜戒之慎之。其通事・墩軍・家丁等乗機私通之弊。

とある。大同総兵官周尚文は、「夷漢兌換」を主張していた。「兌換」とは虜衆と明の辺人が行う交易を意味している。周尚文が部下を使って北虜と密貿易を行っていたとする仇鸞の主張はすでに述べた。また『明経世文編』巻一百六十六、史道の「題北虜求貢疏」に、

至嘉靖二十六等年、彼再以貢請、亦未蒙准允。総兵官周尚文借之往来、以牽繫其心、是以大同数年、得以苟免侵擾。

とある。嘉靖二十六年頃、周尚文は北虜と往来し、そのため一時期大同は俺答の侵擾から免れたとしている。「往来」

とは交易を意味し、やはり周尚文自身が私的交易を行っていたとしている。尚文の行動は、総督翁万達の節制下にあって、しかも弾劾されていないところをみると、万達の黙認下で行われたとしてもよい。周尚文は「夷漢兌換」をすれば俺答の侵寇が止むとした。当時の辺境下で広がっていた密交易を、合法的な馬市に転換させ、その需要を官の管理下に吸収しようとする主張であったと判断できる。万達の有力な協力者で卓越した武将である大同総兵官周尚文は、馬市開設論者であったわけである。翁万達と周尚文の両者は、当然のことながら相互に影響を与えたであろうことも付記したい。

周尚文の「夷漢兌換」説に、前掲史料にあるように万達は「事体」に非とした。当時の朝廷の俺答に対する強硬な姿勢を考慮してのことであった。それに替わるものとして翁万達は、二十六年に自分の案を上疏した。『翁万達集』巻十、北虜屢次求貢疏に、

如虜及入貢、為窺伺中国、為困擾我辺、為反覆窃発也。則当熟計審処、設法伏機。或限之以地、受方物於辺墻之外。或限之以人、質其親族頭目百十人於鎮城之中。或限之以時、俟踰秋及冬、然後頒賞縦質、遣之北去。誠也、既在吾羈縻之中、詐也、亦莫逃吾範囲之内。

とある。仮に北虜に朝貢を許し、その際中国を窺い我が辺境を困擾したり、背信行為をしても、事前に充分に計画審議し、手段を設けて対応すればよい。入貢地を限って、辺墻外で方物を受け取る。あるいは人を限って、使臣の親族頭目ら百十人を鎮城に人質にとる。時を限って、入貢は秋から冬になる時をまつ。このように諸対策を講じて、朝貢のあと頒賞し人質を解放し、北去させればよい。北虜が「誠」であるならば、明の羈縻政策の内にいることであり、「詐」であっても、明の勢力範囲内から逃れることはできない。つまり〝朝貢を辺墻外で受け、その際人質を鎮城にとり、入貢時も秋の終わりから冬の初めの時期に限る〟とした。このような案も、結局は強硬な姿勢を示す朝廷から

「濆罔」として却下された[66]。万達案には、北虜の主要目的であった肝要な交易について一言も触れていない。この案に似た前例として、弘治年間に山東兗州府推官丁伯通の上疏がある。『孝宗実録』弘治八年二月甲戌の条に、

山東兗州府推官丁伯通上疏言、……夷狄（瓦剌）入貢、実懐窺覘之計。莫若倣前代之法、就於近辺之地、特立互市、凡賞賜宴犒之類、預為之備。若其来朝、即命彼処大臣館之、不必親至京師。如此既可以省我道路之費、亦可以通彼向化之心、而其窺覘之萌、亦可潜消矣。

とある。オイラトの入貢に対して「前代之法」であるとして、辺境近くに「互市」を立て、ここで朝貢を受ければ、使節団を入京させるよりも、旅費の出費も省け、明内部の事情も知られなくてよいとするものである。実際に実施されたかどうか定かではないが、万達案の前例ともいえる。さらに俺答「求貢」に関して、のちに万達は「便宜従事」と述べて一部権限委任を朝廷に求めた[67]という積極姿勢を考慮すれば、辺墻外で形式は使臣貿易を、実際には周尚文が行った「夷漢兌換」すなわち密貿易を合法化した馬市を、あるいはそれに類した交易を実行しようとしたと思われる。したがって俺答が二十五年冬から二十六年春にかけて集中的に数十回も万達に使者を派遣したことは、万達と俺答との間で馬市をめぐる相互理解を求めあう一過程であったといえる。三十年馬市は仇鸞の主張が契機となって実現したとされる。しかし『明史藁』列伝巻五十二、仇鉞伝に、

鸞故駑怯懼戦、用家奴時義・侯栄計、遺持貨幣走塞外、結俺答義子脱脱、約毋犯大同、且許通市、俺答受之。

とある。庚戌の変の直前に、大同総兵官仇鸞は俺答と秘密裏に交渉して大同を犯さない条件で「通市」を約束していたのであり、これが変後の仇鸞の主張となった。しかしそれ以前に万達が俺答と折衝して馬市の原形を作成し、仇鸞は俺答の意向を察知してその案を朝廷に述べたのであろう。仇鸞の主張はもとをただせば翁万達と俺答との間で話し合われた案と考えられる。

翁万達が前述した併守案を立案したのは二十五年十月であり、それを上疏したのは二十六年二月であった。万達が俺答と馬市の折衝をしていた「[二十五年]冬・[二十六年]春」の時期と完全に重なり、「求貢」受け入れ策と「併守」案は表裏一体のものと解釈すべきである。京師北京及び山西内地の防衛は、「併守」案の実施と馬市開設は両輪であって、これによって初めて均衡がとれ安定化すると考えた。それ故に翁万達は精力的に「求貢」受け入れ策を主張したのである。

後世に残した翁万達の影響について、『世宗実録』嘉靖二十九年八月甲申の条に、

当時辺臣、通古今知大計如総督翁万達輩、亦計以為宜因其款順而納之、以為制御之策。

とある。庚戌の変の最中に「求貢」を受け、それを協議するために廷議が開かれたが、この時の礼部尚書徐階の発言である。翁万達を「古今の大計に通」じた辺臣で、俺答の「款順」を納れて、「制御之策」としようとしたとある。徐階は最終的に「城下の盟」となるとして、俺答の要求自体は拒否すべきだとした。しかしかつて朝廷から一切かえりみられなかった翁万達の「求貢」受け入れ策は、積極的に是認されており、半年後に成った三十年馬市盟約成立の前段階の議論として受けとめられる。さらに朱仲玉氏等が指摘しているように、『明文海』巻四百四十八にある王錫爵の「翁襄敏公神道碑」に、

蓋今相国張公嘗称、世宗朝辺臣行事適機宜、建言中窾、廑廑推公屈一指焉。

とあり、張居正が世宗朝嘉靖年間に活動した辺臣の中で、翁万達を「一指を屈す」辺臣と高く評価したとしている。(68)張居正は隆慶の和議の強力な推進者であった点を見ると、張居正も翁万達から影響を受けていた一人であったといえよう。

翁万達の「求貢」受け入れ策は、彼の在任中に実現できなかったが、三十年の馬市の盟約、隆慶五年の隆慶の和議

に大きな影響を与えたことは間違いあるまい。翁万達は、隆慶の和議の先駆け的存在であり、結果的に明初以来の北虜に対する軍事中心の羈縻政策を転換させようとしたといえる。ここに彼が果たした歴史的役割が見いだせるのである。

結

宣大山西総督翁万達の治績および嘉靖年間の馬市開設問題について考察してきたが、以下の点がいえると思われる。

一、翁万達が宣大山西総督に在職していた期間は、嘉靖二十三年から二十八年である。その間に実行した施策は、「併守」案の案出とその実施、俺答貢市要求の受け入れ主張の二点に集約される。

二、二十六年に上疏した「併守」案は、翁万達の宣大山西地方における辺防策の原理となったもので、案出された背景には、つぎのような事情があった。

①嘉靖二十年に俺答の貢市要求を明が拒否したが、その前後の十九年・二十年・二十一年と連続して、俺答配下の北虜が山西内部深く侵寇した。

②このために、明側は増兵や内辺辺墻八百里の修築等に山西・河南・山東等の黄河以北の人民を動員し、重い負担を課して、「内地は騒動」となった。

③この山西侵寇によって、山西西北辺の保徳州から大同・宣府にいたる外辺の防衛体制は、半ば破綻していたのが明確になった。そして宣大地方の放棄も強いられる状況で、北宋時代の燕雲十六州を欠いた北辺防衛体制となる可能性がでてきた。それは北宋と異なって京師が北京に位置しているだけに、明王朝存亡の危機に直結するものと認

識されていた。

三、翁万達の「併守」案は朝廷の裁可を受け、大同西路と宣府西路の辺墻八百里の工事が五月に終え、二十五年すでに修築していた宣大地区の辺墻二百里を合わせて一千里以上に及ぶ外辺の辺墻が成った。しかし宣府北東二路はまだ手薄で、二十八年四月にこの地域の辺備修築を上奏し、その一部のみは成った。

四、嘉靖二十五年から二十八年にかけて、俺答がしきりに「求貢」してきた。俺答「求貢」の位置づけを確認するため、まず明朝中期の北虜との貿易の考察が必要となる。明中期では、兀良哈や女直に対する姿勢と異なって民間貿易の馬市を認めず、朝貢貿易だけを許していた。この時期の朝貢貿易の特徴は、以下の点である。

①中期の各北虜覇者は、也先時代に比べて同程度か倍する六千人の朝貢入関を希望した。

②明は北虜の入関希望使臣数に対し、三分の一をめどに最大二千人までの入関を許した。

③入関した使臣を、さらに大同に留める存留大同使臣と入京使臣に分け、存留大同使臣が過半から四分の三を占め、使臣貿易の比重は大同に移った。

④存留大同使臣と入京使臣は、滞在費・撫賞・回賜・交易（使臣貿易）について両者とも許され、ほぼ同じ扱いであった。ただ入京使臣の方が経済的に有利であったと推測される。

朝貢貿易は使臣のみに許すものであるから、明が使臣人数を制限したことは、貿易量を制限する意図であり、これによって北虜の経済力や軍事力の充実を阻む意図もあったといえる。一方、北虜からみれば、各部落の有力諸酋かその影響下の者から順次使臣に選ばれ、一般虜衆には朝貢貿易に参加する機会が少なく、中国物資の生活必需品の入手は入寇以外に道がなかったことになる。

五、俺答「求貢」の内実は、嘉靖十年頃から北辺で盛行していた虜衆が担う密貿易の合法化運動と思われる。

①密貿易が惹起した時期と北虜求貢の時期が一致する。
②俺答「求貢」は、実は「貢市」であって、それは旧来の中期朝貢貿易と異なった内容をもつ新しい概念の北虜朝貢貿易を意味した用語である。
③当時の北虜「虜衆」すなわち下層民は、密貿易によって生活必需品を得ている。
④北虜には二割の富民と八割の貧民という内部矛盾があり、富民・貧民ともに利をもたらす平和的な交易手段は馬市だけである。
⑤庚戌の変後で仇鸞が遼東に倣った馬市開設を主張したことと、三十年馬市の破綻理由の明の北虜下層民の家畜である牛・羊と明側の食用穀物との交易拒否にあったことである。

以上を総合的に判断すると、嘉靖期の俺答等による北虜「求貢」の性格は、早い段階から密貿易を合法化した民間貿易を求める運動が本質であり、「求貢」すなわち朝貢は華夷思想を堅持する明朝廷の体面を尊重して単に付したものに過ぎないといえる。

六、翁万達は二十五年から二十八年まで、俺答の「求貢」に直接対応した。彼は俺答に理解を示し、熱心に「求貢」受け入れを要請した。その内容は、中期朝貢貿易と異なった虜衆の参加できる馬市に朝貢を付した新しい概念の朝貢貿易案であったと考えられる。理由は、（イ）万達は軍事的防衛を目指す「併守」案と、貿易による慰撫策の均衡のとれた辺防策が必要と考えていた、（ロ）大同総兵官周尚文が万達黙認下で密貿易を行い、また「夷漢兌換」を主張していた、（ハ）二十五年冬から二十六年春にかけて数十回も俺答の使者と交渉をもった等が根拠としてあげられる。

七、明朝廷は翁万達の主張を認めず、俺答の要求を拒否した。そのため庚戌の変が起き、明は多大な損害を被った。そして漸く嘉靖三十年に明朝廷は俺答との馬市の盟約を結んだ。それも前述の理由で一年で破綻し、両者は戦争状態に突入した。二十年後の隆慶五年に、張居正や王崇古等の活動により、民間貿易の馬市開設を基本とした隆慶の和議が成立した。これによって明末まで明・北虜間はおおむね友好関係が続いた。

九、翁万達の歴史的役割は、明初の太祖・成祖以来の、北虜に対する軍事中心の羈縻政策の発想を、「求貢」受け入れ策を主張して、それを転換させようとする先駆け的存在であった。つまり俺答の貢市要求を理解した明側の最初期の人物であり、これを朝廷に熱心に要請した。彼の在任中に実現できなかったが、三十年の馬市の盟約、隆慶五年の隆慶の和議に大きな影響を与えたことは間違いあるまい。

（1）田村実造「明と蒙古との関係についての一面観−特に馬市を中心にして−」（『史学雑誌』五十二〜十二・一九四一年）。林章「明代後期の北辺の馬市について」（『名古屋大学文学部研究論集』二・一九五二年）。

（2）翁万達に関する研究で、翁万達の全般的なことを扱った主な論文は、朱仲玉「翁万達生平功業述略」（『汕頭大学学報人文科学版』一九九〇年第一期）、杜経国「由翁万達晩年的遭遇所想到的」（「翁万達国際学術討論会」提出論文・一九九二年）、庄義青「関于翁万達的評価及其歴史地位」（「翁万達国際学術討論会」提出論文、一九九二年）等がある。軍事面を扱った論文は、李漱芳「明代辺墻沿革考略」（『禹貢半月刊』第五巻第一期・一九三六年）、馬寿千「明代著名清官孫継魯事略」（「翁万達国際学術討論会」提出論文・一九九二年）等がある。北虜「求貢」問題を扱ったものに、崔曙庭「論翁万達対韃靼的通貢互市主張」（『汕頭大学学報人文科学版』一九九〇年第三期）、周少川「翁万達与〝俺答求貢〟」（「翁万達国際学術討論会」提出論文・一九九二年）、鄭智勇「翁万達与厳嵩」（「翁万達国際学術討論会」提出論文・一九九二年）等がある。

（3）『世宗実録』嘉靖二十四年九月丙戌の条。『翁万達文集』付録一、紀鶉鴿峪之戦（原載『宣府志』）。

（4）『世宗実録』嘉靖二十四年十月壬辰の条と嘉靖二十五年十月癸巳の条。『翁万達集』巻五にある「盤獲姦細疏」と「計獲逆党重犯疏」。萩原淳平「嘉靖期の大同反乱とモンゴリア」（『明代蒙古史研究』同朋舎・一九八〇年）。

（5）『世宗実録』嘉靖二十一年二月己巳の条。

(6)『世宗実録』嘉靖二十五年二月己丑の条。
(7)『世宗実録』嘉靖二十五年七月甲戌の条。
(8)『世宗実録』嘉靖二十六年四月己酉の条、『翁万達集』巻十、北虜屢次求貢疏、『明史』一百九十八、翁万達伝。
(9)『世宗実録』嘉靖二十六年二月辛丑の条、『翁万達集』巻十、集衆論酌時宜以図安辺疏。
(10)『世宗実録』嘉靖二十六年五月戊寅の条。
(11)『世宗実録』嘉靖二十七年三月辛丑の条。
(12)『明史』巻一百九十八、翁万達伝。
(13)『明史』巻一百九十八、翁万達伝。
(14)『世宗実録』嘉靖二十八年三月壬午の条。
(15)『翁万達集』付録一、省財用疏（原載『鴈門関志』）に「嘉靖二十五年冬十月、并守議定」とある。
(16)『翁万達集』付録一、郡兵乗塞に、「山西内辺八百里之間、弱兵僅四万余」とあり、四万人程度であったことがわかる。
(17)『世宗実録』嘉靖二十年八月癸未の条。
(18)『世宗実録』嘉靖二十一年二月庚午の条。
(19)『世宗実録』嘉靖二十二年二月乙亥の条。
(20)『殊域周咨録』巻二十一、韃靼に、「二十三年、三関既設官増戍如両鎮。於是巡撫曽銑建議大城鴈門長城、自老営堡丫角山、至平荊関東八百余里。銑又以鴈門新塞、高厚過於寧武、於是復増築寧武者如鴈門」とある。
(21)『世宗実録』嘉靖二十五年三月辛酉の条。
(22)馬寿千前掲論文「明代著名清官孫継魯」。
(23)『世宗実録』嘉靖二十八年四月己未の条。
(24)『殊域周咨録』巻二十二、韃靼。
(25)『世宗実録』嘉靖二十七年三月辛丑の条。
(26)嘉靖年間の明と北虜間の、朝貢貿易及び馬市をめぐる問題とそれに関連する主な論文は、以下のようなものがある。侯仁之「明代宣大山西三鎮馬市考」(『燕京学報』第二十三期・一九三八年)。田村実造前掲論文「明と蒙古との関係についての一

面観―特に馬市を中心にして―」。和田清「俺答汗の覇業」（『東亜史研究』東洋文庫・一九五九年）。阿薩拉図「明代蒙古地区和中原間的貿易関係」（『民族団結』第二期・一九六四年）。谷光隆『明代馬政の研究』（東洋史研究会・一九七二年）。札奇斯欽『北亜遊牧民族与中原農業民族間的和平戦争与貿易之関係』（正中書局・台北一九七二年）。萩原淳平『明代蒙古史研究』（同朋社・一九八〇年）。楊紹猷「明代蒙古経済述略」（『民族研究』第五期・一九八五年）。費克光「論嘉靖時期（一五二一～一五六七年）的明蒙関係」（『民族訳叢』一九九〇年）。張顕清『厳嵩伝』（黄山書社・一九九二年）。謝元魯「明清北方辺境対外貿易与晋商的興衰」（『四川師範大学学報・哲社版』・一九九四年）。唐玉萍「俺答汗在明代蒙漢関係中作用」（『社会科学輯刊』・一九九六年）。其其格「張居正与俺答封貢」（『内蒙古師範大学学報・哲社版』一九九六年）。達力扎布『明代漠南蒙古歴史研究』（内蒙古文化出版社・一九九七年）。胡凡『河套与明代北部辺防研究』（東北師範大学学位評定委員会・一九九七年）。

(27) 明代の馬市については、稲葉岩吉「明代遼東の馬市」（『史学雑誌』二十四―一・二・一九一三年）。江嶋寿雄氏の研究では、「遼東馬市管見」（『史淵』七十・一九五六年）・「遼東馬市における私市と所謂開原南関馬市」（『重松先生古希記念九州大学東洋史論叢』九州大学東洋史研究室・一九五七年）・「続遼東馬市管見―兀良哈馬市の再開について―」（『史淵』八十三・一九六〇年）等があり、これらは『明代清初の女直史研究』（中国書店・一九九九年）に再録。

(28) 江嶋寿夫前掲論文「遼東馬市における私市と所謂開原南関馬市」。

(29) 『英宗実録』天順三年十一月丙午の条、『憲宗実録』成化十一年七月庚申の条、成化十二年十月壬申の条。

(30) 明代の朝貢貿易についての研究は、内田直作「明代の朝貢貿易制度」（『支那研究』三十七・一九三五年）、百瀬弘「明代に於ける支那の外国貿易」（『東亜』八～七・一九三五年）、佐久間重男「明代の外国貿易―貢船貿易の推移―」（『和田博士還暦記念東洋史論叢』講談社・一九五一年）、萩原淳平「エセン・カーンの遊牧王国」（『明代蒙古史研究』同朋舎・一九八〇年）、大隅晶子「明初洪武期における朝貢について」（『ミュージアム』371・一九八二年）、大隅晶子「明代永楽期における朝貢について」（『ミュージアム』398・一九八四年）、原田理恵「オイラートの朝貢について」（『佐久間重男教授退休記念中国史・陶磁史論集』燎原・一九八三年）、大隅晶子「明代宣徳～天順朝の朝貢について」（『ミュージアム』421・一九八六年）等がある。

(31) 『英宗実録』景泰七年十二月丙午の条、天順元年五月丙寅の条、天順二年十一月戊申の条。

(32) 『英宗実録』天順六年五月丁巳と壬戌の条、同年六月癸未の条。

(33) 『英宗実録』天順七年十一月乙亥と同年十二月戊申の条。

(34) 『憲宗実録』成化元年正月庚申と乙丑の条。
(35) 『憲宗実録』成化三年三月己丑と同年四月丙午の条。
(36) 『憲宗実録』成化七年五月甲午の条。
(37) 『憲宗実録』では三十人とあるが、『満蒙史料蒙古編』では、三百三十人とあるので、これにしたがった。
(38) 『憲宗実録』成化七年七月乙未の条。
(39) 『憲宗実録』成化十一年六月戊戌の条。
(40) 『孝宗実録』弘治元年六月癸卯の条。
(41) 『孝宗実録』弘治三年二月癸巳の条。
(42) 『孝宗実録』弘治四年正月乙酉の条。
(43) 『孝宗実録』弘治九年五月己未の条。
(44) 『孝宗実録』弘治十一年二月己巳の条。
(45) 『孝宗実録』弘治十七年三月壬午の条。
(46) 『孝宗実録』弘治十七年六月癸未の条に「先是北虜小王子奏、欲入貢既得命。而竟遷延不至、時入大同境殺掠」とある。
(47) 『英宗実録』天順六年七月壬子の条に「其余倶留大同館待、衣服表裏与来京者一例賞賜」とあり、また『憲宗実録』成化三年四月丙午の条にも「賞賜」した例がある。
(48) 『英宗実録』正統三年四月癸未の条。
(49) 『英宗実録』景泰元年七月丙寅の条に、「大同総兵等官言、往時大同接待北使、倶於東関館駅、供帳飲食」とあり、かつて大同では「北使」を接待し、その館駅で「供帳飲食」していた。
(50) 原田理恵前掲論文「オイラートの朝貢について」。
(51) 『英宗実録』景泰二年八月巳卯の条に「今秋、差使臣三千人来京貢馬」とある。また『英宗実録』景泰三年十一月甲子の条にも二千九百四十五人の入京例がある。
(52) 入京使臣の交易については、『孝宗実録』弘治元年六月丁酉の条に、その記事がある。
(53) 『英宗実録』天順六年五月壬戌の条に、使臣は大同で交易を許されたとしている。

(54) 求貢事例は、『世宗実録』の嘉靖の十一年三月癸亥の条・二十年七月丁酉の条・二十一年閏五月戊辰の条・二十五年五月戊辰の条・二十六年四月己酉の条・二十七年三月辛丑の条・二十八年四月丁巳の条・二十九年八月壬午の条・二十九年十二月庚辰の条・三十年三月壬辰の条によって作成した。
(55)『世宗実録』嘉靖二十六年四月己酉の条。また『翁万達集』巻十、北虜屢次求貢疏に、「虜自去夏至今、懇懇以求貢為言。論之遣之、去而復来、莫能止也」とある。
(56)『国榷』嘉靖十一年三月癸亥の条に「吉囊款延綏塞、求互市。不許。遂大寇辺」とあり、吉囊が互市を求めてきたとしている。
(57) 田村実造前掲論文「明と蒙古との関係についての一面観―特に馬市を中心にして―」を参照しつつ、嘉靖三十年に実施された状況から馬市の概略は以下の通りだと考えられる。①大同と宣府の馬市は数カ所で年に二回開き、延綏と寧夏は共通馬市として花馬池で開く(『万暦武功録』俺答列伝中)。②宣大の馬市には毎回十万両、延綏と寧夏の花馬池は五万両(易馬五千匹)を用いる(『世宗実録』嘉靖三十年十二月甲寅の条)。③明側は布帛米糧を、北虜は牛・羊・贏馬をもって交易する(『世宗実録』嘉靖三十年三月壬辰の条)。④治安上の問題と思われるが、北虜の朝貢は拒否する(『世宗実録』嘉靖三十年三月甲辰の条)。
(58) 林章前掲論文「明代後期の北辺の馬市について」、達力扎布前掲書『明代漠南蒙古史研究』。達力札布氏は、正徳・嘉靖年間の「閉関時期」は、北虜は兀良哈の馬市を通して中国物資を入手していたし、またその時期は密貿易が盛んで、それによっても入手していた。そして仇鸞の言は、密貿易を行わせるよりも官が建てた経済関係で交易をさせた方が便利だとの主張としている。ただ正徳年間の密貿易の盛行については、根拠は示されていない。
(59) 川越泰博「明蒙交渉下の密貿易」(『明代史研究』創刊号・一九七四年)。
(60) 萩原淳平前掲論文「嘉靖期の大同反乱とモンゴリア」。
(61)『世宗実録』嘉靖三十年八月壬戌の条に「貧虜畜、唯牛羊已爾」とある。
(62) 費克光前掲論文「論嘉靖時期(一五二二～一五六七年)的明蒙関係」、達力扎布前掲書『明代漠南蒙古史研究』。
(63)『世宗実録』嘉靖三十年八月壬戌の条。張顕清前掲書『厳嵩伝』に、この間の事情について詳しい。
(64) 費克光前掲論文「論嘉靖時期(一五五二～一五六七年)的明蒙関係」。

(65)『訳語』に、「嘉靖壬寅、虜中疾疫死者亦復過半、固乗虚取弱之時也。惜無敢任其事者」とある。
(66)当時、オルドスを軍事的に征圧する「復套之議」が起こっていたことも、俺答に対する朝廷の態度を強硬にした一因であったとされる。『世宗実録』嘉靖二十六年四月己酉の条。
(67)『世宗実録』嘉靖二十七年三月辛丑の条。
(68)朱仲玉前掲論文「翁万達生平功業述略」。

第八章　明中期北辺防衛史考

——「北虜」との関係を中心にして——

序

「北虜南倭」と称されるように、明はモンゴルの侵寇と倭寇の侵犯に苦しんだことは著名である。とくにタタール部やオイラト部の「北虜」に対しては、京師北京の地理的位置が北辺に隣接し、北虜の侵入が直ちに国家そのものの存立に関わる重大事件となる危険性を孕んでいたため、常に緊張関係を強いられ苦慮した。明代中期、つまり土木の変が起きた翌年の景泰元年（一四五〇）から隆慶五年（一五七一）までの約一百二十年間は、北虜が明に対して軍事的指導権を握り、しばしば烈しい侵寇を繰り返した時代であった。それに対し明側はいかなる対応をしたか興味がもたれ、これまでに先学が果たされた多くの研究成果に依拠しつつ、その変遷を略述していきたい。ただ筆者の力では、明確にできない点が多くあり、また同じ理由で均衡のとれた記述も不可能である。本章を一つの小草稿あるいは覚書として受けとめていただければ幸いである。

一　明代北辺防衛史の時代的区分

かつて田村実造氏は、「明一代の対蒙古関係を要約してみると、三つの時期に大別することができる」として、明蒙関係史を以下のように時代区分した。(1)

第一期　洪武・永楽・宣徳・正統年間（十四世紀半～十五世紀半）

この期は、明の政治力・軍事力がモンゴル民族を軍事的に制圧している。

第二期　景泰・天順・成化・弘治・正徳・嘉靖年間（十五世紀半～十六世紀後半）

この期は、第一期と反対に、モンゴル民族がはげしく明帝国をゆさぶった時である。正統十四年（一四四九）オイラト部の也先（エセン）は土木堡の戦いに明軍をやぶって英宗皇帝を北方に劫去したが、それ以後隆慶五年（一五七一）にいたるまでの一百二十余年間に、モンゴル民族は中国にかずかぎりない侵寇をこころみ、国都北京もいくたびか危機にさらされた。オルドスも遼河套もかれらの占拠するところとなった。そのため明では北辺の防衛が国をあげての重要な問題となった。

第三期　隆慶・万暦・天啓年間（十六世紀後半～十七世紀前半）

この期になると、明蒙両者に和解が成立して、長城地帯の各所には馬市が開かれ、和平関係が保持されるようになった。明蒙間の経済関係がさかんになった時期である。

田村氏による右記の時代区分は、第一期と第二期の期分けの指標を土木の変とし、第二期と第三期の期分けの指標を隆慶の和議としている。この二つの重大事件は、期分けの数は別として、明蒙関係史ばかりでなく政治経済を含めた明代史の上でも、大きな時代的変化を画したものとして、大方の史家の是認するところであろう。また北辺防衛史の立場に立っても同様な区分ができると思われ、本章もこれに従い、第一期を前期、第二期を中期、第三期を後期として述べていきたい。

中期の基調は、北虜がはげしく明へ侵入して掠奪をほしいままにし、国家存亡の重大事となったことである。それに対して明側は総じて軍事的に受け身で消極的な対応であった。つまり北虜が主導権を握っていた時代である。しかもその期間は約一百二十年間ほどの長い年月が流れた。潮流が同じであっても、そこにはいくつかの変遷や結節点があるのは、これまた当然であろう。そこで中期の北辺防衛史の変遷をさらに小期分けしたい。この小期分けには、一定の視点を設けておこなわなければならないが、異なった視点からみれば、それぞれ異なる小期分けができるであろう。例えば、北辺に布列した辺鎮の発展過程を中心にした小期分け、あるいは軍餉問題を視点に置いた小期分け等も考えられる。本章では、明と北虜との朝貢と交易関係の有無によって、小期分けの結節点を見いだす基準としたい。すなわち広く言われているように、北虜の明への侵寇理由は、領土的占拠を目的とせず、中国物資取得を目的とする経済的な要求が主であるとされてきた。したがって平和裏に朝貢貿易や馬市によって諸物品を得られれば、北辺は比較的平穏であり、明が貿易を制限するか拒否すれば、北虜はそれらを得るために明内部に侵攻してきた。北辺での和平と戦争はこのような理由によって展開されてきたとするものである。この考え方をもとに中期をみていくと、つぎの5小期が設定できると考えられる。

第1小期　景泰元年（一四五〇）から成化二十三年（一四八七）までの約三十七年間

モンゴルの政治情勢が混乱し、支配権をめぐる紛争が何度も起こり、そして明への侵寇もはげしく朝貢貿易をめぐる明との争いも繰り返された。

第2小期　弘治元年（一四八八）から弘治十七年（一五〇四）三月までの約十六年間
明とモンゴルを統一した達延汗（ダヤン・ハン）との間に、朝貢貿易を軸に一種の〝和平の盟約〟が成立して、前半は比較的平穏であった。

第3小期　弘治十七年（一五〇四）四月から嘉靖十一年（一五三二）二月までの約二十八年間
明・北虜間の朝貢貿易は断絶し、その間、大規模な北虜の侵寇が繰り返された。

第4小期　嘉靖十一年（一五三二）三月から嘉靖三十一年（一五五二）九月までの約二十年間
俺答汗（アルタン・ハン）による「求貢」の申し入れが頻繁におこなわれた。俺答はその実現のため軍事的圧力を加え、明も対抗して各処で辺墻の修築や「復套之議」の検討がなされた。嘉靖二十九年の庚戌の変を経て、ようやく三十年に馬市の盟約がなり、それが一年間続いた。

第5小期　嘉靖三十一年（一五五二）十月から隆慶五年（一五七一）までの約十九年間
三十一年に馬市の盟約が破綻し、そのため俺答は侵寇活動を再開した。明は有効な防衛戦略を打ち出せなかった。隆慶年間に入ると、閣臣の高拱・張居正等が北辺防衛策に力を注ぎ、これが隆慶五年の馬市開設を中心とする隆慶の和議に結びついた。

これら各小期の通計約一百二十年間について、その概略を次節で述べていくが、その前に〝九辺鎮〟について若干触れておきたい。

まず〝九辺鎮〟は、明代の北辺に布列した九つの辺鎮のことであるが、史料によってまた時代によって指す辺鎮が異なる。ちなみに『明史』(2)は、

遼東・薊州・宣府・大同・山西（偏頭関、あるいは三関）・延綏・寧夏・固原・甘粛

	遼東	薊州鎮	宣府	大同	三関	楡林	寧夏	甘粛	固原
巡撫都御史	1	1	1	1	1	1	1	1	1
鎮守太監	1		1	1		1	1	1	
鎮守総兵官	1	1	1	1		1	1	1	1
協守副総兵	1		1	1	1	1	1	1	
分守参将	2	5	5	4		2	3	3	2
遊撃将軍	1	1	2	2	1	2	1	1	1
守備	3	7	31	22	7	1	3	7	7
備禦官	15		2	2	1		2	4	
実在官軍	874	452	549	516	221	301	351	361	237

＊実在官軍の単位は百である

を九辺鎮としており、この辺鎮が明代北辺防衛の中枢となった。当初、明は軍隊を出征させるとき、公侯伯や都督等から選んで総兵官に任命し、出征軍の総司令官としての役割を担わせ、作戦が終了するとその任を解いた。その後総兵官は辺境の軍事的要地にも出征常駐するようになり、その軍域を守備することが主要な職務となった。このいわゆる鎮守総兵官が指揮した守備地および軍域を鎮と称し、辺鎮は辺境地帯の鎮を意味した。初期の形態は、鎮守総兵官が常駐すると鎮と称した。のちに文官の巡撫が軍務を兼ねたり、やはり文官の総督軍務が派遣されたりし、彼らが総兵官や副総兵・参将・遊撃将軍等の武官の上位に立ち、領導するようになった。このような指揮形態を整えたものを辺鎮とすることができる。辺鎮の形成順序は、明代中期の起点である景泰年間までに、すでに遼東・宣府・大同・甘粛・寧夏・延綏・山西等の各鎮が成立していた。そして成化年間に延綏が楡林に移り、弘治年間に固原鎮が形成され、嘉靖年間に山西が強化され、薊州鎮が正式に設立された。

辺鎮の人員構成については、魏煥が撰述した『皇明九辺考』の巻二から巻十までの各鎮責任考に、嘉靖二十年頃の状況と思われる[3]ものを伝えている。右の表はそれをまとめたものである。なお表中の甘粛鎮の分守参将三人のうち一人は「分守右副総兵官」である。

二　明中期における北辺防衛の展開

第1小期　景泰元年（一四五〇）から成化二十三年（一四八七）の約三十七年間

この小期三十七年間は、モンゴル内部で政治的に混乱し、モンゴルの覇権を握った者がめまぐるしく変転した時代で、その覇者によって北辺情勢が変化した。そこで記述の簡明を期すため、最初にモンゴル民族で覇を唱えた者の変遷を主に和田清氏や田村実造氏、さらに萩原淳平氏の研究によって略述したい[4]。

正統十四年の土木の変で勝利を収めた也先（エセン）は、まもなく立太子の事で脱脱不花可汗（トクタブハ・ハガン）と不和となり、景泰二年脱脱不花を殺害し、名実共にモンゴルの支配者となるべく、自ら可汗にのぼり、「大元天盛大可汗」と自称した。しかし彼の支配は長く続かなかった。景泰五年八月也先は、部下の阿剌（アラク）知院に暗殺された。脱歓（トゴン）・也先二代によって築かれたオイラトの勢力は、也先の死によって急速に瓦解衰退し始め、西北方面に逃れていった。モンゴル族各部はオイラトの支配下から脱したあと、主にタタール部の有力者による覇権争奪を繰り返すようになった。

最初に覇権を握ったのはタタール部の孛来（ボライ）であった。彼は也先を殺害した阿剌知院をただちに襲撃し、脱脱不花王の遺児である馬可克児吉思（マカグルキス）を可汗（小王子）に擁立し、自ら太師と称した。それからの十年間、孛来がモンゴルの覇権を握った。つぎに毛里孩（モリカイ）が、成化二年頃孛来を攻殺し[5]、そのあとを継いで覇権をにぎった。彼は兀良哈（ウリャンハ）三衛をおさえ、そして遼東からオルドスに至る地域を自己の勢力圏下に置いたようである。彼は脱脱不花可汗の別の遺児を摩倫可汗として立てたが、まもなく毛里孩自身がその可汗を殺害している。毛里孩の全盛期は成化二・三年頃で、四年十月頃早くも没落した。恐らく反毛里孩一派の阿羅出等が殺害したものと思われる。

毛里孩のあとに勢力を得たのは、乩加思蘭（ベケリスン）と阿羅出（オロジュ）である。この両人は、当初、摩倫可汗の近族の孛羅忽（ボルコ）太子を擁立して協力体制を布いていたが、成化七・八年頃、乩加思蘭は阿羅出と不和となり駆逐した。しかも乩加思蘭と孛羅忽太子との関係も微妙であったらしく、乩加思蘭は十一年頃に脱脱不花の幼弟の満都魯（マンダグール）を可汗に立て、自ら太師となって実権を握った。成化十五年、乩加思蘭は満都魯とも不和となり追放したが、その年のうちに族弟の亦思馬因（イスマイル）によって殺害された。[6] 亦思馬因は、成化十五年、乩加思蘭の勢力基盤を継承し、孛羅忽太子の遺児を可汗（小王子）に即位させ、自ら太師となりモンゴルの覇権を握った。『明実録』によれば、この両者は成化二十二・三年ころ相継いで死去したとしている。ついで小王子の弟である伯顔猛可（バヤンメンケ）が可汗に即位した。これが達延汗で、かれの登場でモンゴル民族の政治的紛争は一段落した。今一度也先以降で、覇権を握った者の順序を述べれば、

孛来、毛里孩、乩加思蘭、亦思馬因、

と移り、そして第2小期の達延汗の時代へと進転したことになる。

つぎにこの小期三十七年間における、モンゴル族の明への侵寇状況と、明の対応について述べたい。景泰年間頃からの対モンゴル防衛は、九辺鎮のなかで東三辺の遼東鎮・薊鎮が主に兀良哈三衛に対し、中三辺の宣府鎮・大同鎮・山西鎮（偏頭関）がタタール部に対し、西三辺の延綏鎮・寧夏鎮・固原鎮・甘粛鎮の四鎮が主にオルドス居牧の北虜（套虜）やオイラト等の西北モンゴル族に対するものであった。[7] これら東・中・西の各三辺にモンゴル族が頻繁に侵寇した[8]わけであるが、東三辺は、他の中三辺や西三辺の北虜侵寇に比べると、第1小期では大きな問題ではなかった。

それは明が東三辺の主な防衛対象である兀良哈三衛を〝藩籬〟として、羈縻政策にもとづく関係を結んだことからもたらされた。『憲宗実録』成化二年九月戊寅の条に、

勅曰、爾三衛皆我祖宗所立、授以官職、衛我辺境、爾之前人、歳時朝貢無有二心。

とある。明朝廷は兀良哈三衛に官職を与え、兀良哈三衛も歳時朝貢し、両者の関係はタタールやオイラトの北虜と異なって比較的有効的な関係であった。明側が兀良哈三衛の朝貢貿易を受け入れた回数は北虜より数段に多くかつ継続的で、それは『明実録』を見れば歴然としている。さらに明は成化十四年に、兀良哈三衛に対する遼東での馬市の開設を認め、それが明末まで続いた。遼東馬市の性格は、兀良哈や女直の一般民も参加できる民間貿易（私市）であって[9]、北虜との間には開設されなかったものである。したがって彼等の東三辺への侵犯は、北虜による西三辺や中三辺への侵寇に比べて少ないし、それも末端の零騎や小規模部隊によるものがほとんどである。また覇権を握った歴代の北虜有力者たちが「強要」した侵寇もあったようで、彼らが積極的に明と敵対した形跡はあまりない。主に交易政策によって兀良哈三衛を優遇控制し、北虜との分断を計ろうとする明の意図が、ある程度成功していたと思われる。

中三辺と西三辺は、この第1小期で北虜が繰り返し侵寇した地域で、明が最も北辺防衛で苦心した。前述したように中三辺や西三辺は、主として北虜や西北モンゴル族に対する防衛線で、それは天順元年頃から侵寇が目立つようになった。当時モンゴルの覇権を握っていた孛来の影響下にある北虜各部落の行動であったと考えられる。孛来覇権時代に『英宗実録』による第1小期モンゴル侵寇事例概数表（本章の註8）では、零騎による侵寇も多いが、数千騎から二万騎程度までの規模の組織化されたモンゴルの侵入が認められる。一万騎以上あるいはそれに準ずるような主な事例は以下の通りである。

○は西三辺への侵寇、●は中三辺への侵寇、▲は東三辺への侵寇

○天順二年八月戊辰：虜酋孛来・阿羅出等が二万を率いて、甘粛の鎮番・涼州等を寇す。
○天順二年十二月癸未：虜騎二万余騎が、延綏の安辺営より入境剽掠す。
○天順三年十二月丁丑：達賊二万騎が、延綏の安辺営・楡林城を寇す。
○天順五年二月甲午：虜酋孛来が、万余騎を擁して、甘粛の荘浪を攻囲す。
○天順五年十月壬午：本年八月に、達賊万余騎が、甘粛の甘州近城に至り劫掠す。

西三辺の甘粛や延綏への大部隊による侵寇が目立つとわかる。明は孛来の侵寇に有効な軍事的対抗手段をもっていなかった。天順五年七月になると、明は孛来と「講和」を結んだ。『英宗実録』天順五年七月辛酉の条に、

虜酋孛来三上書、求遣使講和。……上允所請。

とある。孛来が三度「講和」を求めた結果、この時点で英宗が「講和」に許可したとしている。天順五年以前に孛来が遣使した例は、景泰七年十二月・天順元年五月・天順二年十一月等にある[10]。孛来がこのように遣使朝貢する一方で、侵寇を繰り返ししていた理由に、より朝貢貿易上の有利な条件を引き出すための軍事的圧力としての侵寇もあったと思われる。いくたびかの折衝を経たであろう結果、天順五年の「講和」となった。史料上「講和」の詳細な内容はわからないが、以降、孛来が派遣した朝貢団の規模はつぎの通りである。

天順六年[11]　入関人数は不明　入京人数は三百人
天順七年[12]　入関人数は一千八百余人　入京人数は一千人
成化元年[13]　入関人数は二千一百九十四人　入京人数は六百六十人

＊入関人数は朝貢団のうち大同に入境した使臣人数を示し、入京人数は入関者のうち京師北京に入京した使臣人数を示す。

入関者のうち、大同に留められた使臣は、明側から口糧及び撫賞と回賜を支給され、さらに各自帯同貨物と明人との交易が許された。入京を聴された入京使臣は大同からさらに北京に赴き、馬匹等を朝貢し、朝廷から賜宴と撫賞・回賜を受け、北京での宿舎である会同館等で帯同貨物で交易をした。大同と北京で行われた使臣による帯同貨物の交易は、同じ性格で両者とも朝貢貿易の範疇にはいる〝使臣貿易〟とみなせる。このように入貢地を北京と大同に分ける朝貢制度は、正統三年に大同で開かれた「馬市」に起源があり(14)、天順年間の孛来の時から定着した。もちろん明側としては、北虜の朝貢は中国物資取得が主たる目的であることは承知しているので、出費がかさむ上に治安上で問題のある大規模な朝貢団の受け入れは認めず、入関使臣を制限し、入京人数を五十人程度に抑えようとした(15)。このような北虜への交易上の措置は、土木の変以降北虜への警戒感からも優遇することを避けたと思われる。しかし多人数による朝貢を希望する北虜を一律に退けると、北虜が「擾辺」するので強硬に関係を断つことはできなかったのである。天順五年の「講和」によって以後三年間ほどは、孛来による侵寇は鎮静化し、中三辺と西三辺は、一時的和平が得られた。

成化二年頃に毛里孩が孛来を殺害したため、明と北虜との「講和」は中断し、両者の関係は不安定なものとなった。モンゴル情勢では毛里孩の短い覇権時代の後、成化四年頃から乩加思蘭、阿羅出、孛羅忽太子等が活動した。彼らはオルドスを根拠地にして、延綏以西の西三辺での侵寇活動を活発化させ、その一端は第1小期モンゴル侵寇事例概数表からも窺える。これらの事例のなかで、一万人以上の大部隊かあるいはそれに準ずるような主な例を以下に列記した。

○は西三辺への侵寇、●は中三辺への侵寇、▲は東三辺への侵寇

○成化二年六月壬子：本年五月に虜衆二万が、五路に分かれて延綏に入境す。

○成化五年十二月甲子：虜万余騎、延綏に分寇す。
○成化六年三月辛卯：虜賊一万余騎が、五路に分かれて延綏地方に南入搶掠す。
○成化六年七月甲辰：虜賊一万余が、延綏の双山堡から五路に分かれて南入す。
○成化七年三月丙戌：北虜一万騎が、分かれて延綏の懐遠等の堡を寇す。
○成化七年十月癸酉：六年冬以来、虜寇五万騎が延綏の東山墩・定辺営等を搶掠す。
○成化七年十月辛巳：今年九月以来達賊二万余騎が、延綏の黒土圪塔を侵掠す。
○成化八年二月乙亥：正月初め虜衆数万が延綏の安辺営より入境す。
○成化八年十一月己酉：本年六月虜衆が、平涼・鞏昌・臨洮等の府州県に入り、四千余戸を劫し、人畜三十六万四千有奇を殺掠す。
○成化九年十一月甲午：二万余騎が寧夏の韋州に入劫す。
●成化十九年七月戊申：虜三万余騎が大同に侵寇す。
●成化二十年二月戊辰：虜万余騎が大同に侵入す。

これらの事例に照らせば、成化前期のオルドスに居牧したいわゆる套虜の活動は、成化中頃までは西三辺の延綏等を目標としていたこと、天順年間の孛来覇権時代の侵寇よりも規模も大きく暴威を振るっていたこと、成化末年には侵寇地が中三辺へ移ったこと等がわかる。明側は北虜の侵寇活動に、主に三方策によって対応しようとした。

第一は、まず朝貢貿易によって北虜側に中国物資を与え慰撫する方策である。成化三年三月に毛里孩の朝貢が始まったためであろう、その頃の侵寇件数は少ない。また『憲宗実録』成化四年九月甲戌の条に、(16)

毛里孩自前歳朝貢後、不復犯辺。

とある。両者の間に侵寇をめぐる騒乱が沈静化していて、そこに明が朝貢貿易を梃子にした交易上の慰撫工作を行ったことがわかる。

この沈静化した状態も一時のことで、毛里孩が成化四年に殺害されたことによって再び北辺に緊張状態が生じ、阿羅出や乩加思蘭等によって北辺への侵入が烈しくなった。彼らに対しても明は成化七年[17]に朝貢を認め、慰撫したようである。これはあまり効果はなかった。明は対兀良哈三衛と異なり、恐らく北虜に交易上の便宜を施して経済的充実を与えないことが、北虜勢力の伸張を抑制できるとする方針のもとに、実効はともかくとして朝貢貿易を一定の範囲に制限したためであろう。結局、乩加思蘭の侵寇活動は成化十年まで止むことはなかった。

明の第二の対応策として、北虜の主な侵入拠点となった西三辺に隣接するオルドスを回復させる「復套之議」が盛んに主張された。そもそもオルドスとは[18]、陝西北方の黄河湾曲部をさし、漢語では「河套」とよぶ。天順年間に孛来が覇権を握ると、北虜が大挙してこの地域に南牧し、ここから延綏方面に侵寇するようになって問題となった。成化年間になると、初年の毛里孩、成化五年頃から乩加思蘭や阿羅出等がオルドスを拠点に明へ侵寇し、ますます重大事となったのである[19]。成化二年五月、大学士李賢が「捜套」策を提出した[20]。これは北虜を武力によってオルドスから駆逐し、延綏地区への侵寇の根元を除こうとする提案で、憲宗によって批准された。朝廷は二年六月に、鎮守大同総兵官の任にあった彰武伯楊信を召還し、新たに平虜将軍総兵官として任命した。そして京営及び大同・宣府・寧夏から調した兵を率いて延綏に赴任させ、そこからオルドスの北虜を討たせようとしたのである[21]。しかし楊信は積極的にオルドスに進出しようとはせず、かえって大同方面での北虜侵入もあって、三年正月に大同にもどった。

一時小康状態であった北虜の侵寇が活発となり、成化六年三月、憲宗は寧撫侯朱永を平虜将軍総兵官に任命し、「捜套」に向かわせた。これも大きな戦果を得ないうちに、北虜の勢いが弱まったとして、翌七年十二月に召還された。[22]成化八年白圭が新たに「捜套」を上奏した。これを受けて憲宗は、八年五月に武靖侯趙輔を平虜将軍総兵官に命じた。趙輔は延綏に赴任したあと、北虜が平涼・鞏昌・臨洮に入寇し、慶陽を蹂躙するという事態に直面しても、それを制することができず、八年十一月に召還されてしまった。[23]同時に代わりとして寧晋侯劉聚を平虜将軍に任命した。劉聚は実態のともなわない誇大の捷報をしたと弾劾され不問とされたが、まもなく十年四月に死去している。[24]

このように、成化二年から成化十年まで順次、楊信・朱永・趙輔・劉聚等を平虜将軍総兵官に任命し、「捜套」を計ったが、オルドスに踏み込んだ者はいなかった。彼等の本来の任務である北虜をオルドスから駆逐するようなことはできずに、[25]むしろ延綏の守備防衛に終始した。そして「捜套」のために配備された軍兵が、『憲宗実録』によると成化初年の一万二千から八万余まで増大し、混乱が生じた。『明史』巻一百七十二、白圭伝に、

圭乃議大挙捜河套、発京兵及他鎮兵十万屯延綏、而以輸餉責河南・山西・陝西民、不給、則予徴明年賦、於是内地騒然。

とあるように、「捜套」のために延綏に調された京兵や他鎮の「兵十万人」が駐屯し、彼等への輸餉の負担は、河南・山西・陝西の民に課せられ、内地は「騒然」となったのである。

第三に、軍事的に出撃して北虜を抑え込もうとする「捜套」に代わって、防禦施設を設けて対応しようとしたことである。それは成化七・八年頃から、辺墻や墩台等を建設して北虜の侵寇を防ごうとする主張が有力になって、延綏巡撫余子俊と寧夏巡撫徐廷章等が実行した。余子俊は、成化八年に辺墻修築案を提出し、成化十年に実行し、その案の八・九割が完成した。それは、東の清水営から西の寧夏花馬池までの約一千七百七十里の辺墻と、十二の城堡、並びに「辺墩」十五座、「守護壕墻小墩」七十八座、「守護壕墻崖砦」八百十九座の創築と修理であった。そして徐廷章が、やはり成化十年に花馬池から霊州間の約三百七十八里に辺墻を築いたことが、弘治『寧夏新志』によってわかる。[26]

延綏地区の辺墻だけではオルドスの北虜を、全ての地域的に亘っては封じ込めない。延綏辺墻修築と同時に、それより西側の寧夏鎮管轄下の三百八十七里に辺墻を修築して、オルドス全域を封じ込む意図であった。しかし、この修築の実態については、不明な点が多い。また『皇明九辺考』巻一、鎮戍通考に、

成化八年、巡撫延綏都御史余子俊奏修楡林東・中・西三路辺墻崖塹一千一百五十里。十年、巡撫寧夏都御史徐廷章奏築河東辺墻、黄河嘴起至花馬池止、長三百八十七里。巳上即先年所弁河套外辺墻也。

とある。余子俊と徐廷章の修築した辺墻は、河套外辺墻となり、オルドスの平坦な地形で侵入が容易な南面開口部に、防衛施設を修築して防ぐものであったとわかる。守辺重視の軍事的対抗手段であったが、経済的にも安価で、北虜の侵入を防ぐ効果があって、以後二十年以上も北虜はこの地区に大部隊の侵入を行えなかった。

成化十年から、西三辺への北虜侵寇は鎮静化したが、と同時に中三辺も小康状態を示している点を見ると、明の朝貢貿易による慰撫策の効果も発揮していたと思われる。その頃北虜の覇権を握っていた乩加思蘭は、彼が可汗に擁立した満都魯の名で、十一年[27]と十三年[28]に明に朝貢している。恐らく明と乩加思蘭との間に〝和平〟が成立していたと考えられる。

しかし成化十五年、乩加思蘭が亦思馬因に暗殺された後、覇権は亦思馬因に移り、明は〝和平〟の盟約相手を失い、北辺は再び騒乱状態に入った。北虜は余子俊等や徐廷章が修築した辺墻のある延綏地区ではなく、第1小期モンゴル侵寇事例概数表の成化後期の事例数でも窺伺できるように、主に宣府・大同・山西の中三辺や甘粛方面の西三辺に侵寇を繰り返した。零騎による侵入もあるが、組織化された数千騎の部隊の侵寇が目立ち、成化十九年七月には三万余騎の北虜部隊が大同に侵寇し、成化二十年正月には万余騎の北虜部隊が同じく大同に侵入している。

このような状況下にあって、成化二十年、朝廷は再び余子俊を起用し、宣大総督として派遣した。彼は延綏の辺墻

修築に倣って、宣府・大同に辺備の修築を計画した。二里ごとの墩台、各墩台に備えた火砲と各墩台間に設けた壕塹等、これらを組み合わせた防禦戦略を主としたものであった。しかし辺備修築に「耗費」等の咎があるとして弾劾を受け、工事が未完成のまま成化二十二年に失脚した。

第2小期　弘治元年（一四八八）から弘治十七年（一五〇四）三月までの約十六年間

弘治元年から弘治十七年まで、明は達延汗との間に朝貢関係を維持した。そのうち元年から十年頃までの前半、北辺は比較的安寧であった。もちろん北虜零騎の侵寇はあったが、組織だった規模の大きい部隊の侵攻は稀であった。朝貢貿易を軸とした一種の〝和平の盟約〟が結ばれていたからだと思われる。それは、弘治元年五月に、小王子（達延汗）が自ら「大元大可汗」と称して、明に「求貢」の書を送ってきたことから始まった。[29] これを受けて明側も積極的に対応したと思われる。『武備志』巻二百二十五、占度載・度三十六・四夷に、

時馬文升在兵部、許進巡撫大同、皆習辺事。進疏至、輒得請戎備修、又数貽書小王子、言通貢之利。虜奉約謹、不敢大為寇。故当弘治初、諸辺稀虜患、異成化時矣。

とある。明は達延汗に返書を送って、「通貢の利」を言い、虜も「約を奉じて、敢えて大いに寇を為さ」なかったと述べている。したがって両者の間に朝貢貿易を軸とした〝和平の盟約〟が成立したことがわかる。

達延汗はモンゴルの統一を果たし、しかも比較的長くそれを維持したモンゴル中興の祖といわれる重要人物で、明にとってモンゴル側の代表として交渉できる相手であった。しかし達延汗の年代については、モンゴルの諸史料が一致せず、いくつかの説がとなえられている。[30] いずれにしても明は、弘治元年から弘治十七年まで達延汗と平和的な交渉の機会があった。両者の関係は、初めのころは比較的良好に進行したが、[31] 九年頃から不安定になりだした。以下に

『明実録』記載の来貢使臣人数の記録を年代順に列記すると、

弘治元年(32) 入関人数は一千五百三十九人、入京人数は五百人
弘治三年(33) 入関人数は一千五百人（うちオイラトが四百人）、入京人数は五百五十人（うちオイラトが百五十人）
弘治四年(34) 入関人数は一千五百人、入京人数は五百人
弘治九年(35) 入関人数は一千人（初め三千人の入京要求）、入京人数は不明
弘治十一年(36) 入関人数は二千人、入京人数は五百人
弘治十七年(37) 達延汗の六千人の入貢要求に、明側は十一年の例に準じた人数しか認めず、結局北虜は入貢せず

となる。弘治元年から四年まで、一千五百人の入関使臣人数が一定していたが、九年頃から達延汗は使臣の増加を求めて、積極的に朝貢貿易の拡大をめざした。それに対して明は、九年の使臣三千人の入京要求に対して一千人の入関しか認めず制限した。達延汗は満足しなかった上、弘治十年頃から北辺に侵寇を始めた(38)。その意図は朝貢貿易拡大を明側に認めさせるための圧力であったと思われる。さらに十一年の入貢の際、達延汗は六千人の入貢人数の要求をだしたが、明は二千人の入貢と、五百人の入京しか認めなかった。当然、北虜は強い不満を抱いたことは間違いないであろう。第2小期におけるモンゴルによる一万騎以上の侵寇例を以下に列記する(39)。

○は西三辺への侵寇、●は中三辺への侵寇、▲は東三辺への侵寇

●弘治十三年五月癸亥：虜三万余騎が、四月十七日より二十三日まで大同左衛に入り殺掠す。
○弘治十四年八月己巳：虜二万騎が寧夏に入り、さらに万騎が韋州に入る。
○弘治十四年八月乙亥：虜酋小王子が、人馬七・八万騎を率いて、寧夏の花馬池より固原に入る。
○弘治十五年正月癸巳：[十四年四月に]、達賊四万騎が、寧夏花馬池より固原・平涼等を入掠す。

北辺でのとくに延綏地域の入寇は、大きい場合は七・八万という規模まで拡大され、内地深く固原諸処まで入り激化していたことがわかる。延綏地域には、防禦施設として余子俊と徐廷章が築いた河套外辺墻があったが、すでに徐廷章が担当した花馬池から霊州至る辺墻部分が傾圮していたらしく、套虜が容易に侵入していた。その頃の套虜を率いていた虜酋は火篩で、達延汗の一族に属していた。しかし達延汗に対して分派行動を起こしていて、十年頃から盛んに延綏・大同等に入寇した。とくに重要視されたのは弘治十四年八月に人馬七・八万騎が、寧夏花馬池より陝西内地の固原等の諸処に入ってからであった。

弘治十四年九月、朝廷は致仕していた秦紘を総制陝西固原等処軍務に任用し、固原地方を要害となすよう命じた。翌十五年に固原総制府を開設し[40]、総制が楡林・寧夏・固原・甘粛の四鎮を統括するようになった。また秦紘は固原の内辺墻を修築したことでも有名である。『明史』巻一百七十八、秦紘伝によれば、「修築諸辺城堡一万四千余所、垣塹六千四百余里」とあり、『明史』巻一百九十八、楊一清伝では、「靖虜至環慶、治塹七百里」とあり、魏煥の『皇明九辺考』巻一、鎮戍通考では、「固原辺墻、自徐斌水起、迤西至靖虜営花児岔止六百余里、迤東至饒陽界止三百余里」とある。つまり靖虜衛（黄河岸）・徐斌水・下馬関・饒陽（石澇池よりやや南）との間の東西九百里に走る辺墻で、工事は弘治十六年に終えた。これを内辺とし、オルドスの北虜に対して、河套外辺墻と固原内辺墻の二段構えとなり、固原鎮が北辺の重要防衛拠点とみなされるようになった。ただし、この辺墻はあまり有効ではなかったと思われる[41]。

弘治十七年に至って達延汗は、再度使臣六千人規模の朝貢を要求した。この要求に対して、明は十一年の二千人規模の朝貢人数例を遵守し、朝貢貿易を制限する姿勢を崩さなかった。ここに両者の朝貢関係は完全に廃棄された。明は伝統的な北虜政策の枠から抜け出そうとはしなかったのである。弘治十七年四月以後、嘉靖十一年正月の小王子の「求貢」まで、明・北虜間の朝貢貿易をめぐる交渉は、約二十八年間中断し、その間、北虜の侵寇が繰り返される第

3小期に突入した。

第3小期　弘治十七年（一五〇四）四月から嘉靖十一年（一五三二）二月までの約二十八年間

この小期は弘治十七年四月から嘉靖十一年に至るまでで、まず兀良哈三衛について述べれば、時として侵犯することもあった。しかし明は彼らの年数回の定期的な朝貢を認め、かつ成化十四年以来の一般民が参加できる馬市も定期市の性格をもって継続しており、明は基本的には旧来の羈縻政策にもとづく関係を維持し、比較的良好であったと思われる。

北虜との関係では、朝貢関係は弘治十七年に断絶した以後、達延汗による大規模な侵寇が行われ、戦争状態になった。その後も北虜との関係は、好転するような大きな変化はみられない。双方の間で、何らかの接触が裏面であったかも知れないが、史実として表面に出るほどでなかったことはまれな現象である。いずれにしても約二十八年間、戦争状態が継続したのである。[42] この小期における一万以上及びそれに準ずるような『明実録』記載の侵寇事例は、以下のようなものがある。

○は西三辺への侵寇、●は中三辺への侵寇、▲は東三辺への侵寇

●弘治十七年六月癸未：虜万余、大同に入り殺掠す。
○弘治十七年十一月辛卯：虜万余騎、荘浪に入り分散抄掠す。
○弘治十八年正月己丑：虜三万騎寧夏の霊州を囲み、別騎は花馬池より韋州・環県を掠す。
○正徳元年三月乙酉：虜衆五・六万、〔弘治十八年〕十二月十七日に花馬池より、固原付近の隆徳・静寧・会寧等に入る。

●正徳八年五月己卯：虜五万騎大同を寇す。
●正徳八年五月甲午：虜二万騎、馬頭山より大同境に入る。
●正徳八年六月辛亥：虜数万人、偏頭関より入り、五台・繁峙等を掠す。
●正徳九年六月戊申：虜四万、宣府西海子に入り剽掠す。
●正徳九年七月乙丑：北虜小王子万騎、宣府の懐安に入る。
●正徳九年七月壬申：虜五・六万、偏頭関から大同を寇す。
●正徳九年九月壬戌：虜五万騎、宣府万全より入り、懐安・蔚州を寇掠す。また三万余騎が平虜城南に入る。
○正徳十年七月丁酉：虜万騎、延綏新興堡に入る。
○正徳十年九月甲辰：八月十二日、虜十万余騎が寧夏花馬池より固原に入り、七十里に亘って連営して搶掠す。
●正徳十一年八月己丑：虜六万騎、宣府に入る。
●正徳十一年十月甲戌：虜二万騎、偏頭関に入る。
●正徳十二年二月庚戌：虜七万騎、宣府に入る。
●正徳十二年十月丁未：虜五万騎、大同応州に入寇す（応州之役）。
○嘉靖二年正月丁卯：虜酋小王子の万余騎、甘粛沙河堡に入る。
○嘉靖四年正月丙寅：西虜万余騎、甘粛を寇す。
●嘉靖五年四月庚午：虜二万騎、大同を寇す。
○嘉靖六年八月庚戌：虜数万騎、寧夏に入る。
○嘉靖七年三月丁酉：虜十万騎、延綏乾溝墩より山西を犯す。

●嘉靖七年十月辛丑：虜五万騎、大白陽辺より宣府を寇す。
○嘉靖八年三月甲辰：虜賊数万、寧夏を犯す。
○嘉靖九年九月戊申：本年五月、虜四・五万騎、甘粛荘浪及び寧夏等に入る。
○嘉靖十年三月丙申：套賊二万・西海賊数千が、甘粛の荘浪・甘州を犯す。
●嘉靖十年十月乙酉：虜六万余騎、大同の応州・朔州を寇す。

これまで中三辺への大規模な侵入は第2小期末（成化末年）にみられたが、第3小期から本格化した。結局、甘粛から宣府に至る西・中三辺の全辺に亘って侵寇がなされ、しかも五万から十万の大部隊の行動がめだつようになった。このように前代に比して熾烈となった北虜の侵寇に対して、明側の対抗措置をみてみたい。

まず弘治十七年七月に大同からの辺警に接して、孝宗は積極策として成祖に倣った北虜親征を臣下に諮った。[43]大学士劉健は「兵の危事は、軽動すべきでない」とし、大学士謝遷は「辺事の急よりは、京師の守りを重んじるべきだ」とし、やはり大学士の李東陽は「北虜と朶顔（兀良哈）は通じており、親征して大同に行軍すれば、その隙をついて潮河川・古北口から朶顔が侵入する可能性がある」とし、そして兵部尚書劉大夏は「成祖の親征時は、兵餉が足り、将士も百戦錬磨であった。今は承平久しく人は兵事に習熟せず、軍餉も欠乏している」と述べて、それぞれ孝宗の親征に反対した。いずれも当時の政権中枢にいた者で、北虜に対し消極的な防衛論を終始展開していたのである。[44]そして結局、親征は実行されなかった。

弘治末から正徳初年にかけて、西三辺、とくに延綏地区への大規模な侵寇が行われた。総制延綏寧夏甘粛三鎮軍務の楊一清が、正徳元年に築墻の議を起こした。武宗の批准を受けて、正徳二年二月に徐廷章修築の長城部分の再築工事を興したが、劉瑾の干預のため同年六月に中止せざるをえなかった。[45]魏煥は『皇明九辺考』巻一、鎮戍通考で、

「ここにおいて、外辺（河套外辺墻）の険が備わった」と述べているが、再築された辺墻はわずか四十里にすぎなかった。

正徳八年頃から、一時おさまっていたモンゴルの侵寇活動が活発になった。『武宗実録』正徳十一年十二月己未の条に、

先是有旨、修東西両路辺関墩台壕塹。都御史臧鳳東路起山海至居庸、李瓚西路起紫荊至竜泉、至是訖工。

と、辺墻修築の記事がある。山海関から居庸関までと、紫荊関から竜泉までの内辺に、それぞれに臧鳳と王瓚が辺関・墩台・壕塹を修したと述べている。修築範囲を考えれば大工事と推測できるが、ただその内容については、不明な点が多い。恐らく対応策の一つであったと思われる。

つぎに武宗が北辺巡行を、正徳十二年から正徳十四年にかけて敢行している。それを『明史』[46]によって順次記述すると、

第一次巡行　十二年八月甲辰～十二年八月丙辰
　巡行地　昌平・居庸関
第二次巡行　十二年八月丙寅～十三年正月丙午
　巡行地　宣府・陽和・順聖川・応州・大同
第三次巡行　十三年正月辛酉～十三年二月壬午
　巡行地　宣府
第四次巡行　十三年三月戊辰～十三年五月戊申
　巡行地　昌平・密雲・喜峯口
第五次巡行　十三年七月丙午～十四年二月壬申

巡行地　宣府・大同・偏頭関・楡林・綏徳・石州・太原

となる。皇帝巡行として事前に充分な準備もせず、廷臣の強固な反対を押し切っての行動であった。武宗は奇矯な行動が多い皇帝として著名であるが、これら一連の北辺巡行目的のなかに、北虜に対する軍事的示威があった。とくに第二次巡行と第五次巡行が重要で、第二次巡行中には応州の役がおきている。以下がその戦役の概略である。

十二年九月に、北虜五万騎が大同の玉林衛に入寇した。ちょうど武宗は宣府にあって、この北虜入寇の報に接すると、十月初め、都督朱彬等を率いて大同南方の応州で邀撃した。百余合戦い、退却する北虜を平虜・朔州まで追撃し、オルドス方面に転進させた。

この戦役は、諸史料では高く評価しない。しかし北虜が内地深く侵入できずに西方に退かした点で、明側の戦略を実現させた軍事的勝利とみなすことができる。(47) また第五次巡行は、その期間と巡行地及びその距離を見ると、やはりオルドス居牧の北虜の征圧かあるい軍事的示威に意図があり、(48) またある程度効果があったと思われる。『明史』巻三百二十七、韃靼伝に、

是後歳犯辺、然不敢大入。

とあり、これより後、北虜は進んで大規模な侵寇はしなかったと記述している。これは『武宗実録』記載のモンゴル侵寇事例をみても大略符合する。しかし北虜侵寇の一時的緩和の主要な理由が、武宗の北辺巡行だとするには、にわかに判定し難いと思う。

嘉靖元年頃から、小康状態であった北虜の大規模な北辺侵寇がまた活発化してきた。嘉靖二年、大同巡撫張文錦が、大同北方の五堡修築の上疏をし、翌三年七月、水口・宣寧・黒山・柳溝・樺溝の五堡が築かれた。勿論、五堡は北虜侵寇に対する備えであった。しかしこれが大同軍兵の反乱を起こす契機となった。すなわち五堡あわせて軍兵二千五

百名がその守備に必要とされ、派遣を命ぜられた者が、遠く百里も大同城から離れた地に赴くことに、生命の危機を感じ、張文錦等を殺害して反乱を起こした。これが第一次大同兵変である。四年二月に反乱は一応鎮圧された[49]。背景に当時の北虜侵寇に対抗しえない宣大地区の防衛体制があったと思われる。朝廷は北辺防衛策について、相変わらず有効な手段が見いだせなかったのである。

陝西三辺総制王瓊は九年に、かつて秦紘が修築した黄河岸の靖虜衛から饒陽界までの固原内辺墻を再築した[50]。その内容は嘉靖『固原州志』巻一、文武衙門によると、下馬房・東嚮・石溝間の約三十里に壕塹を開削し、靖虜衛・打刺赤・北青沙峴間の約四十里に「随山就崖」して鏟削し、環県甜水堡・石澇池堡間と靖虜・蘭州間に「築墻・挑溝・設険」したとしている。つづいて十年に定辺営南山口から寧夏黄河東岸の横城までの墻塹三百里（河套外辺墻）を修築した[51]。これらの工事も、その後の北虜侵寇状況を考えると、大きな効果を発揮したとは思えない。

第4小期　嘉靖十一年（一五三二）三月から嘉靖三十一年（一五五二）九月までの約二十年間

この小期は、北虜が「求貢」をする一方で、その実現のために軍事的圧力を加える意図も含めて侵寇を繰り返した。とくに俺答汗がさかんに使者を明に派遣してきた。以下は北虜求貢の『世宗実録』による主な事例である。

嘉靖十一年　三月　「北虜自延綏、求通貢市」
二十年　七月　「款大同陽和塞、求貢」
二十一年閏五月　「自大同鎮辺堡、款塞求貢」
二十五年　五月　「款大同左衛塞、求貢」
二十六年　二月　「求貢」

二十七年　三月　　「求貢」
二十八年　二月　　「求貢」
＊庚戌の変（二十九年八月）

嘉靖十一年三月の小王子による「求貢」[52]は、弘治十七年以来約二十八年ぶりの北虜との朝貢貿易に関する交渉であった。明側は、小王子の申し出を拒否した。九年ほど経た嘉靖二十年七月に、今度は俺答が石天爵を大同に遣わして、「求貢」を請求してきた。大同巡撫史道が朝廷に俺答の要求を報告したが、朝廷はこれを退けた[53]。翌嘉靖二十一年夏五月、俺答は再び大同に石天爵を派遣し、「求貢」してきた。明は石天爵を縛して、のちに磔にした[54]。この明側の処置に俺答は激怒し、以降五年間に亘って断続的に、大挙して山西内地を入犯し、さらに深く太原以南の地域にも侵入した[55]。

二十五年七月俺答が、今度は使者の堡児塞等三人を大同左衛に派遣し、朝貢を求めてきた。家丁の董宝がこの使者三人を殺害した。この時の宣大山西総督は翁万達で、『世宗実録』に掲載された彼の上疏文によると、俺答の死者を殺害したのは、明側の非であると述べ、夷情は計りがたいとしながらも、俺答の求貢の申し出に対応すべきだと主張した。しかし朝廷は万達の俺答との交渉の提案に首肯しなかった[56]。二十六年、二十七年と俺答は求貢を続けた。いずれも翁万達が折衝し、朝廷に「求貢」受け入れを進言したが、世宗がそれに従うことはなかった。

二十八年二月、俺答軍が宣府に入寇した際、今一度、間接的ながら俺答から翁万達に入貢要求の意志表示がなされた。『世宗実録』嘉靖二十八年四月丁巳の条に、

先是二月、虜擁衆寇宣府。東書矢端射入軍営中、及遣被掠人還皆言、以求貢不得、故屡搶、許貢当約束部落不犯辺、否則秋且復入過関搶京輔。宣大総督翁万達以聞。上謂求貢詭言、屡詔阻格、辺臣不能遵奉、輒為奏瀆、姑不

問、万達等務慎防守。

とある。入貢が果たせれば、明辺に入犯しないが、否ならば深く京輔まで入り搶掠する、と俺答は万達に通告してきたのである。そのことを万達が転奏しても、世宗は認めなかった。この俺答の通告は二十九年八月に起きた庚戌の変の前ぶれであった。

嘉靖二十年から俺答は執拗ともいえるほど「求貢」の申し入れをし熱望した。侵寇手段による中国物資獲得に限界があったからであろう。それに「求貢」意図には、北虜内部の貧富格差による内部矛盾の解消、中国から初めて伝染した天然痘の大流行で苦しむ一般虜衆の救済、密貿易を公認化させる馬市開設等があったと考えられる。(57) そして嘉靖二十九年の庚戌の変を経なければ、明は「求貢」を受け入れなかったのである。

俺答は大小の侵寇を繰り返した。(58) 以下は嘉靖十一年から嘉靖三十一年までの、北虜一万騎以上とそれに準ずる主な侵寇例である。

○は西三辺への侵寇、●は中三辺への侵寇、▲は東三辺への侵寇

○十三年八月壬子：吉嚢十万騎、寧夏花馬池より入犯す。
○十五年八月丙午：吉嚢十余万、分遣して甘粛鎮の涼州・荘浪等に入犯す。
○十六年八月甲寅：吉嚢・俺答連合の精騎十万、分兵して延綏・寧夏等を犯す。
●十六年八月甲戌：虜四万余騎、山西偏頭関より大同に入る。
●十九年九月丁酉：虜数万騎、宣府万全に入る。
●十九年十月甲申：八月十五日虜万騎が、山西の平涼泉・苛嵐・興・嵐・石州・静梁に入寇す。
○十九年十一月甲寅：吉嚢数万騎、延綏西路より定辺営・固原を寇す。

●二十年正月乙未：虜三万騎、大同平虜より井坪に入り、蓮花峪等を攻める。
○二十年三月壬寅：吉嚢数万騎、延綏鎮朔堡を犯す。
●二十年八月甲子：俺答七・八万騎、山西の石嶺関・太原・平定・寿陽・孟県・真定・紫荊・井陘に入犯す。
○二十一年六月辛卯：虜十余万騎、延綏双山堡に入寇す。
●二十一年七月庚戌：虜、太原より南下し、山西全域を犯す。
○二十一年八月戊子：虜賊四万、朔州・双山墩・老営堡より各々入寇す。
○二十二年九月甲寅：虜三万騎、延綏に入る。
○二十二年九月辛未：二十年春に虜三万騎が、蘭州を犯す。
●二十四年九月丙戌：八月中、虜数万騎、大同中路を犯す。
○二十五年四月甲寅：狼台吉二万騎、九月に延綏の定辺を犯す。
○二十五年十月戊子：七月、虜十万騎、慶陽・環県等に入る。
●二十八年三月壬午：二月十一日虜数万騎、大同を寇す。
▲二十九年八月丁丑：俺答古北口より入る（庚戌の変）。
●三十一年二月庚辰：虜騎三万、威虜より大同懐仁を犯す。
▲三十一年四月丙寅：虜三万騎が遼東前屯に入寇す。
●三十一年九月庚辰：虜三万騎、大同左右衛を犯す。
●三十一年九月壬午：虜万余騎、大同の朔州・山陰地方を犯す。
▲三十一年十月己巳：虜酋小王子数万騎を率いて、遼東錦州を犯す。

●三十一年十二月甲寅：九月二十九日、虜数万騎が山西神池に入る。

北虜の北辺侵寇は第3小期に比べて一層熾烈さをまし、しばしば十万騎を擁する大部隊が侵入し、しかも侵寇地域が山西南部や直隷の保定府や真定府に達する場合も稀ではなかったし、これら大規模な侵寇のなかには、北虜「求貢」の交渉と連動した軍事的圧力の意図もあり、その代表的な事例が庚戌の変であった。また第4小期末期（嘉靖三十年以降）に、これまでになかった東三辺の遼東への大規模な侵寇がみられるようになり、それは東遷した察哈爾（チャハル）部の行動であった。

明は十一年以来、「求貢」を拒否された北虜の侵寇搶略に対し、中三辺や西三辺で厳戒体制をしいた。中三辺では十二年十月に大同総兵官李瑾が、大同地区の天城左孤店等処の壕塹四十里を浚った。大同への北虜の軍事的圧力に備えたのである。ところが工事に動員された軍士は、厳しい労働と監督に反発し、李瑾を殺害し大同城を占拠した。この第二次大同兵変は翌十三年二月に鎮圧された。注目すべきことは嘉靖三年の大同五堡の反乱と異なって、叛卒が北虜に積極的に働きかけ、城内に迎え入れたことである[59]。これは裏面で、明辺民と北虜との間の交流が一部表面化したのである。

十八年十月宣大総督毛伯温の案によって大同巡撫史道が、大同北方の御河を挟んだ東西二百里の間に二十五里ごとに、弘賜・鎮辺・鎮川・鎮虜・鎮河の五堡を築いた[60]。これら五堡の位置は、第一次大同兵変の原因となった五堡と地域的に重なり、その後放置されていた。毛伯温が大同の北方は「川原漫衍」で守り難く、かつての張文錦による築堡の議は謬がないとして建議したものであった[61]。

嘉靖十九年十月・二十年八月・二十一年七月の北虜による山西内地への侵寇は、前例にないほど深刻な被害を出し重大事となった。いずれも大同から内辺の寧武・鴈門・平型の三関地域を越えて、山西南部に至るもので、しかも三関は守兵が少なく防禦施設も充分でなかった。そこで十九年十二月の山西巡撫陳講が、内辺三関に増兵して画地分守する「擺辺」案を建議し実施した。(62) 以降、三関は「擺辺」を強化する方向で軍備が計られ、二十年には寧武関に鎮守総兵官が置かれた。さらに外辺と内辺の防衛を統括させるために、翟鵬を二十一年七月に宣大総督に任命した。彼は陝西・薊・遼から調した客兵と宣府・大同・三関の守兵約十万を四営に分け、一営は宣府左衛・懐安等に、一営は平虜・大同左・右衛等に、一営は偏頭関・寧武・代州等に、一営は朔州・馬邑・山陰・応州等に駐させ、外辺を突破して入寇してきた北虜を各営から出撃して、辺墻守備兵と挟撃するという擺辺と遊撃を組み合わせた戦略を提案し認められた。(63) またこの戦略の一環として大同に辺墻三百九十里を施し、新墩二百九十二座、護墩堡十四座も築いた。(64) ところが二十三年十月北虜は容易に宣府万全右衛から侵入し浮屠峪を犯し直隷の完県に至り、京師が戒厳する事態となった。遊撃戦略も機能しなかったのである。朝廷は翟鵬を召還し詔獄に下した。

二十三年頃、老営堡から平刑関まで八百里の内辺辺墻の修築が議論された。内辺辺墻八百里の修築については、『殊域周咨録』巻二十一、韃靼に、

> 二十三年、三関既設官増戍如両鎮。於是巡撫曽銑建議大城鴈門長城、自老営堡丫角山至平刑関東八百里。銑又以鴈門新塞、高厚過於寧武、於是復増築寧武者如鴈門。

とある。この記事から、二十三年に山西三関巡撫曽銑の建議で始まったことがわかり、二十五年三月にその内の五百里が完工した。(65) しかし宣大山西総督翁万達は、当時の「地方諸臣」が寧武・平刑関間の内辺辺墻を修築し、新たに六万余の「新軍」と「新旧の民壮・屯夫・弓兵」を内地から動員して三関の辺備を整えようとしたため、「内地は騒動」になったと述べている。(66)

嘉靖二十三年十二月に宣大総督に着任した翁万達は、翌二十四年十月、大同の宗室の謀反を摘発した。発端は大同

の草場で、連続して火災が起きた。調査して判明したことは、大同の代王府支流である和川王府の奉国将軍充灼・昌化王府の奉国将軍俊桐・潞城王府の鎮国中尉俊振等の宗室が、北虜の小王子と結び策謀しようとした反乱未遂事件であった。[67] この事件も北虜と明辺民との水面下の交流があったことを窺わせる。翁万達は辺墻修築にも活動した。『世宗実録』嘉靖二十五年七月甲戌の条によると、

①大同東路の天城・陽和・開山口一帯の辺墻一百三十八里、堡七、墩台百五十四

②宣府西路の西陽河・洗馬林・張家口堡一帯の辺墻六十四里、敵台十、斬崕削坡五十里

の修築が、二十五年に予定経費二十九万余のうち九万余両を余して五十余日で完工した。この工事は二十年頃から懸案とされたものであった。そして翁万達は二十六年二月に「辺防修守事宜」十事を述べ、「併守」案を上奏した。[68] これが、万達の辺防構想の原理となった。それは外辺に山西内辺の兵も加える「併守」案で、

山西（保徳州から老営まで）の辺墻は、高さも厚さも充分であるし、大同各路と宣府西・中二路の辺墻は、その七・八割は利用できる。さらに補強すれば、数ヶ月内に千里に及ぶ辺墻が完工でき、「併守」の守備体系の確立が早急に可能である。併守案を実施すれば、内地の新旧の民壮六万余人を革罷でき、三鎮の防秋費用は六十八万両以上が節約できる

とするのが概略である。つまり「併守」案は外辺の辺墻を整備して、これに兵力を注ぐ防衛線の一本化である。二十六年四月朝廷はそれを認め、六十万の帑銀を出費して「大同西路と宣府西路の外辺辺墻八百里」の修築を命じた。工事は五月に一旦終え、つぎに旧設辺墻の低薄部分の補修にとりかかり、[69] 二十七年六月までの間に完工し、一応「併守」案による辺備が成ったことになる。

嘉靖二十七年の後半ころから、北虜の宣府東北路への侵寇が目立つようになった。「併守」案によって偏頭関から

宣府中西二路の辺備が成ったことと、宣府東北路付近の辺外に居牧していた藩籬と恃む朶顔が他地域に移動したことによって、辺備の手薄な宣府北東二路に侵入地点を移したのである。宣府の北東二路は、京師の直接的な重要防衛拠点である。翁万達は、宣府北路に内・外の墻二道を、東路に辺墻一道の修築を要請し、世宗の裁可を受けた(70)。しかし北路内墻のみは修築できたが(71)、その他の工事は果たせなかった。

一方西三辺では、王瓊が嘉靖九年に固原内辺墻を、十年に河套外辺墻の定辺営以西を再築したことは述べた。その後十五年正月、陝西三辺総制唐竜が、河套外辺墻の乾溝定南八墩から石涝池堡寧朔墩まで十七里の新墻の創築と、寧朔墩から永済堡昌平墩までの九十里の旧墻修築を上疏し、世宗の批准を受け実行された(72)。

嘉靖二十五年に山西巡撫から陝西三辺総督に転任した曽銑が、「復套之議」を興した。これは直接的には、二十五年七月に俺答配下の北虜十万騎が、延安・慶陽に侵攻したことに起因し、曽銑は同年十二月に上疏した。それは、

陝西の北虜侵寇を止めるには、オルドスを回復することが重要である。そのために六万の兵力と二十万両の軍費を用い、三年を要して武力でオルドスから北虜を駆逐する。その後に黄河を険とするオルドス内に、墩台を修築し、衛所を置き、屯田を開いて防衛する

とするもので、これが曽銑の「復套」の大要であった(73)。この案に内閣首輔夏言が支持し、世宗はこれを批准して、曽銑等にその準備を命じた。しかしこの計画のために俺答「求貢」に対して強硬にならざるを得なかった一因とされ、その上計画自体が「兵弱く、財窘る」現状から、「中外」の多くの者が困難であるとみなしていた(74)。果たして世宗は「復套」案に不安を感じ始め、二十七年正月に厳嵩の密奏を機に突然翻意し、オルドス出師計画を中止した。そしてその後も「復套」を要請する曽銑と夏言を捕縛入獄させて退けたのである。曽銑の後、陝西三辺総督に着任した王以旗は、嘉靖二十八年三月に、河套外辺墻の定辺営から竜州城まで、辺墻・墩台・城堡等の辺備修築を始めた(75)。以旗は

在鎮六年の間、延綏の城堡四千五百余所を修し、蘭州辺垣を築いたという。[76]

庚戌の変は、土木の変に匹敵するほど明朝に衝撃を与えた事件である。俺答がかつて「京輔侵寇」を予告した通りに、二十九年八月に十万余騎を率いて大同を犯した時から始まった。この時大同総兵官仇鸞は俺答に「賄賂」をおくり、薊州に向かわせたという。各史書は、この仇鸞の非行を強調するが、宣府東北路から薊鎮にかけて、明側の防衛施設が不備であった客観的な状況もいれて、この時の俺答の侵寇及び侵入路を考慮すべきである。俺答北虜軍の十万余騎は、八月十六日薊州古北口付近から明内部に侵入し、十九日には北京城下に至った。八月二十一日俺答は北京で明側に「求貢」を要請し、拒否されると大規模な掠奪行為を展開し、八日間の北京地区及び近郊を荒らしたあと、八月二十六日に撤収を始め、九月一日に古北口と張家口より出塞した。これが庚戌の変である。この間明側が受けた被害は、「掠された雑蓄は数百万、焚された廬舎は万区、男婦の死し且つ掠された者を通計すれば、蓋し六十万[77]」という甚大なものであった。

一旦出塞した俺答は、その年の二十九年十二月と三十年三月に「求貢」要請のために宣府に遣使してきた。庚戌の変で打撃を受けた明は、ついに俺答の要求に応じた。その内容は、三十年に実施された馬市の状況からすると、

①大同鎮と宣府鎮は年二回それぞれの地域の数ヶ所で馬市を開き、毎回銀十万両を用いる
②延綏鎮（吉能の部落のため）と寧夏鎮（狼台吉の部落のため）は、両鎮の共通馬市として花馬池で開く
③明側は布帛・米糧を、北虜は牛・羊・贏馬をもって交易する
④治安上のためであろう、朝貢は許さない

とする概略であったと考えられる。しかし、早くも三十一年九月に両者の馬市の盟約関係は決裂した。それは俺答が馬匹を家畜として持てない北虜下層民のために、牛・羊と明側の食用穀物の交易を要求し、明がこれを拒否したこと

が主因であった。俺答にとって虜衆が参加できる馬市開設が本来の目的で、それが達せられず、再び明への侵寇を、隆慶四年までの約二十年間に亘って繰り返さざるを得なかったのである。

第5小期　嘉靖三十一年（一五五二）十月から隆慶五年（一五七一）三月までの約十八年間

嘉靖三十一年九月に馬市の盟約が破綻してから、隆慶五年ころまで、北虜はしきりに明の北辺を侵攻した。(78) この小期二十年間における北虜の一万騎以上及びそれに準ずるような『明実録』記載の侵寇事例は、以下のようなものがある。

○は西三辺への侵寇、●は中三辺への侵寇、▲は東三辺への侵寇

●嘉靖三十二年三月甲辰：虜数万騎が青辺口より宣府に入る。
●嘉靖三十二年七月丁巳：虜酋俺答、大挙分道して大同弘賜堡・霊丘・広昌に入寇する。
●嘉靖三十二年七月己巳：虜が大峪・南溝を散掠し、挿箭・浮図を攻め、関南大に震う。
●嘉靖三十二年九月丙午：虜万余騎が、大同平虜衛より、山西の神池・利民等の堡を犯す。
●嘉靖三十三年六月癸酉：虜万余騎、大同の五堡・左衛・威寧を犯す。
●嘉靖三十三年八月乙亥：虜十万余騎分道し、大同平虜衛を入掠す。
▲嘉靖三十三年九月乙丑：虜衆数万を擁して、薊鎮潮河川を犯す。
●嘉靖三十四年九月丙午：北虜数万、宣府・大同・山西等より入寇す。
●嘉靖三十五年六月辛丑：虜三万騎、宣府黄王梁等を犯す。
▲嘉靖三十五年九月壬戌：虜二万騎が遼東平川・錦州に入る。

▲嘉靖三十五年十一月戊午：北虜十余万騎が遼東広寧に入る。
▲嘉靖三十五年十一月辛巳：虜十万騎青城に屯して、薊州の一片石・三道関・喜峯口等を犯す。
●嘉靖三十六年三月乙丑：二月内に虜万余騎が大同に入る。
▲嘉靖三十六年四月己丑：虜数万、薊鎮の永平・遷安に入る。
●嘉靖三十六年十月丙午：九月中、虜数万騎が大同の応・朔・懐・馬一帯に入り、七十余堡を攻毀す。
○嘉靖三十七年八月己未：虜三万騎、甘粛鎮の永昌・涼州を犯し、甘州を囲む。
▲嘉靖三十七年十月壬申：北虜十万騎、薊鎮の界嶺口にせまる。
▲嘉靖三十八年二月乙丑：虜数万、薊鎮潘家口より入り、三屯営に迫る。
●嘉靖三十八年七月戊子：六月五日虜数万騎、大同を犯し宣府境を侵す。
▲嘉靖三十九年三月戊子：虜数万騎、薊鎮の一片石等の関に入る。
▲嘉靖三十九年三月丁亥：虜五万騎が遼東の広寧に入る
○嘉靖四十年正月丙寅：虜万余騎、河西より五花営に入る。
▲嘉靖四十年九月庚子：虜六万余騎、居庸を犯す
○嘉靖四十年十一月庚戌：虜二万騎、寧夏の辺を犯す。
○嘉靖四十一年十一月辛丑：虜数万騎、寧夏鎮清水営を犯す。
▲嘉靖四十二年十月丁卯：虜衆、薊鎮の墻子嶺・磨刀峪に入犯し、京師戒厳す。
○嘉靖四十四年二月丙子：四十三年十月中、虜数万騎、甘粛鎮の板橋・嚮閘児（陝西）に入る。
●嘉靖四十四年九月庚子：東西二虜二万騎、宣府を犯す

▲嘉靖四十五年四月丙戌：虜衆万余が遼東鎮の西興・西平に入る
○嘉靖四十五年七月丙辰：虜万余騎、延綏より平山墩に入寇す。
●隆慶元年九月乙卯：北虜俺答の数万騎、大同の井坪、山西の偏頭・老営に入寇す。
▲隆慶元年九月壬申：虜酋土蛮が、薊鎮の昌黎・撫寧・楽亭・盧竜に入り、京師震動す。
●隆慶三年九月丙子：虜数万余騎、大同に入犯し、山陰・応州・懐仁・渾源を分寇す。

北虜の大規模な侵寇は第4小期に比しても衰えた様子はない。察哈爾部による薊鎮や遼東の東三辺への侵寇は本格的になり、[79]西三辺より頻度は高まり、京師北京の危機が何度かあった。いずれにしても遼東から甘粛までの九辺鎮全辺に亘って侵寇が繰り返されたのである。この間にあって俺答からの朝貢の申し入れも、嘉靖の三十三年六月丙戌、三十八年六月己酉等にあった。俺答は侵寇とともに、「求貢」も行っていたのである。明は拒否し、北虜の侵寇を止める一手段を、事実上放棄していたといえる。

さりとて明側にその他の有効な手段があるわけではなかった。それまでの辺墻・墩台の修築整備に力点を置く消極的な防衛に終始した。その例として、

嘉靖三十二年三月癸卯
大同東路の平遠堡から丫角山に至る六百八十里の間にある、大堡九百三座、小堡四百十二座の修理
嘉靖三十二年四月戊戌
四家治・永寧の旧墻の増繕と敵台五十一座の修築
嘉靖三十二年六月甲午
薊鎮平山営から居庸関沿河口までの未完辺城一万四千三百五十六丈・墩台九十二座・附墻敵台一百三座等の修治

嘉靖三十三年十月丙子
翁万達が修築した大同辺墻に沿って、工費九万金を使って辺墻内側に墩台を修築
嘉靖三十四年五月甲寅
延綏西路における辺墻三百十一里の未完補修部分二百八十余里の修築
嘉靖三十七年閏七月丁丑
大同東路の大小土堡九座と墩台九十二座の修築、長さ十八里の鎮城大濠二道の掘削
嘉靖三十九年四月壬戊
大同中西二路における、辺墻一百六十余里と墩台一百二十余座の修築

等が、『世宗実録』に記録されている。いずれも在来の防禦施設の修理と補強が主眼であった。しかし『世宗実録』嘉靖四十四年正月壬子の条に、

兵部言、宣・大・山西・遼東四鎮、修墻設険、僅能禦零賊。若大虜潰墻深入、地広備多非墻軍可支。

とある。兵部が、宣大・山西・遼東の「修墻設険」は、零賊を防げても、大部隊の侵寇では支えられないと示唆している。つまり庚戌の変から嘉靖末年までに施した防禦施設工事は、さしたる実効性のあるものではなかったのである。さらに北辺の守備軍士は、逃亡があいつぎ減少した。大学士張居正は「祖宗朝」に百万いた九辺の兵が、今（隆慶二年）は六十万に過ぎないと述べている。[80] それに反し辺備費用は急速に増大した。嘉靖四十二年に戸部が報告したところによると、その年に戸部に入った銀は二百二十余万両、「京辺」に費やした銀は三百四十余万両であった。[81] 北辺防衛費は国家財政を圧迫し、確実に重大局面に至りつつあったのである。高拱『伏戎紀事』に、

先帝（世宗）常切北顧之憂、屢下詔諭修挙辺務、然労力費財、卒無成効者。

とある。高拱は、嘉靖年間の北辺防衛策は「力を労し財を費やし」ながらも、効果はなく失敗であったと断じている。

隆慶元年九月、北虜数万が山西石州を陥落させ、薊州鎮方面では、同じ九月に東虜虜酋土蛮が、薊州鎮を蹂躙し、京師を震動させた。明朝廷では内閣大学士であった高拱や張居正等が、北辺防衛問題の解決に力を注いだ。人事面で譚綸と王崇古を、総督薊遼保定と総督陝西三辺に用い、さらに戚継光を総兵官に命じ、薊州・永平・山海諸処を鎮守させた。戚継光は、居庸関から山海関にいたる二千里の間に、墩台修築を願い出て、高拱や張居正の支持をえて、実行した。隆慶五年秋までに、台高五丈の三層墩台一千二百座の修築が完成し、[82]それぞれに仏郎機八門・子銃七十二門等の火器を備え、「精堅雄壮、二千里声勢連接」[83]して、薊州鎮は九辺鎮の中で第一の強固な辺鎮となった。戚継光が薊州を鎮守している間、京師は危うくなることもなく、薊州鎮も平安であったという。[84]戚継光の功績に、練兵のことも重要である。彼は鎮兵の訓練は、統軍指揮の重要な鍵とみなして創意工夫し、[85]『練兵実記』等を著述した。

隆慶四年九月、俺答の孫にあたる把漢那吉（バハンナチ）が明に来投した。この事件は、把漢那吉が自己の妻妾をめぐって俺答と不仲になり、大同に投降したものである。宣大総督王崇古は、俺答との講和を求める契機とみなして、朝廷に報告した。閣臣の高拱や張居正等は、王崇古に賛同し、彼らの活躍[86]によって、板升[87]に居住する亡命反逆者である趙全等を引き渡すことを条件に、隆慶五年三月に明・北虜間に馬市の盟約が成立した。その当初の内容は、

①明は俺答を順義王に封じ、北虜は一年一回朝貢し、朝貢使臣は一百五十人までとする

②一年に一回、春か夏に馬市を開く。馬市では最初に官市を開き、その後で民間貿易の私市を開く

③馬市開催地は、宣府・大同・山西・楡林・寧夏に一ヶ所ないし数ヶ所とし、北虜各部落は指定地の馬市で交易する

④北虜側は、馬・牛・羊・毛皮等を、明側は緞子・絹布・鍋・釜・米・麦・粟・豆等を交易品とする

等であった。朝貢使臣が百五十人と限定され、中期朝貢使臣の二千人に比べれば十分の一以下と少なく、朝貢貿易は二次的要素となった。そして私市に於いて、虜衆も自由に交易に参加でき、漸く馬市の恩恵が受けられるようになったのである。以降、馬市の諸制度は発展していく形で変化した。交易額も当初の易馬数八千二百四十二匹・費価六万五千六百九十六両であったが、時代が下るにつれて十数倍にも拡大した。(88) 周知のように隆慶の和議が成立してから明末まで、北虜の熾烈な侵寇は息み、明蒙間はおおむね友好関係が続いたのである。

(1) 田村実造「明代の北辺防衛体制」(『明代満蒙史研究』京都大学文学部・一九六三年)。
(2) 『明史』巻九十一、兵志。
(3) 『皇明九辺考』は嘉靖二十年頃に成立した。
(4) 和田清「兀良哈三衛に関する研究(二)」(『東亜史研究・蒙古編』東洋文庫・一九五九年)、田村実造前掲論文「明代北辺防衛体制」、萩原淳平「ダヤン・カーンの生涯とその事業」(『明代蒙古史研究』(同朋舎・一九八〇年)。
(5) 和田清前掲論文「兀良哈三衛の研究二」によれば、成化元年二月から二年九月の間に起きたとしている。
(6) 『憲宗実録』成化十五年五月庚午の条。
(7) 『万暦武功録』。和田清「中三辺及び西三辺の王公について」(『東亜史研究・蒙古編』東洋文庫・一九五九年)参照。
(8) つぎの表は『明実録』に記載されている侵寇記事によって、也先の死去した翌年の景泰六年から第一小期末までの間に、モンゴルが侵寇した事例の概数を表化したものである。

第1小期モンゴル侵寇事例概数表

年度	東三辺	中三辺	西三辺
景泰六年~天順八年	5	20	33
成化元年~十年	12	29	100
成化十一年~二三年	15	42	17

各事例を精査したものではないため、異なる記事によって同一事例を重複して入れた可能性、あるいは東三辺では兀良哈三衛の侵寇事例のみを扱ったが、記事内容の不明確さから女直侵寇事例を混入した可能性がある。また実際には、表の事例数以上の、記録に残らない侵寇があったと推測される。以下第5小期までの侵寇事例概数表も同様な留意が必要である。

(9)　江嶋寿雄氏の「遼東馬市管見」(『史淵』七十・一九五六年)・「遼東馬市における私市と所謂開原南関馬市」(『重松先生古希記念九州大学東洋史論叢』九州大学東洋史研究室・一九五七年)・「続遼東馬市管見—兀良哈馬市の再開について—」(『史淵』八十三・一九六〇年)。これらは、『明代清初の女直史研究』(中国書店・一九九九年)に再録。

(10)　『英宗実録』の景泰七年十二月丙午の条・天順元年五月丙寅の条・天順二年十一月戊申の条。

(11)　『英宗実録』天順六年五月丁巳と壬戌の条、同年六月癸未の条。

(12)　『英宗実録』天順七年十二月戊申の条。

(13)　『憲宗実録』成化元年正月庚申と乙丑の条。

(14)　正統三年に開かれた馬市は、私見では使臣貿易の範疇にはいると考えられる。拙稿「翁万達と嘉靖年間の馬市開設問題」(本書第七章)。

(15)　『英宗実録』天順六年七月壬子の条。

(16)　『憲宗実録』成化三年三月己丑の条。

(17)　『憲宗実録』成化七年五月甲午の条。

(18)　田村実造前掲論文「明代の北辺防衛体制」によると、この名は、明代モンゴル族のうち、この地にあるジンギス＝カンの大廟を守護する一部族に与えられた名称に由来すると述べている。

(19)　『国朝典彙』巻一百七十一、兵部・河套。

(20)　『憲宗実録』成化二年五月辛卯の条。

(21)　『皇明世法録』巻六十七、辺防。『明史』巻百七十三、楊信伝。

(22)　『明史』巻一百七十三、朱永伝。

(23)　『明史』巻一百五十五、趙輔伝。

(24)　『明史』巻一百五十五、劉聚伝。『憲宗実録』成化十年四月癸亥の条。

(25)『明史紀事本末』巻五十八、議復河套。方志遠『成化皇帝大帝』(遼寧教育出版社・一九九四年)。
(26) 弘治『寧夏新志』巻一、寧夏総鎮・辺防。
(27)『憲宗実録』成化十一年六月戊戌の条。
(28)『憲宗実録』成化十三年二月丁丑の条。
(29)『孝宗実録』弘治元年五月乙酉の条。
(30) 和田清氏は「達延汗について」(『東亜史研究・蒙古編』東洋文庫・一九五九年)で、達延汗の生年は天順八年、即位は成化十七・八年頃、死去は嘉靖十一・二年頃としている。萩原淳平氏は「ダヤン・カーンの生涯とその事業」で、生年は天順八年(一四六四)、即位は弘治元年(一四八八)、死去は正徳十四年(一五一九)頃と考察している。佐藤長氏は「ダヤンカーンにおける史実と伝承」(『史林』四十八～四・一九六五年)で、生年は成化五年(一四六九)、即位は成化二十三年(一四八七)、死去は正徳十四年(一五一九)とした。岡田英弘氏は「ダヤン・ハガンの年代」(『東洋学報』四十八～三・四・一九六五年と一九六六年)で、生年は天順八年、即位は成化二十三年、死去は嘉靖三年とした。
(31)『明史』巻一百八十六、許進伝に「当是時、大同士馬盛強、辺防修整。貢使毎至関、率下馬脱弓矢入館、俛首聴命、無敢嘩者」とある。
(32)『孝宗実録』弘治元年六月癸卯の条。
(33)『孝宗実録』弘治三年二月癸巳の条。
(34)『孝宗実録』弘治四年正月乙酉の条。
(35)『孝宗実録』弘治九年五月己未の条。
(36)『孝宗実録』弘治十一年二月己巳の条。
(37)『孝宗実録』弘治十七年三月壬午の条。
(38)『孝宗実録』弘治十三年十二月癸未の条に「往年小王子部落……未敢大肆猖獗。自弘治九年朝貢回、以賞薄生怨、頻来侵掠。」とある。
(39) 第2小期モンゴル侵寇事例概数表(『明実録』により作成)

年度	東三辺	中三辺	西三辺
弘治元年～弘治十七年	59	67	63

(40)『明経世文編』巻二百四十九、巡辺総論・固原鎮。万暦『大明会典』一百三十、兵部・鎮戍五・固原。田村実造前掲論文「明代の北辺防衛体制」に、固原は「成化四年衛にのぼされ、弘治十四年鎮を称した。ついで翌年州治となり、総制府がおかれて陝西三辺の軍政をすべ、嘉靖十八年以来は陝西巡撫がここに駐屯して、鎮守総兵官とともに防衛にあたることになった」とある。

(41)『明史』巻一百九十八、楊一清伝に「都御史史琳請於花馬池・韋州設営衛、総制尚書秦紘僅修四・五小堡及靖虜至環慶治塹七百里、謂可無患。不一・二年、寇復深入。是紘所修不足捍敵」とある。

(42)第3小期蒙古侵寇事例概数表（『明実録』により作成）

年度	東三辺	中三辺	西三辺
弘治十七年五月～嘉靖十一年二月	39	71	89

(43)『明史』巻一百八十一、劉健伝によれば、北虜親征を推進しようとしたのは宦官苗逵の意向であったとしている。

(44)葉向高『四夷考』巻六、北虜考。『孝宗実録』成化十七年七月壬辰の条。

(45)『明史』巻百九十八、楊一清伝。『献徴録』巻十五、文襄楊公一清行状。

(46)『明史』巻十六、武宗本紀。

(47)李洵『正徳皇帝大伝』（遼寧教育出版社・一九九三年）。

(48)『明史』巻二百四、曽銑伝。

(49)高岱『鴻猷録』巻十四、撫定大同。萩原淳平「嘉靖期の大同反乱とモンゴリア」（『明代蒙古史研究』同朋舎・一九八〇年）。

(50)『皇明九辺考』巻一、鎮戍考。

(51)『世宗実録』嘉靖十年十一月壬申の条。

(52)『世宗実録』の嘉靖十一年三月癸亥の条。

(53)『世宗実録』嘉靖二十年七月丁酉の条。

(54)『世宗実録』嘉靖二十一年閏五月戊辰の条。『明史』巻三百二十七、韃靼伝。

（55）『明史紀事本末』巻六十、俺答封貢。
（56）『世宗実録』嘉靖二十五年七月戊辰の条。
（57）拙稿「翁万達と嘉靖年間の馬市開設問題」（本書第七章）。
（58）第4小期モンゴル侵寇事例概数表（『明実録』により作成）

	東三辺	中三辺	西三辺
嘉靖十一年三月～嘉靖三十一年	15	69	32

（59）『世宗実録』の嘉靖十二年十月庚辰の条、嘉靖十三年二月辛未の条、嘉靖十三年七月丙寅の条。高岱『鴻猷録』巻十五、再定大同。萩原淳平前掲論文「嘉靖期の大同反乱とモンゴリア」。
（60）『世宗実録』嘉靖十八年十月壬午の条。
（61）『明史』巻一百九十八、毛伯温伝。『国朝献徴録』巻三十九、毛公伯温行状。
（62）『世宗実録』嘉靖十九年十二月甲戌の条。
（63）『世宗実録』嘉靖二十一年九月己酉の条。
（64）『明史』巻二百四、翟鵬伝。
（65）『世宗実録』嘉靖二十五年三月辛酉の条。
（66）『翁万達集』巻十、集論酌時宜以図安辺疏。
（67）『世宗実録』嘉靖二十四年十月壬辰の条と嘉靖二十五年十月癸巳の条。『翁万達集』巻五、計獲逆党重犯疏。萩原淳平前掲論文「嘉靖期の大同反乱とモンゴリア」。
（68）『世宗実録』嘉靖二十六年二月辛丑の条。『翁万達集』巻十、集論酌時宜以図安辺疏。
（69）『世宗実録』嘉靖二十六年五月戊寅の条。
（70）『世宗実録』嘉靖二十八年四月己未の条。
（71）『殊域周咨録』巻二十二、韃靼。
（72）『世宗実録』嘉靖十五年正月丁丑の条。
（73）『世宗実録』嘉靖二十五年十二月庚子の条。『明経世文編』巻二百三十七、議収復河套疏。

(74)『今言』巻三。
(75)『世宗実録』嘉靖二十八年三月乙亥の条。
(76)『明史』巻一百九十九、王以旗伝。
(77)『今言』巻四。
(78)第5小期モンゴル侵寇事例概数表（『明実録』により作成）

年度	東三辺	中三辺	西三辺
嘉靖三十一年十月～隆慶五年三月	48	67	31

(79)和田清「察哈爾部の変遷」（『東亜史研究・蒙古編』東洋文庫・一九五九年）によると、西モンゴルの俺答等に圧迫されて、達賚孫汗（ダライスン・ハーン）が察哈爾部を率いて興安嶺を越えて東遷したのは、嘉靖二十六年頃としている。
(80)『穆宗実録』隆慶二年九月戊辰の条。
(81)林延清『嘉靖皇帝大帝』（遼寧教育出版社・一九九三年）。
(82)『明史』巻二百十二、戚継光伝。李建軍「戚継光与天津」（『戚継光研究論集』知識出版社・一九九〇年）によると、この時に修築した墩台は「一千四百八十九座」であったという。
(83)『明史』巻二百十二、戚継光伝。
(84)閻崇年「論戚継光」（『戚継光研究論集』知識出版社・一九九〇年）。
(85)孫文良・柳海松「論戚継光鎮守薊門」（『戚継光研究論集』知識出版社・一九九〇年）。
(86)和田清「俺答汗の覇業」（『東亜史研究』東洋文庫・一九五九年）。其其格「張居正与俺答封貢」（『内蒙古師範大学学報・哲社版』一九九六年）。
(87)板升については、萩原淳平「板升の成立とその展開」（『明代蒙古史研究』同朋舎・一九八〇年）に詳細な研究がある。
(88)林章「明代後期の北辺の馬市について」（『名古屋大学文学部研究論集』二・一九五二年）。

付論一　明代中都建設始末

序

張呉国を亡ぼした明の太祖朱元璋は、洪武元年（一三六八）正月金陵で即位した。太祖は同年八月に大都を解放して元を漠南に逐い、九月に金陵を南京とし、宋の旧都開封を北京とした。そして翌洪武二年八月に太祖の郷里臨濠（鳳陽）を中都とすることを決定、所謂「三京都体制」が発足した。

もっとも三京都体制といっても、古くからの旧都である南京の占める比重が大きく、その中で中都建設は洪武二年九月より始まり、六年間ほど継続されたのち、洪武八年四月に中止された。さらに十一年、南京を京師とし、同時に北京をも廃して、当初の京師問題は一応決着した。にもかかわらず、太祖は二十二年、皇太子標を遷都地探索のため関中に派遣している。このように太祖一代、京師問題は動揺しており、重要な政治課題であったことがわかる。そのため先学の研究も多く、すでに呉晗、華絵、萩原淳平、檀上寛、細野浩二氏等の研究がある。(1) しかし三京都のうち中都についてはあまり注目されてこなかった。(2) それは中都建設がわずか六・七年で打ち切られたため軽視され看過されてきたのであろう。

さて、中都＝鳳陽はかつて京師ないし陪都がおかれたこともなく、また元末の戦乱による破壊で著しく荒野と化した淮河中流に位置し、後述するようにそこに一大土木工事が、創業期の多事多難のおりに実施された。太祖がなぜこのような中都造営を決意し実行したかは、太祖の一時的気まぐれとしては考えられない。中都建設の始末について若干の私見を述べ、大方の御叱正をあおぎたいと思う。

一　中都造営の規模

太祖が、開封（汴京）を北京、金陵を南京、臨濠（鳳陽）を中都とする「三京都体制」を発足させたのは洪武二年九月のことである。それまでに、太祖は洪武元年正月に即位して、京師を呉王時代から継続して金陵（応天府）に置き、そして同年八月に明軍が元の京師大都を攻略する直前に、北京・南京の二京制を定めた。『太祖実録』洪武元年八月己巳の条に、

朕観中原、土壌四方、朝貢道里適均、父老之言乃合朕志。然立国之規模固重、而興王之根本不軽。其以金陵為南京、大梁為北京、朕於春秋往来巡守。

とある。京師を中原に置くことが適っているが、興王の地も軽視できないとして、金陵を南京に、大梁（開封）を北京と定めたとわかる。中都については、明軍の陝西攻略に際して洪武二年九月に決定した。『太祖実録』洪武二年九月癸卯の条に、

詔以臨濠為中都。初上召諸老臣、問以建都之地。或言、関中険固金城天府之国。或言、洛陽天地之中、四方朝貢道里適均、汴梁亦宋之旧京。又或言、北平元之宮室完備、就之可省民力者。上曰、所言皆善、惟時有不同耳。長

安・洛陽・汴京、実周・秦・漢・魏・唐・宋所建国。但平定之初、民未甦息。朕若建都於彼、供給力役、悉資江南、重労其民。若就北平、要之宮室不能無更作、亦未易也。今建業、長江天塹、竜蟠虎踞、江南形勝之地。真足以立国。臨濠則前江後淮、以険可恃、以水可漕。朕欲以為中都、何如。群臣皆称善。至是始命有司建置城池宮闕、如京師之制焉。

とある。太祖が「諸老臣」を召して建都の地を問うと、彼等は関中・洛陽・汴京・北平等を候補地として挙げて議論した。そのあとに太祖は、長安・洛陽・汴京はそれぞれ京師にふさわしい地であるが、京師造営に多大な資力を要する。北平もやはり同様に造営が簡単ではなく、「建業」すなわち南京を京師とすると述べた。とくに攻略直後の関中を遷都候補地にあげ再議論したことは、前年に定めた南京京師体制への根強い不安があったことを示唆している。結局、いずれの地も退けられた。そして従来の南京と北京の二京に、新たに臨濠を中都として付け加えた「三京都体制」が成立したのである。

三京都のうち、南京と中都については『明史』巻四十、地理志に

応天府……洪武二年九月始建新城、六年八月成。……皇城之外曰京城、周九十六里、門十三。

鳳陽府（臨濠府）……洪武二年九月建中都城於旧城西、三年十二月始成。周五十里四百四十三歩、立門九。

とある。三京都体制の詔勅が下った同じ月に、南京と中都に恐らくその称にふさわしいように造営工事を同時にほどこされたと思われる。そして中都は南京の半分強の規模で三年十二月に、南京は三年ほど遅れた六年八月に完工した。

このような両者に対して北京＝開封（汴京）は事情をいささか異にしている。つまり洪武元年に中書分省を設置(3)した以外、洪武十一年の北京廃止(4)に至るまで、特記すべき造営工事が施された様子がみえない。現実には名目的な「北京」でなかったかと思われる。

中都造営については、成化『中都志』巻三に、

中都新城、国朝啓運建都、築城于旧城西。土墻無濠、周五十里零四百四十三歩。開十有二門、曰洪武・朝陽・玄武・塗山・父道・子順・長春・長秋・南左甲第・北左甲第・前右甲第・後右甲第。……皇城在新城内万歳山南。有四門、曰午門・玄武・東華・西華。

とある。「中都新城」の城壁は濠を持たない土墻であり、それは周五十里程度であり、各辺にそれぞれ三門ずつ設けた。そしてその城内に午門・玄武・西華・東華の四門を持つ皇城を建設した。さらに成化『中都志』巻三に

洪武三年、建宮殿立宗廟・大社于城内、并置中書省・大都督府・御史台于午門東西。今惟城垣存。

とある。中都城内に宮殿を建て、宗廟と大社も立てた。さらに中書省・大都督府・御史台等の中央官衙も建設されていた。これらの中央官衙は、実際機能したか否かは定かではない。洪武三年の段階で、京師の南京と同様に中央官衙が整えられていたわけである。『明史』地理志は中都造営が、洪武三年十二月で完工したように記述しているが、『皇明献実』巻二、李善長伝に、

〔洪武〕四年……詔重建臨濠宮殿。七年上謂善長曰、濠州吾故郷、兵革之後人少田荒、乃移江南民十有四万于濠。命官監墾田畝、以善長総之。

とある。「重建」の語句から、「臨濠宮殿」の建設や墾田開発等の中都建設が再び起工され、それらの工事を李善長が統括していたことがわかる。言うまでもなく、李善長は韓国公に封ぜられ、常に文官の首席を維持した発言力をもつ人物であった。『太祖実録』洪武四年閏三月辛酉の条に、

遣使賜韓国公李善長米物。時善長董建臨濠宮殿。

とあり、実録でも臨濠宮殿の「重建」と李善長が総べていたことが確認できる。このような洪武四年以降に再開され

た造営工事を、第二期の中都建設ととらえたい。

第二期の中都建設は多方面にわたって実施された。まず〝中都直隷地域〟の設定について述べたい。『太祖実録』洪武四年二月癸酉の条に、

上謂中書省臣曰、臨濠為朕興王之地、今置中都。宜以傍近州県通水路漕運者隷之。於是省臣議、以寿・邳・徐・宿・潁・息・光・六安・信陽九州、五河・懐遠・定遠・中立・蒙城・霍丘・英山・宿遷・睢寧・碭山・霊壁・潁上・泰和・固始・光山・豊・沛・蕭一十八県、悉隷中都。

とある。中都と水路漕運で通じる近傍の九州と十八県を中都管轄下に置いた。九州とは寿・邳・徐・宿・潁・息・光・六安・信陽等で、十八県とは五河・懐遠・定遠・中立・蒙城・霍丘・英山・宿遷・睢寧・碭山・霊壁・潁上・泰和・固始・光山・豊・沛・蕭等であった。いずれも本来は直隷に属していたもので、直隷から分離した九州と十八県が中都に隷属するといういわば〝中都直隷地域〟が形成されたか、あるいは直隷の中でさらに中都に隷する二重構造の行政系統が組織されたかであろう。一部税糧も中都で収貯された。洪武四年九月に設けられた糧長は、賦税の徴収が主要な役目であった。『呉興続志』(『永楽大典』所収)の湖州府の条に、

粮長、洪武四年始置。毎粮万石設正粮長一名・知数二名、推粮多者為之。建倉於鳳陽府、歳収秋粮、自令出納。

其粮少地広者、又不拘万石之例。

とある。湖州府の糧長は、毎年秋糧を鳳陽府の倉に収めなければならなかったとわかる。これは湖州府ばかりでなく、他の一部府州県の糧長も、鳳陽の倉に納入を義務づけられた場合があったと思われる。『太祖実録』洪武六年七月庚申の条に、

戸部奏、計今年秌糧、京倉収貯四百八十三万、臨濠倉九十二万。

とある。南京の秋糧収貯四百八十三万石に比べれば少ないが、臨濠に収貯され秋糧は九十二万石あったわけである。これは中都が北京＝開封と異なって単なる名目的な存在ではなく、経済的にも裏付けた施策措置の結果であったといえよう。またこのような〝中都直隷地域〟は、『国権』永楽元年正月辛卯の条に、

礼部尚書李至剛等、請遵高皇帝中都之制、立北平布政司為京師。従之、詔改北京。

とあるように、永楽元年の北直隷設立の際その前例とされ、南北直隷制の原初的形態となったと考えられる。

国家中枢を担う臣下も中都に集めようとした。『太祖実録』洪武四年三月癸巳の条に、

賜韓国公李善長等六国公、延安侯唐勝宗等二十五侯、及丞相左右丞参政等、臨濠山地六百五十八頃有奇。

とある。李善長以下六国公と唐勝宗等二十五侯及び丞相・丞・参政等の高位官僚群に、中都近辺の「山地」を賜与した記事である。賜与した土地は総計六百五十八頃にのぼった。また『太祖実録』洪武五年十一月癸亥の条に、

詔建公侯第宅于中都。韓・魏・鄭・曹・衛・宋凡六公、中山・長興・南雄・徳慶・南安・営陽・蘄春・延安・江夏・済寧・淮安・臨江・六安・吉安・滎陽・平涼・江陰・靖海・永嘉・穎川・予章・東平・宜春・宣寧・河南・汝南・鞏昌、凡二十七侯。

とある。これも六国公と「二十七侯」に邸第を中都城内に建てさせている。洪武三年十一月に公・侯に封ぜられた者は六公と二十八侯で全部で三十四名であった[5]。この時の六公とは、

韓国公李善長・魏国公徐達・鄭国公常茂（常遇春嗣子）・曹国公李文忠・衛国公鄧愈・宋国公馮勝

等であった。二十八侯は、

中山侯湯和・長興侯耿炳文・南雄侯趙庸・徳慶侯廖永忠・南安侯兪通源・営陽侯楊璟・広徳侯華高・蘄春侯康鐸（康茂才嗣子）・延安侯唐勝宗・江夏侯周徳興・済寧侯顧時・淮安侯華雲竜・臨江侯陳徳・六安侯王志・吉安侯陸

仲亭・滎陽侯鄭遇春・平涼侯費聚・江陰侯呉良・靖海侯呉禎・永嘉侯朱亮祖・潁川侯傅友徳・予章侯胡美・東平侯韓政・宜春侯黄彬・宣寧侯曹良臣・河南侯陸聚・汝南侯梅思祖・鞏昌侯郭子興

等である。封建された公と侯は、〝中都直隷地域〟の出身が多く、彼らのほとんどが中都に邸第を持ったことになる。このような土地の賜与と邸第建設は、主だった功臣・重臣や高位官僚の中都の滞在や定住も可能にさせる措置であったと考えられる。

太祖は、中都の民力増強にも力を注いだ。明初の淮河流域と華北は、元末の戦乱の被害を最も大きく受け、「百姓は稀少、田野は荒蕪」[6]の状態で、田野を闢き、戸口を増すことが「此れ正に中原の今日の急務」[7]であった。そのため、主として貧民に授田して開墾させる屯田策が用いられたが、太祖は労働力確保に大規模な徙民政策を展開した。徙民策の最大重要地域は中都であった。労働力の供給は、主にかつて太祖の政敵であった張士誠政権下の遺民を利用したもので、建国前の呉元年十月に「蘇州の富民を徙し、濠州に実た」[8]したのが嚆矢であろう。以後、洪武三年六月、「蘇・松・嘉・湖・杭の五郡」の田産なき者の四千余戸を徙している。[9]さらに「江南の民、十四万」の中都徙民が実施された。このような江南からの徙民政策については、清水泰次氏以来、先学が指摘しているので、[10]改めて詳述する必要はあるまい。華北からも徙民させた。『太祖実録』洪武六年十月丙子の条に、

上以山西弘州・蔚州・定安・武朔・天城・白登・東勝・灃州・雲内等州県、北辺砂漠屢為胡虜寇掠、乃命指揮江文徙其民居于中立府、凡八千二百三十八戸、計口三万九千三百四十九、官給驢牛・車輌。戸賜銭三千六百及塩布衣衾、有差。

とある。洪武六年十月に、山西の弘州・蔚州・定安・武朔・天城・白登・東勝・灃州・雲内等の州県から、八千二百三十八戸、約四万人を中立府(鳳陽)に徙したとある。『太祖実録』洪武九年十一月戊子の条に、

徙山西及真定民無産業者於鳳陽屯田、遣人賚冬衣給之。

とある。洪武九年に、山西及び真定の「無産業民」を、鳳陽に徙して屯田させたことがわかる。このように洪武九年頃まで太祖は、江南や華北の民を徙民させ、中都の民力増強に意を用いた。

軍関係を見ていくと、『太祖実録』洪武四年四月甲申の条に、

詔大都督府同知滎陽侯鄭遇春・僉都督荘齢、往臨濠開行大都督府。

とある。四年四月に、大都督府同知鄭遇春と僉都督荘齢が臨濠に往き、「行大都督府」を開いたのである。それまで南京の大都督府の直轄下にあった中都の諸衛は、臨濠行大都督府の開設に伴い、その管轄下に入ったと考えられる。この行大都督府は、『太祖実録』洪武六年九月壬戌の条に、

改臨濠府為中立府、臨濠大都督府為中立行大都督府。

とあり、臨濠府を中立府とした際、中立行大都督府と改められた。さらに中立府を鳳陽府とした翌月、今度は中立行大都督府を鳳陽行大都督府と名称を変えて存続されていった。では中都にどれ程の兵力を配置していただろうか。成化『中都志』巻三に、

国初有金吾左・羽林左・虎賁左・驍騎左・竜驤・興武・興化・和陽・雄武・鐘山・定遠・振武等衛。既定鼎金陵後皆革調。

とある。洪武十一年の南京に京師を置く決定以前は、名称からして親軍衛と思われるものも含む十二衛があったことがわかる。しかし実際は、それより多い衛が集められていた。『太祖実録』洪武六年三月壬戌の条に

詔於臨濠造金吾左・右・羽林左・右・虎賁左・驍騎左・右・燕山護衛・神策・雄武・興武・威武・広武・英武・武徳・鷹楊・竜驤・鐘山・興化・定遠・懐遠二十一衛軍士労房三万九千八百五十間。

とある。これら金吾左・右を初めとする二十一衛の軍士の労房、約四万間を建設したとするものである。明確に述べていないが、労房の建設ということを考慮すれば、太祖は『中都志』記載の十二衛よりも多い二十一衛程度を、中都に配備したと考えられる。一衛の定数は五千六百人である。これから算定すれば、中都の兵力は約十二万人であったことになる。『太祖実録』洪武三年十一月丁酉の条に、

天下守鎮之兵及京師護衛之士、不下百万。

とあり、三年末までに明の全兵力は、百万余りであったとわかる。また当時、南京の兵力は二十一万程度であったから[11]、これと比較すれば中都にかなりの兵力を配置していたわけである。中都に設置された「行大都督府」とその指揮下にあった兵力は、大都督府に隷した地方軍に位置づけられたものではなく、恐らく太祖に直結した指揮系統の軍組織であったと考えられる。

以上のように中都造営及びその周辺の開発は、多方面から着手されていたが、洪武八年四月に至ると、太祖は突然中都役作の中止を命じた。『太祖実録』洪武八年四月丁巳の条に、

詔罷中都役作。初上欲如周・漢之制、営建両京。至是以労費罷之。

とある。周・漢の両京制に倣って中都造営を始めたが、労費が多大であるためその役作を罷めたとしている。ただこれをもって直ちに中都の開発を止めたとすることはできないようである。前述したように、洪武九年に、山西及び真定の貧民を、鳳陽に徙して屯田させている。軍事的にみると、『太祖実録』洪武八年十月壬子の条に、

上命皇太子・秦王・晋王・楚王・靖江王出遊中都、以講武事。

とある。中都役作の中止後も、皇太子以下諸王が中都に出向き、武事を講ぜられていた。翌年には、『太祖実録』洪武九年十月丙子の条に、

詔秦王樉・晋王㭎・今上呉王橚・楚王楨・斉王榑、往練兵鳳陽。

とある。太祖は、秦王・晋王・呉王・楚王・斉王に鳳陽で練兵させていた。のちに北辺防衛の面で太祖が依存した諸王に、中都で練兵させたことは、彼らに中都の軍事的役割を強調したものであろう。役作中止によってただちに軍事的重要拠点化を放棄したのではないとわかる。しかし、中都の存在意義を強調した太祖の施策も洪武九年頃までであることをみると、やはり八年四月の中都役作の中止は、中都建設を半ば諦めた措置であったと考えられる。結局、中都は洪武二年から洪武八・九年頃にかけて僅か六・七年の歳月に、その建設が実施されただけとなった。このあまりに短期間の造営工事が中都の存在意義を看過したり、あるいはその事実を軽視させた要素となったことは云うまでもない。しかし、太祖の中都に関する多くの造営事例を考えただけでも、多大な財力を中都に投入していたことがわかる。しかも建国間もない困窮した経済状態の中での建設であった。したがって、それに対応する太祖の意図が中都造営にあったはずだと考えられる。

二　中都の意味

太祖の中都建設は、ここに京師を置こうとする意図ではなかったかと思われる。確かに中都は、中国を統一した歴代王朝の中で、ここに京師および陪都を置いたという前例もなく、また中都周辺の経済的後進性、あるいは地理的条件から見ても、京師を設けるには問題の多い地点である。しかし、前述したように、実質的京師であった従前からの旧都＝南京に比較すれば、全く基礎から始めねばならなかったであろう中都城の建設、城内に中書省・大都督府・御史台などの中央官衙の設置、主だった功臣および丞相・丞・参政等の邸第の建設、さらに親軍衛も含むと思われる二十一衛、十二万軍士の労房四万間の建設、そして中都に直接隷属する九州十八県の、いわば〝中都直隷地域〟の設定、中都周辺への大規模な徙民開墾政策等、これら一連の中都造営を考えるならば、中都に京師を置く意図であったと見るのが自然である。

そうだとすれば、まず「中都」の称について考える必要があろう。北京と南京は「京」が使用され互いに対応しているのに、中都は「中京」といわずに「都」が使用され、他の二京と截然と区別されているからである。元来「京」の字義は「高丘」「大阜」であったが[12]、転じて君主の居城、さらに師を付した「京師」は天子の居所の意となった。また「都」について、顧炎武は、『日知録』巻二十二、都の項で、字義とその変遷を述べている。それによれば、都とは宗廟のある邑のことであった。以後変遷して戦国時代は、諸侯の国都の意味となり、さらに秦始皇帝の時から帝の居城を意味するようになった。つまり漢代までは、京とは帝王の居城＝京師であったのに対し、都とは宗廟のある京師のことを意味したのであろう。いずれにしても京と都との違いを、明人が明確な意識を持って使用していたとするには問題がある。というのは唐代以降歴朝の複数京師制を検索すると以下のようになる。

王朝	京師	陪都			
唐	中京（京兆府）	南京（蜀郡）	東京（河南府）	西京（鳳翔郡）	
	上都（京兆府）	南都（江陵府）	北都（太原府）	東都（河南府）	西都（鳳翔府）
宋	東京（開封府）	西京（河南府）	南京（応天府）	北京（大名府）	
遼	上京（臨潢府）	中京（大定府）	南京（析津府）	東京（遼陽府）	西京（大同府）
金	中都（大興府）	上京（会寧府）	北京（大定府）	東京（遼陽府）	西京（大同府）
元	大都	上都			

この表[13]から唐代ではすでに都と京の字義の違いを曖昧に使用していたことがわかる。したがって、明代の北京・南京・中都の命名を字義そのものから説明するのは妥当性に欠ける。一方、確かに太祖は南京・北京に対して中都と命名したのも事実であるから、それなりの意味を含んでいたはずである。その意味を考えていく上で、金朝が明朝と同じく「京」と「都」を同時併用した例として参考になる。その金朝も当初は全て「京」が付されていた。ところが海陵王の代に至って、上京から燕京に遷都を敢行した際、初めて燕京を中都と改称した。『金史』巻二十四、地理志に、

中都路、遼会同元年為南京。開泰元年号燕京。海陵貞元元年定都。以燕乃列国之名、不当為京師号、遂改為中都。

とある。海陵王は極端な漢化政策を遂行し、最後は国人の女真族によって廃された皇帝として著名である。その海陵王が京を付した陪都に対して、京師にふさわしいように「中都」と改称したわけである。勿論、金朝の用例をそのまま明代に当てはめることには異論があろう。だが少なくとも「中都」の称は、元朝の京師＝大都も「中都」と呼んでいた時代があった[14]ことを考えあわせれば、京師の称としての重みをもっていたと考えてよいであろう。

事実、『国榷』洪武四年正月庚寅の条に、

作円丘・方丘・日月・社稷・山川壇及太廟于臨濠。上以画繡欲都之。劉基曰、中都曼衍、非天子居也。

とある。円丘は正壇第一成に「昊天上帝」を祀り、方丘は正壇第一成に「皇地祇」を祀る[15]。また「日月」は朝日壇、夕月壇のことだと思われる。すなわち『明史』巻四十七、礼志に「凡そ天子の親祀する所の者は、天地・宗廟・社稷・山川なり」とあるが、その「天地」は円丘・方丘のことを指す。洪武四年、臨濠に建てた円丘・方丘・社稷・山川壇・太廟(宗廟)は、天子としての太祖が自ら祀らねばならないもので、そのためいずれもが京師に設けておかねばならなかった。そして「画繡を以て」の画繡は、ここでは恐らく天子が居住する京師として備うべき祭祀の環境を整えたとの意に解せられる。つまり天子としての祭祀の設備を整えた後、太祖は中都に京師を置くことを表明したわけであ

る。この時、劉基は「中都は曼衍」だとして反対した。『明史』巻一百二十八、劉基伝に、

基瀕行奏曰、鳳陽雖帝郷、非建都地。王保保未可軽也。

とある。劉基は北辺の王保保等に対する軍事的脅威から、中都に京師を置くことに反対したことがわかる。「曼衍」は依るべき険拠がない平板な中都の地勢を軍事的弱点として表現したものと受け取れる。

劉基の建言がどれほどの効果があったかは分からない。ただこの時中都に京師を置くことは実現しなかった。五カ月後の洪武四年五月に、『太祖実録』洪武四年五月丙寅の条に、

詔立大社壇于中都。命工部取五方之土、築之。直隷応天等府并河南省進黄土、浙江・福建・広東・広西進赤土。江西・湖広・陝西進白土、山東進青土、北平進黒土。天下郡県計千三百余城、毎以土百斤為率、仍命取之於名山高爽之地。

とある。「五方之土」すなわち、応天等府・河南省から黄土を、浙江・福建・広東・広西から赤土を、江西・湖広・陝西から白土を、山東から青土を、北平から黒土を中都に集め、さらに天下の郡県一千三百余城からも土百斤を中都に運ばせ、それらの土を使って大社を建てさせた。これは中都の大社が天下の中心的社であることを、宗教的に意義づけたものであろう。中都に京師を置こうとする太祖の意志が劉基の建言と異なって継続していたとわかる。さらに二年後の洪武六年に、『太祖実録』洪武六年二月丁丑の条に、

礼部奏、製中都城隍神主。主用丹漆、字塗以金、旁飾以竜文、如京都城隍之制。尚書陶凱因奏、他日合祭以何主居上。上曰、従朕所都為上、若他日遷中都、則先中都之主。

とある。中都の城隍神主の造りが、神体に丹漆を用い、金文字で書き、旁飾は竜文様で、南京の城隍神主と同格に製作された。礼部尚書陶凱が合祭の時どちらを上位とするのか困惑したのである。そして太祖自ら「朕の都する所を上

となし」、「他日に中都に遷せば、中都の主を先にす」と述べ、遷都の意志があることを明確にしている。太祖は中都に京師を置く意志を、六年の段階でも継続していたことがわかる。王世貞の『鳳洲雑編』に、

鳳陽。国初、欲都之不就。今為中都留守司。

とある。また陸容の『菽園雑記』巻三にも、

国初、欲建都鳳陽。

とある。中都建設は京師をここに置くためになされていたと結論づけて差しつかえあるまい。ではなぜに太祖は中都に京師を置こうとしたのであろうか。

三　中都建設の政治的意図

一般に、建国当初から黄河流域の中原に建都しようとしたのが太祖の意志だったとされる。『太祖実録』洪武八年四月甲辰の条に、

上駐中都、祭告天地于円丘。文曰……当師旅渡江之時、臣毎詢儒者之言、皆曰有天下者、非都中原、不能控制。臣心不忘。洪武初年、平定中原、臣即至汴意、在建都以安天下。及観民生凋弊、転輸艱難、恐益労民。

とある。祭告文の中で、儒者の「天下を有つ者は、中原に都するに非ざれば、控制する能ず」の言を、太祖は心して忘れなかったと述べたのである。洪武初年に太祖が開封へ出向いた理由は、汴京に建都することが目的であった。また洪武三年胡子祺が御史に抜擢されたとき、子祺は「天下の景勝の地、都すべきは四あり」として、中原の河東・汴梁（開封）・洛陽・関中に候補地をあげ、その中でも関中が最もよいとして上疏している。この建言に太祖は首肯し

たという。[16] さらに後年、皇太子標に遷都の地を選定させる為、陝西を巡視させたのも、[17] 太祖の当初からの中原建都論の考えを示しているものとされている。

一方、中原の開封に「北京」の称を冠したのみで、南京・中都の例のような体裁も整えず、単に名目的な「北京」に終止したのはなぜかという疑問が残る。前掲の『太祖実録』洪武二年九月癸卯の条に、「朕若し、都を彼（長安・洛陽・開封）に建つれば、供給力役、悉く江南より資せしめ、其の民を重労せしむ」るとある。やはり前掲の『太祖実録』洪武八年四月甲辰の条に、「民生の凋弊せるを観るに及べば、（中原遷都は）転輸は艱難にして、益々民を労せしめることを恐る」とあるように、遷都するには江南の経済力に頼るほかはないから、中原にあれば距離的に遠くなり、経済的負担が過重になる心配があった。すでに多くの史家が指摘しているように、明朝建国に当たって、太祖に協力した江南地主層の意向は強力であり、[18] 彼等の利益に反する政策実行は困難であった。北京＝開封に遷都すれば、税粮の漕運・宮殿造営・工役等の多大な負担が江南の利益に反し、彼等の反対に遭うことは間違いあるまい。

江南の南京に建都するにも国防上の大きな問題があった。『太祖実録』洪武六年三月癸卯の条に、

朕今新造国家建邦、設都於江左。然去中原頗遠、控制良難、遂択淮水之南、以為中都。

とある。「江左」の都とは南京を指す。太祖からみれば、南京に京師を置くには南に遍在しすぎて、天下の控制が容易でない。建国間もない当時、国防上最も警戒すべきは漠南に逃れたモンゴルであった。北辺に軍事力を集中した場合、京師の防衛が手薄となる。北辺と南京の両地域に軍事力を分ければ、別の意味で国内権力が分散される可能性があって危険性すらあった。喬世寧の『丘隅意見』に、

国初重兵聚京師、天下有事、外兵不能制者、則出京軍討之、謂之天兵。

とある。京師に「重兵」を集めているのは、有事の際、外兵で制することができなければ、在京軍が出動する。在京

軍兵は「天兵」としての役割を持っていたとしている。王朝にとって軍事の強幹枝弱は必然であった。南京京師体制では、軍事力が分散して、それが保てない。鄭暁の『今言』巻四に、

国朝定鼎金陵、本興王之地。然江南形勢、終不能控制西北。故高皇時、已有都汴、都関中之意。……以東宮薨而中止也。

とある。洪武十一年南京奠都後すらも、太祖は南京の京師では西北を控制し難いと危惧していたと指摘している。軍事的見地からすれば、京師の位置は江南を避けねばならないし、かつ中原に置くべきだとする主張が、当時は常識的であったと思われる。

中原建都と南京建都との間には、各々相矛盾する長所と短所が存在していた。この両者の矛盾の解消を狙って、淮河の南畔の鳳陽を中都とし、ここに京師を置こうとしたのが太祖の意図だったと思われる。中都の京師の場合、経済的側面からすれば、江南から距離的に近いため、江南地主の京師建設費の負担も軽くて済むし、彼等の協力も得やすかったからである。また軍事的にも中都の京師は、北辺防衛、中原控制にも有効だったと思われる。中都は淮河の河畔に位置する。周知のように、淮河は気候的にも植生的にも南北中国の境界であり「南船北馬」の分岐線でもある。中原や北辺で事が起きた時、「天兵」の南京からの出征では軍兵や軍餉の大量移動とその迅速性に障害がつきまとう。中都からの出征ならば、転輸の障害は自ら除去される。したがって昔から戦略的に中都はきわめて重要な拠点であった。とくに南北対立時代はほぼ淮河の中都付近が境界となっていた。南宋と金、前秦と劉宋も淮河ぞいの中都付近が境界となった。前秦の苻堅が三八三年に長安から洛陽を通り、潁河をたどり東晋の都建康に向かって南侵した際、東晋軍は寿春で防衛戦を行った。逆に南朝の劉裕が洛陽・長安を目指して北征した時は、同じ道筋を辿った。寿春は中都の隣県である。中都は軍事的に中原へのにらみがきく場所である。中都の東北方面についても、南流していた黄河

にそって容易に山東や北平への北進が可能であった。ある意味で、中原に建都した場合と同じく、中都は北辺や中原を控制できたと考えられる。『春明夢余録』巻四十三、兵部・輿図考に、

都金陵者、守淮以防外庭。

とある。「淮」を中都とし、「金陵」を江南と考えれば、北からの攻撃に対し、中都は江南を防衛する拠点として重要であったとすることができる。このように考えてみると、太祖が「水を以て漕すべき」鳳陽を中都とした理由も、その延長線にある「傍近の州県の水路漕運に通じる者を以て」中都に直隷せしめた〝中都直隷地域〟の設定意義をも理解できる。中都の西方および西北方面は、洛陽や長安に通じる淮河上流とその支流の潁水流域に、

寿（寿春）・霍丘・固始・光・息・信陽・潁上・潁

等の州県がある。また中都の北側は、開封に通じる淮河支流がいくつかあるが、各支流の流域に

懐遠・蒙城・五河・霊璧・宿・睢寧

等がある。中都の東北方面には、黄河が南向しようとする流域で、開封方面と北平方面に向かって分岐する地帯に、

豊・沛・碭山・徐・蕭・邳・宿遷

等がある。中都直隷地域の九州十八県のうち、八州と十七県が中都と同緯度か、または北側に位置し、どの州県もが華北から南進するにしても、江南から中原や北辺に向かうにしても、必ず通過せねばならない交通要地であることは一目瞭然である。『太祖実録』洪武四年四月乙未の条に、

置長淮衛于臨濠、統領水軍。

とある。内陸水軍の長淮衛は、中都の地理的戦略上の重要性にそって設置されたと思われる。中都直隷地域の設定は、中都の畿輔にする意味もあったろうが、中原をよく控制し、なおかつ北への出兵を容易にさせるためのもので、すぐ

れて軍事的目的に由来したといえる。

これまで北方に対する軍事的役割を検討してきたが、二年の前掲中都設置の詔勅中に「前に江、後に淮、険を以て恃む可し」の一節に、中都は南方に対しても防衛意識がこめられていたと解釈できる。その理由は太祖の政権基盤にある。太祖は卑賤の出自である。初期太祖集団も卑賤の者が多かった。ところが渡江後、江南の地主層の協力を得るようになって急激に強大になった。太祖の政権は、江南地主の代弁機関とまで云われた所以である。だから当時、太祖独自の強固な政権基盤を保持していたとは云い難い。太祖と江南地主との間の利害が対立し、敵対関係になる危険性は常にあった。事実、胡惟庸の獄後、太祖は江南地主層への大弾圧を行っている[19]。太祖にしてみれば、中都に京師を置けば、北方と同時に江南へのにらみもきく利点があった。そして中都周辺の民力増強策も、太祖自身の根拠地をつくる必要で展開したと理解すべきであろう。張士誠政権下にあった遺民十四万人の強制移住に代表される中都への徙民政策は、大規模であった。貧民に授田し、民力を増強し、太祖が保持していなかった強固な根拠地は、中都に京師を置くことによって初めて実現できるものであった。

太祖は、当初から北平・長安・洛陽・開封等の華北にも、江南の南京にも京師を置く意志がなかったらしい。それは中都の京師が与えられた当時の状況の中で、全中国を統治していく上で、最適の場所だと太祖が判断していたからに違いない。中都はそのような条件を備えた場所であったともいえるであろう。

四　中都の縮小化

太祖が中都に京師を置く意図であったことは明確となったと考える。だが洪武八年四月に至り、太祖は中都造営を中止した。中都に京師の建設をおこなうことを放棄したのである。理由は前掲の『太祖実録』洪武八年四月丁巳の条に「労費を以て之を罷む」とある。また『国榷』洪武八年四月丁巳の条にも、

罷中都役作。初倣周・漢之両京、至是費劇、寝之。

とあり、これもまた「費が劇」しいために役作を罷めたと述べている。確かに経済的先進地域の中心であった南京に反して、中都とその周辺はもともと後進地帯であり、その上元末の戦乱によって消耗も著しかった。そこに京師を建設することは容易ならぬ難事業であったと思われる。そのことを推測しうるような断片的な記録がある。『太祖実録』洪武五年十月戊子の条に、

上以時営中都、恐力役妨農。詔自今雑犯死罪可矜者、免死発臨濠輸作。

とある。人民の力役のみに頼りきれずに、「雑犯死罪」の者をも中都建設に従事させていた。これは「殆ど以て宗廟を恭承する所の意に非」ざる異例なことであり、そして罪人の「怨嗟愁苦之声、園邑に充斥」していたと葉伯巨は述べている。[20] また『太祖実録』洪武六年九月丙辰の条に、

上諭中書省臣曰、……凡有興造、未免資軍民之力、土木之工亦甚難習。朕毎進一膳、即思天下軍民之飢、服一衣、即思天下軍民之寒。今臨濠営造之士、宜各給米五石・衣一襲、庶不致飢寒也。

とある。とくに中都建設従事者に対して、「飢寒を致さ」ないように米五石と衣一襲を給したとあり、難事業ぶりを示唆している。

結局、中都造営が中止されてから三年後の洪武十一年二月に、開封の北京を廃止し、南京を正式に京師とすることが決定した。[21] 以後、中都の規模は急速に萎靡縮小化されていく。まず、鳳陽行大都督府が中都留守司に改組された。『太祖実録』洪武十二年九月己酉の条に、

改鳳陽行大都督府留守司、為留守中衛指揮使司。

とあり、また成化『中都志』巻三に、

中都留守司、故行大都督府也。洪武十二年天策衛指揮僉事万得創建、洪武十四年付馬都尉正留守黄琛開設、轄八衛一千戸所。

とある。洪武十二年に、鳳陽行大都督府が中都留守司に改組され、それに伴って十四年に在中都二十一衛は、半分以下の八衛一千戸所に削られたとわかる。そして『太祖実録』洪武十一年四月辛未の条に、

藉鳳陽屯田夫為軍。先是徙浙西民戸無田糧者、屯田鳳陽。至是藉為軍、発補黄州衛。

とあり、また『太祖実録』洪武十二年八月丙子の条に、

改蘄州守禦千戸所、為蘄州衛指揮使司、以無糧民丁屯田鳳陽者、為軍以実之。

とある。江南から徙された貧農屯田民も、軍戸に藉されて黄州衛や蘄州衛等の他地域に転出させた例が多くなっている。

さらに中都直隷府州県も再編成された。『明史』巻四十一、地理志によれば、洪武十三年に、光州及び光山・固始・息の諸県が中都直隷から解かれ直隷に再編入された。さらに『明史』巻四十、地理志によると、洪武十四年には徐州及び蕭・沛・豊・碭山等の諸県が、そして十五年には邳州と宿遷・睢寧の二県、六安州及び英山・霍山等の県が、二十二年に滁州がやはり中都直隷から解かれ直隷に編入された。最終的には中都直隷地域は、九州十八県からその半分以下に縮小され、単に中都周辺と潁水流域のみに限定されたのである。そしてこれらの動きを示した時期は、まさに中央官界に於いて胡惟庸の獄を契機として官制上の大転換を果たした時期と一致する。

従来、洪武十一年の封建諸王の北辺就藩[22]と、洪武十三年胡惟庸の獄後に成立した官制・軍制の親政体制を目指した

大改革は、山根幸夫氏の研究によれば洪武九年頃から着手されていたとされている。[23] したがって洪武九年頃は、明朝独自の政治体制確立へ始動した重要な節目として把握されてきた。それをもたらした背景として、洪武八年四月の中都建設の中止、洪武十一年の南京京師体制への移行という王朝の根幹にかかわる政策変更が行われていたことを第一に考慮すべきであろう。つまり南京京師体制は、洪武九年以降から始まる明の皇帝権力強化への動きと不可分の関係であったと考えねばなるまい。この見地からの洪武十三年に成立した官制改革の検討も必要だと思われる。

結

以上検討してきたことを要約するとつぎのようになる。

一、中都建設は、建国間もない時期に、中都城、中都皇城、中書省、大都督府、御史台、在中都十二万軍の軍士労房等を含む一大造営工事であり、多大の資力と労力を投入していた。

二、「中都」の呼称は京師の重みをもつものであったから、洪武二年の三京都体制発足当初、太祖は京師を中都に置く意図を持っていたことがわかる。

三、太祖が中都に京師を置こうとした理由は、

イ、江南に京師を置けば、中原や北辺への軍事的控制が困難であった

ロ、中原に建都するに比べて、江南から距離的に近いため、経済的負担が軽くて済ましえた

ハ、中都は地理的に南北交通の要衝にあり、洛陽・長安方面や、開封・北平方面に対して軍の移動が容易で北への控制ができた

ニ、北からの侵入に対して江南を守るのに、中都は最適の防衛拠点で、そのため中都建設に江南地主の協力が得やすかった

ホ、太祖自身が持たなかった固有の地盤を、中都およびその周辺に建設しようとした。その際、中都に京師を置く発令があって初めて可能になったと思われる

ヘ、張士誠政権下の遺民を中都および周辺に徙し、彼等を中都建設に利用しつつ、その残存勢力を根絶しようとした

等があげられる。

四、中都建設は洪武八年四月に中止された。予想以上に多大な費用が必要となったためであろうが、江南地主の建設への協力が限定されていたことにもよろう。

五、洪武九年頃から始動した明朝独自の体制づくりも、中都建設中止と南京京師体制への移行が主要な契機となった。

（1）呉晗「明代靖難之役与国都北遷」（『清華学報』十～四・一九三五年）、華絵「明代定都南北両京的経過」（『禹貢半月刊』二～十一・一九三五年）、萩原淳平「明朝の政治体制」（『京都大学文学部紀要』十一・一九六七年）、檀上寛「明王朝成立期の軌跡―洪武朝の疑獄事件と京師問題をめぐって―」（『東洋史研究』三七～三・一九七八年）のちに『明朝専制支配の史的構造』（汲古書院・一九九五年）に所収、細野浩二「元・明交替の論理構造―南京京師体制の創出とその態様をめぐって―」（『中国前近代史研究』雄山閣出版・一九八〇年）、新宮学「初期明朝政権の建都問題について―洪武二十四年皇太子の陝西派遣をめぐって―」（『東方学』九十四・一九九七年）、新宮学「北京遷都研究序説（二）」（『山形大学史学論集』十九・一九九九年）等の諸論がある。

（2）中都を扱ったものとして王剣英『明中都』（中華書局・一九九二年）がある。

（3）『太祖実録』洪武元年五月癸巳の条に「詔置中書分省于汴梁、以中書参政楊憲署省事」とある。
（4）『明史』巻四十二、地理志。
（5）『太祖実録』洪武三年十一月丙申の条によれば、「大封功臣」で六国公と二十八侯が封ぜられた。
（6）『太祖実録』丙午年五月壬午朔の条。
（7）『太祖実録』洪武元年十二月辛卯の条。
（8）『太祖実録』呉元年十月乙巳の条。
（9）『太祖実録』洪武三年六月辛巳の条。
（10）清水泰次「明初に於ける臨濠地方の徙民について」（『史学雑誌』五三—十二・一九四二年）、萩原淳平前掲論文「明朝の政治体制」。鶴見尚弘「明代における郷村支配」（『岩波講座世界歴史』・十二　岩波書店・一九七一年）等に述べられている。
（11）『太祖実録』洪武四年十月甲辰の条に、「大都督府奏、京師将士之数、凡二十万七千八百二十五人」とある。
（12）白川静『説文新義』巻五（白鶴美術館・一九七〇年）。
（13）この表は、『新唐書』巻六、本紀第六。『宋史』巻八十五～八十九、地理志。『遼史』巻三十七～四十一、地理志。『金史』巻二十四、地理志。『元史』巻五十八、地理志等をもとにして作成した。
（14）『元史』巻五十八、地理志に「世祖至元元年、中書省臣言、開平府闕庭所在、加号上都、燕京分立省部、亦乞正名。遂改中都。……［至元］九年、改大都」とある。
（15）『明史』巻四十七、礼志。
（16）『明史』巻一百十五、興宗孝康皇帝伝。『明史』巻一百四十七、胡広伝。呉晗前掲論文「明代靖難之役与国都北遷」参照。
（17）『明史』巻一百十五、興宗康皇帝伝。
（18）山根幸夫「元末の反乱と明朝支配の確立」（『岩波講座世界歴史』十二　岩波書店・一九七一年）、陳高華「元末浙東地主与朱元璋」（『新建設』一九六三年五期。）等、多数の論文がある。
（19）『遜志斎集』巻二十二、采苓子鄭処士墓碣。同書同巻、故中順大夫福建布政司左参議鄭公墓表。
（20）『明史』巻一百三十九、葉伯巨伝。
（21）『明史』巻四十・四十二、地理志。

（22）布目潮渢「明朝の諸王政策とその影響」（『史学雑誌』五十五～三・四・五・一九四四年）のちに『隋唐史研究』（東洋史研究会・一九六八年）。

（23）山根幸夫「明太祖政権の確立期について―制度史的側面よりみた―」（『史論』十三・一九六五年）。

付論二　明代屯田子粒統計の再吟味

――永楽年間を中心にして――

序

明代の軍制は、衛所制といわれるものである。それは、太祖即位後、劉基の建言によって創設されたという。[1] 組織は、百戸所（一百十二人）を基礎単位とし、十の百戸所で千戸所（一千一百二十人）を形成し、五の千戸所で衛（五千六百人）を組織形成した。衛には、指揮使、千戸所には千戸、百戸所には百戸がおり、各々配下の軍士を統轄した。明初、衛は全国に三百二十九、守禦千戸所は六十五あった。それらを地方ごとに十七に分けて、三司の一つである都指揮使司がそれを統べ、都指揮使司は全て中央の五軍都督府に帰属した。[2]

以上が簡単な衛所制の概略であるが、その大きな特色の一つに、衛をはじめとして各軍組織が屯田していたことである（以下、屯田は軍の屯田を指す）。屯田は軍士によって開墾耕作され、収穀は各組織で所属軍士に配分された。いわゆる「且つ耕し、且つ戦う」という自給自足体制を布き国家財政の負担を軽減させようとするものであった。勿論、屯田の存在は明朝独自のものではない。それは古代まで遡及できるが、しかし明朝のものは、それまでのように軍餉転輸による省力化を主眼とした辺境地帯の屯田耕作のみでなく、畿内を含む全国各地に設置され、[3] 経営規模は歴代のそれを遙かに超えたものがあった。王圻は『続文献通考』で、「漢の屯田は数郡に止まり、宋の屯田は数路に止む。唐は九百九十二所あると雖も、また実効なし。惟だ我が太祖は、此に意を加う。……衛所に間地があれば、すなわち分軍して以て屯を立つ(4)」と述べている。明代の屯田は域内各処で行われ規模も大きく、一律に歴代のものと同一視することはできないものでもあった。また屯田は明の国軍を経済的に支えたきわめて重要なものであった。それ故に、いままでに清水泰次氏や王毓銓氏等によってその制度の綿密な研究がなされてきた(5)。

ところで『明実録』に、永楽以降の屯田子粒統計がでている。最高額は約二千三百五十万石を記録していて、同年の税糧約三千二百万石に対して、その七割五分に匹敵する。統計そのものの信憑性に問題があるにしても、正しいとすれば、どのようにしてそのような高額な屯田子粒が得られたか、またそのような屯田経営をした成祖の政策が、成祖政権の確立にとってどのような役割を担ったかが問題となるであろう。本章では、屯田制の制度面での新見解を提示するわけではないが、あえて取り上げたのは、屯田子粒統計の吟味を通じ、成祖政権の権力基盤の一端を探ろうと考えたからである。

一　永楽初年の屯田子粒総額について

『明実録』には、洪武年間（一三六八～一三九八）を除き、原則として各年度末に、その年の戸口・税糧・各種税目等の統計が記載され、屯田からの収穀量も「屯田子粒」の項目を設けて記録している。永楽元年（一四〇三）から正統初年までを、『太宗実録』・『仁宗実録』・『宣宗実録』・『英宗実録』によってまとめるとつぎの表となる。

表中の洪武二十一年の五百万石は、欽定『続文献通考』巻五、田賦考・屯田に「自是、歳得糧五百余万石」とあっ

屯田子粒統計表

洪武二一年	五〇〇〇〇〇〇
永楽　元年	二三四五〇七九九
二年	一二七六〇三〇〇
三年	二二四六七七〇〇
四年	一九七九二〇五〇
五年	一四三七四二四〇
六年	一三七一八四〇〇
七年	一二二二九六〇〇
八年	一〇三六八五五〇
九年	一二六六〇九七〇
一〇年	一一七八一〇三〇
一一年	九一〇九一一〇
一二年	九七三八六九〇
一三年	一〇三五八二五〇
一四年	九〇三一九七〇
一五年	九二八二一八〇
一六年	八一一九六七〇
一七年	七九三〇九二〇
一八年	五一五八〇四〇
一九年	五一六九一二〇
二〇年	五一七五三四五
二一年	五一七二一一八
二二年	―
洪熙　元年	六一三〇六九九
宣徳　元年	七二二一八五八
二年	四六〇〇〇九二
三年	五五五二〇五七
四年	六八二六八四七
五年	八四三〇二一七
六年	九三六六四二〇
七年	八五七〇五四二
八年	七二〇九四六一
九年	二三〇七八〇七
一〇年	二七七六一四一
正統　元年	二七七二六二七
二年	二七九一〇〇七
三年	二七八六〇四六
四年	二七九二一四六
五年	二六九三七七六

て、この頃屯田子粒が五百万石以上あったとわかり、これによった。[6] また永楽二年の屯田子粒額一千二百万石強の数字は、元年と三年が二千万石代で、その落差が一千万石以上もあって奇妙である。恐らく二千万を一千万と間違えて記述したと思われる。また洪熙元年の統計の原文は「六十一十三万六百九十九」とあるが、恐らく「六百一十三万六百九十九」の間違いであろう。

この屯田子粒統計表について、いくつかの特徴を以下に指摘しておきたい。[7]

一、洪武二十一年の五百万石から永楽元年の約二千三百五十万石へと、屯田子粒額が飛躍的に伸びていること。

二、永楽年間、二千万石前後を維持したのは元年から四年間ほどで、以後一千万石前後が十三年間ほど続き、そして永楽十八年から二十一年までの四年間は五百万石代にまで低落していること。

三、宣徳元年（一四二六）頃から宣徳八年までの間に屯田子粒額が、八・九百万石程度まで回復していること。
四、宣徳九年以降、二百万石前後に低落し、以後高い屯田子粒額の回復を果たしていないこと。

この屯田子粒統計について問題提起した佐伯富氏は、各年度の数字を抜粋提示し、「これらの統計がそのまま実際の屯田糧数であるとは考えられないが、大体の推移を考える上に差し支えない」と評価し、「屯田制度は、英宗の正統初めから、急激に崩壊を始めた」と述べられている。(8) 崩壊時期を正統初めからとするのは『明史』巻七十七、食貨志の「正統自り後、屯政稍や弛む」の記事と対応させたものである。宣徳末から正統初年の屯田子粒の変動よりも激しい洪武・永楽年間の変動については、佐伯氏はとくに言及していない。また寺田隆信氏は、「統計にあらわれた数字自体には、絶対的信頼をおきえないとしても、数字の増減という相対的関係のなかに、或る程度まで、屯田の制度的消長を把握しうる可能性があるならば、この表は、屯田制度の理解について、より重要な利用価値をもつといわなければならない(9)」とした。そして宣徳九年の激減については、正糧全廃は実質的には宣徳十年から始まっているので、子粒額も二百万石代に低落したことが一応説明ができるとしたのに対し(10)、洪武・永楽・宣徳の屯田子粒額の変動については、「それぞれの数字について、或る程度の変動が認められる(11)」と述べられていて、宣徳九年の変動より激しい洪武・永楽年間の変動について、それ以上の言及はされていない。なお王毓銓氏は『明代的軍屯』で屯田子粒統計表を永楽年間より万暦年間にいたるまで作成し、その表に関しては解説を主眼とする記述を行っている。

そもそも、屯田子粒統計は、洪武年間から正統年間にかけて激しい浮沈があり、その上限と下限とは絶対値で二千万石という大きな隔たりがあり、その隔たりのために、またその解釈にも当惑する。とくに永楽初年の屯田子粒の数値は、同時期の税糧約三千三百万石と比べても顕著であるが、前掲表の洪武二十一年の五百万石を超えること四倍強となり、きわめて高い水準だといえる。その間、それに値する屯田建設の史実は史料中には見えず、やはりその数値に疑問が湧かざるを得ない。もしその統計が大体において正しければ、高い水準を示した時代と低い水準を示した時代には、各時代の屯田制度の状況、引いては国家財政に何らかの相違があったとみなければならない。とすれば、まず統計の信憑性を再検討することが必要となろう。その際、最初に問題となるのは、永楽初年の上限の数値をどう把えるかである。そこで、屯田制度の科則の側面から検討してみたい。

一般に屯田制は、太祖が創設し、成祖が整備完成したとされている。成祖が整備したといわれる新しい屯田政策は、各方面にわたっているが、正糧・余糧二種を設けた洪武三十五年、すなわち成祖即位第一年目の科則が基本であり、他はそれを補完するためのものであったと思われる。太祖洪武年間の屯田科則については、万暦『大明会典』巻十八、戸部五によれば、「洪武四年詔するに、河南・山東・陝西・淮安等の府に屯田せしめ、三年後、畝ごとに一斗を収租すと」と定め、さらに続けて、洪武二十年、陝西の屯田に対しては「税糧は民田の例に照らす」と記述する。また『太祖実録』洪武三年九月辛卯の条に、「中書省の臣奏するに、太原・朔州の諸処の屯田は、宜しく歳租を徴し、以て辺用に備うべしと。許さず」とあり、屯田からの歳租を徴収しなかった例もある。つまり洪武年間の屯田科則は統一されていなかったといえる。

成祖は即位すると統一的な科則を定めた。万暦『大明会典』巻十八、戸部五に、

〔洪武〕三十五年、始定科則。毎軍田一分、正糧十二石、収貯屯倉、聴本軍支用。余糧十二石、給本衛官軍俸糧。毎衛以指揮一員、毎所以千戸一員、提督。都司不時委官督査、年終上倉、并給過子粒数目、造冊赴京比較。

とある。即位した第一年目の洪武三十五年に、成祖が「始めて科則を定めた」のである。「軍田一分」とは、屯田軍士一人に課した屯田地のことである。この一分田の畝数は、地域によって百畝から十数畝にいたるまで各種各様であった。『明史』や万暦『大明会典』等によれば、一軍士に五十畝が標準とされている。[12] これはすでに太祖時代に定まっ

ていた。新科則は、その一分田に対して正糧十二石、余糧十二石の出糧を義務づけたのである。正糧とは屯田軍士の「支用」分となり、余糧は本衛の「官軍」の俸糧に用いられた。正糧と余糧に分けた規定はこの時から始まった。そして正糧・余糧の合計二十四石すべてを、屯倉に収貯させた。本来、正糧は屯田軍士本人が消費するものであるから屯倉に納入する必要がないと思われる。しかし「屯倉に収貯す」とあるように、正糧も屯倉に入れ、改めて屯田軍士に授給するようにしたのが注目される。さらに管屯官として衛には指揮、千戸所には千戸、百戸所には百戸があたり、上級機関の都司が、監査官を不時に各屯田に派遣した点や、年の終わりに正糧・余糧の簿冊を作成し、それを京師に報告する義務を定めている。明末に刊行された『漳州府志』巻九、賦役志下・屯田考に、

毎屯、百戸一員統旗軍一百一十二名、毎軍給田三十畝、歳輸正糧十有二石、余糧如之。以正糧給本軍、余糧以給官旗月俸及守城軍士之用。倶于屯所置倉収貯、其口糧就倉給支。

とある。福建の漳州では、軍ごとに三十畝を給した。その一分田に正糧十二石、余糧十二石の出糧を課し、正糧は屯田軍士に給し、余糧は官旗の月俸および守備軍士の「用」として使われ、両者とも屯所の倉に納入させ収貯させたと述べており、正糧十二石と余糧十二石を徴収し、屯倉に収貯したことが確認できる。

ところで、万暦『大明会典』巻十八、戸部五に、

〔永楽〕三年、更定屯田則例。令各屯置紅牌一面、写刊於上。

とある。永楽三年、屯田法がまた再度更定され、その内容を紅牌上に刻記し、各屯田地に設置したと読みとれる。続けて万暦『大明会典』は、1屯田組織、2屯田科則、3監察と賞罰方法、4正糧・余糧分以上の収穀は屯田軍士の私有が許される等を記述している。

成祖が即位直後から展開した屯田政策の眼目は、正糧・余糧という新しい規定をつくり、両者の屯倉納入を義務づ

けたことにある。永楽初年の二千三百万石余の屯田子粒額を収倉しえたことも、これに由ると思われる。成祖は屯田軍士一人あたりに二十四石の出糧を義務づけた。明朝は軍事兵力を秘密にしていた[13]ので、永楽初年の兵力数を述べた統計資料を残していないが、永楽二年の左都御史陳瑛の上言中に「天下の通計せし人民は一千万戸を下らず、軍官は二百万家を下らず[14]」とあり、軍戸が少なくとも二百万戸あったことがわかり、軍士も二百万人以上いたことになる。また『春明夢余録』に、「昔之養軍」が一百七十一万四千二百八十二人いたと述べている。[15]したがって永楽年間、軍士は一百七十万から二百万ぐらいであろうと思われる。そのうち屯田軍士はどのぐらいであろうか。万暦『大明会典』巻十八、戸部五に、

軍士三分守城、七分屯種。又有二八・四六・一九・中半等例。皆以田土肥瘠、地方衝緩為差。

とある。守城兵と屯田兵の比率は三対七であるが、その他に二対八・四対六・一対九・中半等の例があり、それは地方の事情によって異なったとしている。この文面から三対七が大方の基準であったと解釈できる。この比率を全国的な基準[16]とみなせば、これによって屯田軍士は百二十万から百四十万いたと計算できる。屯田子粒額は二十四石に百二十万、もしくは百四十万の積によって算出される。その数は二千八百八十万石、あるいは三千三百六十万石となる。これは大雑把な単純計算であるが、これからすると、子粒統計表の二千三百四十五万七百九十九石の子粒額は、必ずしも過大な数字だとして否定することはできない。ただ永楽初年に定まった屯田賞罰例を考察してみると、正糧と余糧の合計額二十四石が実際に徴収されたかどうかの問題がでてくる。『明史』巻七十七、食貨志に、

永楽初、定屯田官軍賞罰例。歳食米十二石外、余六石為率、多者賞鈔、欠者罰俸。

とある。正糧十二石と余糧十二石の科則のうち、余糧は六石を基準として、それ以上のときは「官軍」に鈔を賞与し、それ以下だったならば罰俸とするという内容である。したがって正糧・余糧十八石が実質的な屯田軍士一人あたりの

基本的な屯田子粒とも考えられる。この場合でも、前述の算出方法によれば、年間の屯田子粒額は、二千百六十万石から二千五百二十万石となる。統計史料の額とほぼ同じか上まわっているから、子粒統計表の妥当性は損なわれない。もっともこの賞罰例は、永楽二年正月にだされたことが『太宗実録』によって確認できるので[17]、永楽元年の統計は、科則の標準を二十四石とし、十八石として計上されたものではない。

洪武三十五年に定まった屯田科則の立場からすれば、永楽初年の高水準の屯田子粒統計は信頼が置けると思われる。洪武二十一年の五百万石から永楽初年の約二千三百万石へ跳上がったのは、洪武時代の屯田科則が民田と同率かあるいは一畝に一斗とするのに対して[18]、新科則によって正糧・余糧を全て納入させた当然の結果だといえよう。永楽元年の屯田子粒激増の理由は、その間に屯田規模を拡大したといったものではなく、主因を屯田科則の改定に求められる。換言すれば、成祖は洪武年間にすでに存在した屯田の潜在的経済力を、新科則によって顕現化させたと一応の説明ができる。ではなぜ成祖は、即位直後にあえて新屯田政策を行ったのであろうか。

二　成祖の屯田科則改定の意図

成祖が、正糧・余糧二十四石の新科則を骨子とする新屯田政策の展開した意図を考えてみたい。屯田子粒の使用は、もともと軍士の月糧、武官の月俸とするものであった。子粒額が、永楽初年のように厖大になると、他に流用した可能性も考えられようが、その形跡はない。もっとも兵力が百七十万人であれば、屯田子粒だけでは賄いきれないであろうから他に流用することは無理である。そうすると成祖の新科則は単に軍餉確保のためだけとも解釈されようが、成祖の屯田政策を検討すると、他にも意図があったであろうことが浮んでくる。

成祖が新たに制定した屯田法令は、主なものに洪武三十五年の新屯田科則令、永楽二年正月の屯田賞罰例、永楽二年十一月の様田考較法、[19]永楽三年正月の紅牌設置令等、いずれも成祖治世初期に集中していて、当時の時代背景を受けて一定の政策意図をもって遂行されたと推測される。周知のように成祖は、第二代建文帝の叔父にあたり、燕王として封ぜられていた。そして建文帝の削藩策に抗して靖難の変を起し、京師南京で建文帝を廃して即位した。その成祖に対して、江南社会の風評はよかったとはいえない。端的に示しているのは、建文帝が京師陥落直前に、隧道を使って雲南へのがれたという雲南逃亡説、あるいは海船を利用して南方へのがれたという南海逃亡説等が、広く流布していたということがある。[20]これは建文帝への同情と成祖に対する反感から派生した伝説であろう。また成祖を戦略的に補佐した道衍が、事変後浙江に帰郷した折のことを『明史』巻一百四十五、姚広孝伝は、

其至長洲、候同産姉、姉不納。訪其友王賓、賓亦不見。但謡語曰、和尚誤矣、和尚誤矣。復往見姉、姉詈之。広孝惘然。

と述べている。姚広孝は道衍のことである。成祖を補佐した行動を批判して、実姉や友人王賓すらも道衍との面会を拒否したというのである。これらは成祖に対する江南社会の雰囲気を示している。事実、靖難の変末期に、反成祖建文救援の武力支援運動が江南一帯に発生していた。[21]『明史』巻四、恭閔帝紀に、

〔建文四年四月〕壬寅、詔天下勤王、遣御史大夫練子寧・侍郎黄観・修撰王叔英分道徴兵。

とある。南京陥落二カ月前の建文四年四月、建文帝は「勤王」を旗印とする民兵組織建設の詔勅を下し、練子寧・黄観・王叔英等を江南各地に派遣した。これに呼応して、在郷地主および地方官を中心とした建文帝救援の勤王民兵の組織化が進行していた。その広がりは、王崇武氏の研究によれば、江蘇・浙江・江西・湖広等の江南一帯に発生していたようである。『明史』巻一百四十二、姚善伝に

時燕兵已南下。密結鎮・常・嘉・松四郡守、練民兵為備。……建文四年詔、兼督蘇・松・常・鎮・嘉興五府兵勤王。兵未集、燕王已入京師。

とあるように、姚善を始めとする五知府は、建文四年の勤王の詔勅を受けて、五府の民兵を招集したが、集結が終わらないうちに成祖の京師攻略が成功して求援の武力行動ができなかった。それだけ成祖軍は、各地の守城政府軍との戦闘を避け、京師南京へと一気に南下したのである。(22) 一方、成祖の起兵時の華北についていえることは、成祖が事前に地盤を築いていたものではなかった。そのことは、靖難の変の前後四年に亘る紛争期間のなかで、北平周辺の攻防に三年も費やしていることからもわかる。『今言』巻一に、

成祖靖難用兵出入四年、所破郡県皆不設官守。諸郡県亦不肯帰付。施破施守、惟得北平・保定二府。

とある。靖難用兵四年の間で、成祖は郡県を破っても「官守」を置きえず、諸郡県も成祖に帰付しなかった。そして成祖が支配しえたのは僅か北平と保定の二府だけであったという。

成祖即位時の状況は、江南社会では反成祖の気運があり、華北における自己の勢力基盤も狭小であった。これが成祖のその後の政治に多大な影響を与えたと考えられる。成祖と江南社会との関係においても、江南社会との摩擦を避ける政策を多く遂行する傾向にあった。例えば京師問題でも、従来通り南京を京師とし、北京を「行在」という形で処理するほかなかったし、(23) また洪武の制度にもどすという「復旧制」の政治的措置を実施したのも、(24) 宝鈔発行に際して、宝鈔上に印刷した年号に敢えて永楽を採用せず、洪武の年号を用いたのも、(25) 旧来の社会秩序堅持を天下に提示し、優勢な経済力を誇る江南社会への懐柔慰撫が狙いであったと考えられる。

また成祖と軍兵との関係においても重要な問題を孕んでいた。永楽初年の明朝兵力数一百七十万および二百万のうち、成祖が靖難の変で使用したのちの残存兵数は約四十八万であったといわれるから、(26) 四分の三ないし三分の二は、

それまで敵対していた建文帝配下の官軍を受け継いだことになる。しかも武官・軍士は、洪武以来世襲制が施行されており、上部指揮系統の混乱は、衛所が屯田耕作による自給自足体制下にあれば、一部衛所の自立化の恐れさえあったと推測される。この観点から洪武三十五年の屯田科則を検討すれば、新方式によって各屯田軍士に各々一分田を与え、正糧・余糧二十四石の屯田子粒を課し、そして二十四石全てを屯倉に納入させ、軍士に月糧を授給した意義が理解できる。軍士は原則として屯田耕作によって自給自足を強いられているにもかかわらず、全ての月糧は上級機関に握られ管理された。『武備志』巻一百三十五、軍資乗・屯田今制に、

正統二年、率土行之。不知正糧納官、以時給之、可以免貧軍之花費、可以平四時之市価、可以操予奪之大柄。

とある。「之を行う」とは、正統二年に永楽以来の正糧十二石を全廃し、余糧六石のみの徴収に科則を改定したことを指す。これに対し正糧を徴して軍士に「時を以て之を給」する永楽の制は、貧軍の花費をおさえ、米価の不安定を防ぎ、軍士与奪の大権を握ることができたと述べている。逆に考えれば正糧・余糧の科則を定めた永楽の制度は、貧軍の花費を防ぎ、米価の不安定を防ぎ、軍士与奪の大権を握る等の狙いをもって設定したことがわかる。(27) さきに述べた成祖即位時の背景を考えたならば、それらのうちとくに軍士与奪の大権を掌握することが重要であろう。

そのことはさらに、武官統御の上にも効果を発揮したと思われる。『太宗実録』永楽二年正月丁巳の条に記載されている「屯田賞罰例」(『明史』では「屯田官軍賞罰例」)によると、その首部に、

凡管屯都指揮及千・百戸、所管軍旗各以其歳所入之数通計、以為賞罰。

とあり、最後部に、

所定賞罰、直隷従巡按監察御史、在外従按察司官覈実、然後行之。

とある。都指揮・千戸・百戸等の管屯官は、屯田軍士の納入した屯田子粒額に応じて賞罰され、その賞罰の監査には、

直隷では巡按監察御史、在外では按察司使等の文官があたったとわかる。これによると管屯官は、管轄屯田での正糧・余糧の収穀平均十八石が賞罰の基準となっていて、十九石以上の場合はその等第に応じて鈔を管屯官に賞したが、十七石以下は罰せられた。左表は管屯官の罰則規定部分を表化したものである。

「屯田賞罰例」表

正・余糧平均収穀石数	都指揮罰俸	指揮罰俸	千戸罰俸	百戸罰俸
十八石	無し	無し	無し	無し
十七石	十日	十五日	二十日	一月
十六石	十五日	二十日	一月	二月
十五石	二十日	一月	二月	三月
十四石	一月	二月	三月	四月
十三石	二月	三月	四月	五月
十二石	三月	四月	五月	六月
十一石	四月	五月	六月	七月
十石	五月	六月	七月	八月
九石	六月	七月	八月	九月
八石	七月	八月	九月	十月
七石	八月	九月	十月	十一月
六石	九月	十月	十一月	十二月

この屯田賞罰例は、それまでは都司が監査していた所をみると、[28]文官による武官牽制の意も秘めていたと思われるが、管屯官も正糧・余糧の科則徴収の監査を通して成祖の監視下に組み込まれていったといえる。この屯田科則の変革は、皇帝権を支持する最も直接的な基盤であり、そして最も力を発揮する軍組織を、管理しやすくさせ、さらに指揮権の強化に役立たせることになったと思われる。それが洪武三十五年の屯田科則に込められた成祖の主要な意図の一つであったと考えられる。

三　屯田子粒額激減の背景

それにしても、永楽年間の急激な屯田子粒額の減少は不可思議な現象である。上限の二千三百万石から下限の五百万石まで、永楽二十二年間に実に四分の一まで激減している。上限の数字が全くの虚偽だとすれば、屯田子粒額の変動は検討に値しないが、しかし上限の数字が、屯田科則の規定からみてある程度肯定すべき余地がある以上、然るべき検討が必要と思われる。一般に、明の屯田は洪武・永楽の頃、比較的厳重な管理が行われ、宣徳期が最も良好な時代であったとされ、『明史』・『春明夢余録』・『武備志』等の史書も、屯田の崩壊は正統二年以降だったとしている。しかし前表にみられるように、早くも永楽四・五年に七百万石を失額し、さらに永楽十八年までに八百万石を失額して、子粒統計が十八年以降五百万石に低落したことも、屯田の崩壊時期を考える上で無視できない。

『明史』等の前掲史書が一致して屯田崩壊は正統二年だとしているのは、この年の屯田科則の改定をさしてのことである。屯田科則が洪武三十五年、正糧・余糧二十四石となったことはすでに述べた。その後洪熙元年、余糧六石が免除されて合計十八石となり、さらに万暦『大明会典』巻十八、戸部五に、

〔正統〕二年、令毎軍正糧免上倉、止徴余糧六石。科則至是始定。

とあるように、正統二年に正糧十二石の徴収が全廃され、この正糧全廃の時を屯田制崩壊としたのである。『春明夢余録』巻三十六、戸部・屯田・陝西之屯に、

至正統二年、以正糧十二石、兌給本軍充餉、免納免支、止徴余糧六石入倉、而屯法大壊矣。

とある。正統二年、正糧十二石の徴収廃止をもって「屯法」が大いに崩壊したとしている。寺田氏は、茅元儀の『武備志』を引用しながら、その理由を「正統二年の納糧規定の改定によって、屯田の私有、兼併はなかば公然と行いうる契機を与えられた[29]」と述べて、正統二年から屯田制崩壊が始まったと論じられている。確かに正糧分の私有化は屯田軍士の屯田地私有化に結びつき、引いては官豪・有力者による屯田の兼併につながっていたことは理解できる。しかし、それはあくまでも土地制度の見地からみた崩壊と考えたい。永楽年間の屯田子粒激減の直接的な原因は何であったろうか。

屯田子粒統計にみられる永楽各年度の子粒額減少の原因を逐一検証することは至難である。そこでまず洪煕元年までに失額した一千七百万石について、屯田科則の立場からそのおおよその内訳を検討してみたい。万暦『大明会典』巻十八、戸部・屯田に、

［永楽］二十年、詔各都司・衛所下屯軍士、其間多有艱難、辦納子粒不敷、除自用十二石外、余糧免其一半、止納六石。洪煕元年、令毎軍減徴余糧六石、共正糧一十八石上倉。

とあり、屯田軍士の正糧・余糧二十四石の子粒の納入は「多くに艱難あり」として、永楽二十年に朝廷が科則を改めたとわかる。この記事について、つぎの二つの解釈例が考えられる。

①永楽二十年、正糧十二石の上倉を廃し、余糧一半の六石を免除し、余糧六石のみを納入させた。洪煕元年に、今度は余糧六石の免除はそのままとして、正糧十二石の上倉を復活させ、正糧と余糧の合計十八石を納入させた。

②永楽二十年の余糧六石のみ上倉させる令は、現実には実施されず、洪煕元年に正糧・余糧十八石の納入義務を課した科則を再度布令し実施した。[30]

①は、会典の記述通りに解釈したもので、その場合、子粒統計表の永楽二十年の額は、前年に比べて三分の二が減少するはずだが、統計表に変化はない。この令が統計表に変動がある永楽十八年に実施されたとしても、その前年に比べて約三分の二が減少すべきところを約三分の一しか減少したにすぎない。また洪煕元年の科則増額によって、以後は三倍に増加しなければならないが、最も増加した以降の年度でも二倍弱の九百万石代である。このように統計表の変動と一致しない難点がある。

②の場合、『大明会典』の記事を説明不足あるいは誤りとするため、都合のよい解釈だとされる面がないでもない。また子粒統計表上では、六石の免除があったので、前年に比べて六石分の減少額が反映されてもよいが、それはない。

①・②の解釈例の科則では、その実施によって反映するであろう屯田子粒統計表の増減と符合するとはいえない。どちらが正しいか判断しかねるが、いずれの場合も余糧一半の六石分である約五百五十万石は、洪熙元年までに減少した全失額一千七百万石の中にふくまれていたと考えられる。その理由は、永楽二年の屯田賞罰例にある。というのは前述のように管屯官の賞罰は、余糧の六石を基準としたことを思えば、実質的に屯田科則は四分の一が免じられて、十八石になったとみなせる。二千二百万石の四分の一は五百五十万石になるから、これだけ永楽二年・三年の子粒統計に減少があってもよい。しかし現実には統計上に格別な数値減少の変化はない。ただ賞罰例が周知徹底していったのは、永楽三年のそれを刻記した紅牌設置以後だったと思われるから、現象面に出てくるのは永楽四・五年頃である。永楽四・五年の子粒失額八百万石のうち、この賞罰例によって減じられた余糧六石分、五百五十万石が全てではないにしろ、一部は入っていただろう。そして少なくとも洪熙元年までの子粒失額約一千七百万石の中には、その全てが含まれていたとすることができる。なぜならば洪熙元年の余糧六石の免除令は、賞罰例によって実質的な余糧六石の免除措置を、後追いして定めたと理解できるからである。

つぎに永楽年間の屯田子粒激減理由を、屯田制度崩壊の側面から検討してみたい。『明経世文編』巻一百六十二、林希元「応詔陳言屯田疏」に、

然行之未久而大壊、軍士逃亡且尽、田土遺失過半。其故何也。科税太重。又撥田初、不問腴瘠窪亢、虚実隔渉、但欲足数牽紐補搭、配抑軍人而使之耕。加之軍士多游惰、督耕無良将。此其法所以速壊也。

とある。正糧・余糧二十四石の科則を定めた後、間もなくして早くも屯田制が大いに崩壊し、軍士は逃亡し、屯田の喪失は過半に達した。その理由は正糧・余糧の科税が重かったからであるとし、さらに当初に田地の腴瘠・窪亢の虚実を問わないで、ただ軍士を確保し強制的に屯種させた上に、軍士も游惰で管屯官も人を得なかったことが崩壊を早

めたと述べている。林希元は、永楽年間の初期から屯田制は崩壊を始め、その理由は科税が過重であったとしている。この点に関して、『明史』巻一百五十、郁新伝に、

［永楽］三年、以士卒労困、議減屯田歳収不如額者十之四・五。

とあり、永楽三年の段階で軍士の四割から五割の者が、一分田の額数二十四石を納入できなかったとあり、屯田は重税であるため屯田軍士の逃亡が多く崩壊したという林希元の主張を補足している。また『太宗実録』永楽十三年二月癸酉の条に、

上以山西・山東・大同・陝西・甘粛・遼東軍士操練屯種者、率怠惰不力。分遣指揮劉斌・給事中張磐等十二人督視。諭之曰、朕即位之初、於操習屯種已有定法。然久而玩、玩而廃、数年以来徒為虚文。

とある。成祖は、「操習と屯種」の定法が軍士の怠惰によって、数年来「虚文」となっていたため、指揮劉斌・給事中張磐等十二人を山西・山東・大同・陝西・甘粛・遼東等の北部各地に派遣した。永楽十三年頃にはすでに、屯田制は「虚文」となっていたとしている。それから十年ほど経て、『宣宗実録』洪熙元年閏七月甲寅の条に、

興州左屯衛軍士范済詣闕言八事、……洪武間、毎衛七分屯田三分守城、且耕且守、軍無阻飢。近年調度頗繁、営造日久、虚有屯種之名、而田多荒蕪。

とある。興州左屯衛軍士范済は、近年「調度」が頻繁で、北京の営造も久しく、屯田地の多くは荒蕪地となったと述べている。さらに、『宣宗実録』洪熙元年九月丙午の条に、

巡按山西監察御史耿文奏、巡視各衛所、盤点屯種子粒、興州・鎮虜・高山・雲州・大同諸衛、皆以征戍罷屯、倉無儲偫。上諭行在戸部尚書夏原吉曰、屯田一事、国有成法、而御史言諸衛以征戍罷屯何也、宜究其実以徴戒之。

とある。巡按山西監察御史耿文は、屯田子粒を調べてみると、北辺の興州・鎮虜・高山・雲州・大同等の諸衛は、

「征戍罷屯」によって屯倉が空となっていたとしている。『明史』巻七十七、食貨志に、

宣宗之世、屢覈各屯。以征戍罷耕及官豪勢要占匿者、減余糧之半。

とある。洪熙元年の余糧六石の免除は、「征戍罷耕」と官豪の屯田地占匿のため屯田経営が困難になったからだとしている。「征戍」とは出征と辺境守備のことと解釈される。以上、永楽年間の屯田崩壊の原因を述べた各史料例から、つぎのように整理される。

1．正糧・余糧二十四石の出糧義務は、屯田軍士にとって過大な負担で、早くから軍士逃亡や屯田の遺失がみられた。
2．屯田軍士が怠惰で、管屯官も人を得なかった。
3．屯軍兵士を「征戍」や徭役に動員して、屯田の罷耕がみられた。
4．官豪勢要による屯田地の占匿がみられた。

右の諸原因が複合的に絡み合って、屯田制度を掘り崩し、その過程に従って、屯田子粒減少につながったのであろう。問題は、これらの諸原因で永楽年間の急激で大幅な屯田子粒減少にみあう直接的なものはどれかということである。この点を考慮する意味で「軍伍清理」について検討してみたい。

洪熙・宣徳年間に入ると、一般軍士の逃亡に関する実録記事が、目立つようになる。『仁宗実録』洪熙元年七月戊辰の条に、

浙江按察司副使許銘言、備辺禦戎、国家重事、理兵足食、備禦大経。近来、辺軍困於雑役、多致逃亡、防守既疎、屯種亦鮮。

とある。「理兵足食」は防衛の大経であるが、最近、辺軍は雑役に苦しみ多くが逃亡し、防禦が手薄になり、屯種も少ないと、許銘は述べた。『仁宗実録』洪熙元年八月丙申の条にある仁宗が兵部を諭した言に「比聞く、各衛軍の多

く逃亡し、皆将領たる者の存恤する能わざるに由る。夫れ軍士行伍に在って、一たび征調あれば、朝令暮行し、敢えて労を辞せず、朝廷之を養う所以なり」とあり、さらに同年九月壬子の条の仁宗が行在兵部尚書張本に述べた言に、「今、内外の衛所軍士は、徒らに名数を具するのみにして、比、御史・給事中を遣わして点閲せば、多くは逃亡せる者あり」とある。数年しか違わない永楽末年の軍士逃亡状況も、これと大差がないと考えられる。『太宗実録』永楽十七年十二月丁丑の条に、

上勅武臣曰、……比来紀律廃弛、隊伍空虚。軍士逃逸死亡、悉付不問。甚至通同有司受賕売放、取軍明有程限。令縦其在外至五・六年、或十余年不回、及回所取軍十無一・二。

とある。衛所の紀律が廃弛し、隊伍が空虚となっている。軍士の逃亡や死亡に対して放置したからだと成祖は述べた。すなわち少なくとも屯田子粒五百万石代に低落した永楽末年、軍士の逃亡が大量に発生していたと認められる。宣徳年間に入って、何回かに亘り全国規模で御史を派遣して、逃亡軍士の勾捕と軍士の補填充当を目的とする本格的な「軍伍清理」が実施された(31)。それと平行して法令上でも清理条例が、洪熙元年に八条が定められ(32)、宣徳三年には十一条が付加され(33)、そして宣徳四年八月に二十二条がまた付加されて(34)、洪熙元年から宣徳四年までの各条例を合わせて合計四十一条となった。このような「軍伍清理」の実施をみると、永楽年間からの逃亡した衛所軍士の多さを背景にした措置だとしてよいであろうし、また永楽年間に衛所制度が打撃を受け大きく動揺していた結果だと汲み取れる。その衛所制度が受けた打撃とは、成祖の対外戦争だと考えられる。

成祖の対外戦争は、大規模かつ頻度の高さで正に銘記すべきものがある。永楽四年七月、安南遠征のために、京衛・四川・雲南・貴州・浙江・福建・湖広等から合計八十万の兵力を投入し(35)、遠征軍の帰還は二年後だった。その後も七年・九年と安南の叛抗に対して二度派兵しなければならなかった(36)。『宣宗実録』宣徳元年四月丙寅の条にみえる宣宗

の言に「是れ（安南遠征）自り以来、交趾は兵を用いざる歳無く、一方の生霊の殺に遭うこと已に多く、中国之人もまた、奔走に疲れること甚し」とある。漠北のタタール部に対しては七年八月、丘福の遠征軍十万が派遣されたが、全軍が潰滅した。この事態を受けて翌八年に成祖は自ら五十万の兵力をもってモンゴル親征をおこなった。十二年にはオイラト部討伐のためにやはり五十万の兵力を投入して親征した。さらに二十年に第三次親征、二十一年に第四次親征、二十二年に第五次親征を数十万の兵力を擁して敢行した。永楽四年以降、成祖は大規模な軍事行動を起こしたが、その経済的消耗は、『国朝献徴録』巻二十八、夏忠靖公原吉伝に、

［永楽十九年］冬十一月、…命公与尚書方賓・呂震・呉中等議親征。公等議、宜且休養兵民。未奏、会独召賓、賓言、今糧儲不足。遂召公問糧儲多募、公対曰、僅及将士之用、不足以供大軍。

とある。成祖は第三次親征に際して、夏原吉や方賓等にそれを議せしめたところ、彼等は糧儲不足のため兵と民を休養すべきだとしている。その後成祖は、夏原吉を籍没し、方賓を自殺させてモンゴル親征を強行した。だが「果たして軍餉の不足を以て、而して還る」[37]結果となった。

このような永楽年間の一連の対外戦争が与えた負の影響部分について、『太宗実録』にその記録が少ないこともあって、衛所制度とその枠内にある屯田制にどのような悪影響を与えたか明確に説明はできない。しかし永楽後半期に顕著になった大量の軍士逃亡は、長年の対外戦争がもたらした直接的あるいは間接的な弊害が蓄積したためだと考えられる。『太宗実録』永楽十二年二月戊午の条に、

上諭行在兵部臣曰、比聞天下衛所聴征軍士多以罷弱者。備数用此、討賊何以成功、其該管頭目須罪之。若軍士逃逸欠伍、其頭目倶住俸。

とある。「聴征軍士」とあるので、十二年三月に出動した第二次蒙古親征に従軍するために無理に徴調された軍士で

あろう、「罷弱」な者が多く「討賊」に有用でないとしている。さらに成祖が軍士の逃亡も危惧していた点をみると、現実に従軍の苦による軍士逃亡が大量に発生していたと推測される。そして屯田子粒の納入について、『太宗実録』永楽八年五月壬午の条に、

巡按広西監察御史李賢啓、……又言各衛所屯軍、比年征進亡没者多。所存幼男寡婦、進納子粒艱難無措。

とある。恐らく安南遠征軍に従事した屯田軍士であろう「征進亡没」する者が多く、屯田子粒納入が困難であったとしている。永楽十八年までに一千七百万石を失額し、それ以降の屯田子粒五百万石代に激減するほどの急激な屯田制崩壊の原因は、それにみあうだけの衝撃は対外戦争ぐらいであり、前述した屯田制崩壊の諸原因のなかで、「征戍」による打撃が重要な要素となって、大量の屯田軍士逃亡を生みだしたと考えられる。また時期的にも統計表中の子粒額が減少し始めた永楽五年に八百万石を失額して約一千四百万石代になったことは、永楽四年七月から八十万の兵力を投入して安南遠征が開始されたことと一致するのである。

洪熙・宣徳年間に入ると、屯田子粒額は回復を始め、宣徳六年には九百万石代までになっている。前述した「軍伍清理」は、屯田再建にも効果があったと思われる。ほかに『宣宗実録』宣徳二年正月丙申の条に、

上命行在戸部申明屯田之法。因謂侍臣曰、……朕以為立法固善、尤在任用得人、其令兵部移文所司、選老成軍官提督屯田、仍命風憲官以時巡察。

とある。宣宗は「風憲官」等に屯田の巡察を行わせるなどして、屯田再建に配慮を示していた。また王圻『続文献通考』巻十四、田賦・屯田上・屯田則例には、京官を各地に派遣して屯田を経理させたり、新たな屯田地を軍士に分給するなど、宣徳年間の一連の屯田再建策を記述している。洪熙元年の余糧六石の免除令も、科則を軽減することによって屯田経営を容易にさせる屯田再建策の一つであったと看取される。これら再建策や対外戦争の休止が、洪熙元年か

ら屯田糧の上昇をもたらし（宣徳四年の四百万石代を除く）、六百万石代から宣徳五・六・七年に八・九百万石代までに回復する原動力になったと考えられる。

宣徳九年に統計表中の屯田子粒額は、それまでの七・八百万石代から約三分の一の二百万石代に急落し、この水準が正統年間に入っても持続している。前掲史料の『大明会典』巻十八、戸部五の宣徳末年部分の記事に、

宣徳十年、詔各都司衛所、下屯軍士正糧子粒一十二石、給軍士用、不必盤量、止徴余糧六石、於附近軍衛有司官倉交納。……［正統］二年、令毎軍正糧免上倉、止徴余糧六石。科則至是始定。

とある。正統二年の正糧の納入全廃は、それより二年早い宣徳十年に実施されていたとしている。しかし屯田子粒統計表に宣徳十年及び正統二年の子粒額は、それぞれ前年と比べて大きな変化はない。しかし『宣宗実録』宣徳九年正月丁酉の条に、

行在戸部同各処巡撫侍郎趙新等議奏、……各都司衛所屯田旗軍、除正粮外、余粮六石納於附近官倉、仍照旧比較。……上皆従之。

とある。巡撫侍郎趙新は、各都司衛所の屯田軍士に正糧十二石の納入を止めて余糧六石のみを納入させる提案をし、宣宗の同意を得たとある。正糧全廃は先行して宣徳九年に実施したのであろう。統計表中の宣徳九年の子粒額も、前年に比べて三分の一に低落し、年度と減少額が符合する。屯田科則の変更が統計の変動となってそのまま反映したのである。

以上、屯田子粒統計表にみられる屯田子粒額の変動について考察してきたが、やはり統計が大幅に且つ短期間に低落していて困惑させられる。しかし私見によればその絶対数値に不安が残るが、永楽初年の上限から宣徳末年までの変動について、大枠においてある程度その理由が説明できたと思われる。したがって、永楽・宣徳年間の屯田の興廃

状況は、この統計表の変動に反映していると考えるのである。

結

『明実録』記載の屯田子粒統計を吟味してきたが、それを通じて以下のことが言えると思われる。

一、永楽から正統にいたるまでの子粒統計は信憑性がある。

二、永楽初年の子粒額約二千三百万石は、同期の税糧の七割五分に匹敵する。それは洪武二十一年以降に、屯田経営の経営規模を拡大したとか、生産性が上昇したといったものではなく、成祖が洪武三十五年の屯田科則を改定し、正糧・余糧の両者とも納入させたことによってもたらされた。したがって、永楽初年の屯田子粒額は洪武年間の屯田の経済力を顕現化したものであった。

三、成祖が科則を改定した理由は、貧軍の花費を防ぐ、米価の安定を計る、軍士与奪の大権を握る等であった。とくに軍士与奪の大権掌握は重要である。成祖は、屯田科則の中に正糧・余糧の規定を作り、軍士に糧食を月ごとに授給する新方式によって、屯田を監督する武官から軍士にいたるまで、管理を強化しようとした意味があったと思われる。そうした理由は、成祖即位当時、成祖の勢力基盤は華北においても地域的に狭小であり、江南においては反対勢力があって不安定であったこと、永楽年間初期の軍事兵力の三分の二が敵対した建文帝配下のものから受け継いだものであったこと等である。成祖は新しい屯田制によって軍の指揮権を強化し、そこに自己の勢力基盤を築くことをめざしたといえる。

四、永楽初年以降正統初年まで、屯田子粒統計には激しい変動がある。主なものは、

イ、永楽四・五年頃の約八百万石の激減
ロ、永楽十八年の約三百万石の激減
ハ、宣徳年間中頃の約四百万石の増加
ニ、宣徳九年の五百万石の激減
等がある。それぞれの主たる原因は、
イは、永楽四年七月の兵力八十万の安南遠征と、屯田賞罰例による科則四分の一の減額数の一部とによるものである
ロは、長年の安南・モンゴル等の対外戦争によって、軍士の征戍罷耕および逃亡をはじめとする屯田制の弛緩を生み、子粒額激減に連動したものである
ハは、軍伍清理等による洪煕・宣徳年間の衛所制度及びその枠内にある屯田制の再建策によってもたらされた一応の成果の反映だと考えられる
ニは、宣徳九年からの正糧十二石全廃によって、それまでの科則の三分の二を減額したことが主因である
等だと思われる。
五、屯田制度の崩壊は、土地制度的には正統二年から始まったが、屯田子粒統計表からみれば永楽十八年に低水準に激減したときからだといえる。原因は多様であるが、子粒減少が短期間に大きく低落したことを考えるならば、それにみあう衝撃は成祖の対外戦争だと思われる。成祖の安南遠征・モンゴル親征を可能にしたのは屯田制を基礎にした衛所軍であったが、また屯田制を掘り崩したのもそれら一連の対外戦争であったと推測される。

（1）『明史』巻百二十八、劉基伝。
（2）『明史』巻九十、兵志。
（3）王圻『続文献通考』巻十五、田賦考・屯田下に「推之（屯田）於南北二京衛所・陝西・山西諸省、尤極備焉」とある。
（4）王圻『続文献通考』巻十五、田賦考・屯田下。
（5）清水泰次氏の論文は、「明代の屯田」（『東亜経済研究』四～三・一九二〇年）・「明代の軍屯」（『東亜経済研究』八～二・一九二四年）・「明初に於ける軍屯の展開とその組織」（『史学雑誌』四十四～五・六・一九三三年）・「明代軍屯の崩壊」（『史観』五・一九三三年）等があり、のちに『明代土地制度史研究』（大安・一九六八）に再録されている。王毓銓『明代的軍屯』（中華書局・一九六五年）。その他に、張徳信・林金樹「明初軍屯数額的歴史考察―与顧誠同志商榷」（『中国社会科学』一九八七年第五期）、陳家麟「論明代軍屯的几個問題」（『中国史研究』一九八八年第一期）、諸星健児「明代遼東の軍屯に関する一考察―宣徳～景泰年間の屯糧問題をめぐって―」（『山根幸夫教授退休記念明代史論叢』汲古書院・一九九〇年）等がある。
（6）佐伯富「明清時代の民壮について」（『東洋史研究』十五～四・一九五七年）のちに『中国史研究・第一』（東洋史研究会・一九六九年）に再録。清水泰次前掲論文「明初に於ける軍屯の展開とその組織」。
（7）王毓銓前掲書『明代的軍屯』の「軍屯的作用」。
（8）佐伯富前掲論文「明清時代の民壮について」。
（9）寺田隆信「民運糧と屯田糧」（『東洋史研究』二十一～二・一九六二年）のちに『山西商人の研究』（東洋史研究会・一九七二年）に改定再録。引用文は後者による。
（10）寺田隆信前掲論文「民運糧と屯田糧」。寺田氏は、宣徳九年と正統二年の三年間のずれは、茅元儀の『武備志』巻百三十五、軍資乗、屯田今制の条に「宣徳十年始下此令、正統二年率土行之」とあるので、一応の説明がつくとされている。
（11）寺田隆信前掲論文「民運糧と屯田糧」。
（12）万暦『大明会典』巻十八、戸部。『明史』巻七七、食貨志。
（13）呉晗「明代的軍兵」（『読史劄記』三聯書店・一九五六年）。呉晗氏はこの論文の中で、洪武二十五年の軍数は一百二十万を超え、洪武二十六年以後の軍数は、その後の衛所の添設数を考慮すれば一百八十万以上であり、さらに成祖以後の軍数は弘治十四年で約二百八十万程度であろうとしている。

(14)『太宗実録』永楽二年八月庚寅の条。
(15)『春明夢余録』巻三十六、戸部・屯田。
(16)『明史』巻七十七、食貨志に「辺地三分守城、七分屯種。内地二分守城、八分屯種」とあり、『春明夢余録』巻四十二、兵部・軍屯に「守城者三、屯田者七。二八・一九・四六・中半之法、因地異焉、不耕者少矣」とある。陳家麟は前掲論文「論明代軍屯的几個問題」で、明初から「三分守城・七分屯種」が全国的な状況であったが、成化年間頃から変化して「七分守城・三分屯種」が全国的に行われたとしている。
(17)『太宗実録』永楽二年正月丁巳の条。
(18)王圻『続文献通考』巻十四、田賦考・屯田則例。
(19)『太宗実録』永楽二年十一月壬寅の条。
(20)『明史』巻四、恭閔帝。王崇武『明靖難史事考証稿』(国立中央研究院歴史語言研究所・一九四五年)。
(21)王崇武前掲書『明靖難史事考証稿』。
(22)『明史紀事本末』巻十六、燕王起兵。
(23)細野浩二「元、明交替の論理構造―南京京師体制の創出とその態様をめぐって―」(『中国前近代史研究』雄山閣・一九八〇年)。
(24)檀上寛「明王朝成立期の軌跡―洪武朝の疑獄事件と京師問題をめぐって―」(『東洋史研究』三十七―三・一九七八年)のちに『明朝専制支配の史的構造』(汲古書院・一九九五年)に所収。
(25)『明史』巻八十一、食貨志。
(26)『春明夢余録』巻三十六、戸部・畿輔屯丁。
(27)前掲「明代軍屯の崩壊」参照。清水氏はこの論文で、『春明夢余録』とともに『壮海堂文集』巻四にある撰者侯朝宗の同趣旨の主張をも紹介している。正糧・余糧というものが全く新しい科則規定であったことを考慮すれば、成祖が新科則制定で目論だ本来の狙いだといえる。
(28)清水泰次前掲論文「明初における軍屯の展開とその組織」。
(29)寺田隆信前掲論文「民運糧と屯田糧」。

(30) 清水泰次前掲論文「明代軍屯の崩壊」。
(31) 『明史』巻九十二、兵四・清理軍伍。『国朝典彙』巻一百五十三、兵部・軍伍。『仁宗実録』洪熙元年九月癸丑の条。『宣宗実録』の宣徳元年正月巳未の条、宣徳三年正月丁未の条と同年二月甲寅の条。
(32) 『仁宗実録』洪熙元年九月癸丑の条。
(33) 『宣宗実録』宣徳三年二月甲寅の条。
(34) 『宣宗実録』宣徳四年八月癸未の条に「行在兵部進勾軍条例。先是遣官清理軍伍、定例十九条、至是復増例二十二条」とある。
(35) 『明史』巻一百五十四、張輔伝。
(36) 『明史』巻三百二十一、安南伝。
(37) 『国朝献徴録』巻二十八、夏忠靖公原吉伝。

付論三　『元史』の編纂意図について

序

明の太祖朱元璋は、治世三十一年間に多くの勅撰書を編纂させた。李普華氏の『明代勅撰書考付引得』によれば、[1]その数は約八十五種（若干の脱漏もあるらしい）にのぼる。それを見ると、太祖の修書事業の一特徴として、臣下や人民に対する訓戒を目的とした政治的な勧戒書が多数含まれていたことがあげられる。[2]その中で勧戒書ではないが、『元史』も太祖の命によって正史として編纂された。

『元史』は頗る評判の悪い正史である。それは正史二十四史の中で随一といわれる内容の蕪雑杜撰さからくるものであろう。しかし『元史』が使用した元の『十三朝実録』や『経世大典』といった貴重な史料が亡んだ今、元代史を研究する上できわめて重要な存在となっている。また近代史学の観点からすれば、原史料を原形のままで使用しようとした編纂方法も、反って高い評価を受けるようになった。本章では主に『元史』の編纂意図について焦点を合わせて考察してみたい。

一　『元史』の編纂経緯

官撰正史の一書である『元史』は、二度にわたって史局が開かれ編纂された。第一次編纂はつぎのような過程を経て修された。洪武元年（一三六八）八月、太祖朱元璋は、徐達等に命じて元朝の京師大都を攻略させた。その際、徐達等は元朝の『十三朝実録』を入手することができた。[3]『十三朝実録』とは、元の太宗から寧宗までの十三代の各皇帝の実録を指し、太祖はこの入手を機にこれを基本史料とする元朝の正史編纂の計画を立てた。宋濂撰の「元史目録後記」[4]によれば、洪武元年十二月に『元史』編纂の詔勅が下され、翌洪武二年二月に史局が南京の天界寺に開かれた。監修に中書左丞相李善長、総裁に翰林学士宋濂と侍制王禕、纂修に趙壎等十六人が任命され、そして洪武二年八月に『元史』一百五十九巻（本紀三十七巻、志五十三巻、表六巻、伝六十三巻）が修せられて、太祖に上進された。しかし元朝最後の皇帝順帝については、実録が編纂されなかったため依るべき史料がなく、順帝の時代が欠落した未完成の史書となった。

第二次編纂の史局開設は欠落時代を補う目的の『元史』続修であった。その動きは上進の一ヶ月前にすでに始められていた。『太祖実録』洪武二年七月乙未の条に、

詔遣儒士欧陽佑等十二人往北平等処、采訪故元元統及至正三十六年事跡、増脩元史。時諸儒脩元史将成、詔先成者上進、闕者俟続采補之。

とある。儒士の欧陽佑等十二人は、続修に必要な史料を求めて北平等に派遣されていた。また未完成を承知して太祖は、それまでの『元史』を上進させていたこともわかる。そして欧陽佑等が史料の採取をして帰朝すると、洪武三年

二月に国子監で第二次編纂の史局が開かれた。監修と総裁は第一次と同じ者が継続したが、纂修は趙壎を除く他の者は全て入れ替えられ十四人で構成された。洪武三年七月に『元史』の続修五十三巻（本紀十巻、志五巻、表二巻、伝三十六巻）が完成した。編纂済みのものと合して『元史』二百十二巻が成り、太祖に上進されたのである。[5] 勿論このように二度にわたって正史が編纂された前例はない。

『元史』の刊行については、『太祖実録』洪武三年七月丁亥の条に「続修元史成。……詔刊行之」とあり、また「元史目録後記」に

今鋟板訖功、謹繫歳月次第於目録之左、庶幾博雅君子相与刊定焉。洪武三年十月十三日、史臣金華宋濂謹記。

とあり、編纂を終えた三カ月後の十月に刊行されたようである。これがいわゆる『元史』の洪武刻本だと思われる。

『元史』の出来映えについて、清朝の考証学者たちが儒教的鑑戒史学の立場から、それまでの正史と異なる例が多いとして批判した。[6]

(a)文章が拙劣である。
(b)蒙古人の漢訳名が同一人に対しても一定しないで異訳した例が多数ある。
(c)同一人を異訳した名で二伝あるものが数例ある。
(d)宰相表に六十名近い者が記載されているが、伝の有る者は半数にも満たない。
(e)論賛が無い。

これらが異例の最たるものとされている。趙翼は『廿二史箚記』で、『元史』を「草率」の書と述べ、[7] 顧炎武は『日知録』で「宋・王二公与趙君、亦難免于疏惣之咎矣」と述べた。[8] 事実、史料をそのまま使用した編纂方法をとったとしても、一人二伝が数例もあるのを見れば、編纂が杜撰であったと批判されても否定できない。

二　編纂の時機と纂修官

『元史』が「草率」の書に仕上がった大きな原因は、これまで述べてきたように短兵急に編纂された為だと思われる。[9]ではなぜそうなったかを考えてみたい。前述した『元史』の編纂から刊行までの経緯の概略を考慮して、これを他の官撰正史の編纂経緯と較べてみると幾つかの特徴が見出せる。周知のように官撰史書の編纂には、主に個人や家人の力によったものと、王朝が史局を開き多数の編纂官によって分纂修史したものがある。正史二十四史で唐代以降に成った『隋書』・『周書』・『晋書』・『旧唐書』・『旧五代書』・『宋史』・『遼史』・『金史』・『明史』等が後者に属する。『元史』も後者に属すのでこれらと比較するのが妥当だろう。Ⅰ表は王朝の滅亡からその王朝の正史編纂開始までの経過年月の編纂時機と、編纂に要した編纂期間を示したものである。

Ⅰ表

	巻数	時機	期間
『周書』	五十巻	四十八年	七年
『隋書』	八十五巻	十年	七年
『晋書』	一百三十巻	二百二十七年	二年
『旧唐書』	二百巻	三十四年	四年
『旧五代史』	一百五十巻	十三年	一年七ヶ月
『宋史』	四百九十六巻	六十四年	二年
『遼史』	一百十六巻	二百十八年	一年
『金史』	一百三十五巻	一百九年	一年八ヶ月
『元史』	二百十巻	五ヶ月	一年
『明史』	三百三十二巻	三十五年	五十六年

この表から『元史』は、前例のない五ヶ月後という早い時機に短期間に編纂されたことがわかる。何孟春も「史氏成書、蓋未有速於此者矣」[10]と述べて、『元史』のように短期間に編纂した前例がないと指摘している。これが『元史』の出来映えに悪い影響を与えた。『元史』編纂の詔勅は、北京が陥落して僅か三ヶ月後の洪武元年十二月に出され、第一次の史局開設はそれから二ヶ月後のことであった。史料としては『経世大典』と『十三朝実録』に多くを負った。あまりにも準備期間が短すぎ

て多種類の史料採取が充分にできなかった結果だと思われる。[11]

編纂期間も一年間弱と短い。『晋書』・『旧唐書』・『宋史』・『遼史』・『金史』等は、紀伝体の先行史書や、やはり紀伝体の国史を史料として利用している。[12]『元史』の場合、元朝が国史を編纂しておらず、いわばたたき台としての紀伝体の史料が全くなかったことを考慮にいれれば、きわめて短い期間の編纂だったといえる。

『国権』洪武二年八月癸酉の条に、

元史成。……史自開局至削藁才七月、迫期多忌諱。故表曰、往牒舛訛之日甚、他書参考之無憑、雖竭忠勤、難逃疏漏。

とある。史局を開いてから七ヶ月経て「期が迫った」としているので、期限は七・八ヶ月間程度と編纂開始前に決められていたとわかる。そして総裁の宋濂も準備不足と短い編纂期間のため予め不出来の史書となった事を承知していたらしく、「進元史表」[13]で「疏漏逃れ難し」とその密度に対する不安をかくさなかった。その上期限を順守するため、第一次編纂の順帝の在位時期を欠いた『元史』を太祖に上進した。第二次の『元史』続修も第一次の上進の二ヶ月前に欧陽佑等が史料採取に北方に派遣された点、続修が完成した後、宋濂等は太祖の「煩瀆」を恐れて第一次と第二次の両書を単に重ね編じて上進した点[14]を見ると、急いで編纂したとわかる。刊行も三ヶ月という短期間で行われていた。つまりこれら一連の動きを見ると、短く期限を区切り『元史』を速成の書としたのは、太祖の意志だと判断できる。『元史』は正史の編纂にしては短兵急すぎた。それは太祖が編纂から刊行まで急がせた結果だと思われる。『元史』が「草率」の書となった責の一端は太祖が負うべきものであろう。

つぎに『元史』の編纂を実際にたずさわった人員について考察してみたい。前述したように『元史』は二度にわたって編纂された。「進元史表」と「元史目録後記」によれば、二度の編纂はつぎのⅡ表のような人員構成であった。[15]

Ⅱ表『元史』編纂人員構成

監修 李善長 総裁 宋濂・王禕

第一次編纂

記載順	編纂官	年齢	出身地	元朝官歴	明朝官歴	死去年（洪武）
（総裁）	宋濂	五九	金華	翰林院編修	翰林学士	十四年
（総裁）	王禕	四七	義烏		翰林待制	六年
1	汪克寛	六五	祁門			五年
2	胡翰	六二	金華		衢州教授	十四年
3	宋僖		余姚	繁昌教諭		
4	陶凱		臨海		礼部尚書	
5	陳基	五五	臨海	経筵検討		三年
6	趙壎		新喩	上猶教諭	翰林編修	
7	曾魯	五〇	新淦		礼部侍郎	五年
8	趙汸	五〇	休寧			二年
9	張文海		鄞			
10	徐尊生		淳安		翰林応奉	
11	黄箎					
12	傅恕		鄞		博野知県	
13	王錡					
14	傅著		長州		常塾教諭	
15	謝徽		長州		国子助教	
16	高啓	三三	長州			七年

第二次編纂

記載順	編纂官	年齢	出身地	元朝官歴	明朝官歴	死去年（洪武）
1	趙壎		新喩	上猶教諭	翰林編修	

2	朱右	五五	臨海		翰林編修	九年
3	貝瓊		崇徳		国子助教	十一年
4	朱世廉		義烏		翰林編修	
5	王彝		嘉定			七年
6	張孟兼		浦江		山東副使	
7	高孫志		嘉興		試吏部侍郎	
8	李懋					
9	張宣		江陰		翰林編修	六年
10	李汶		当塗		巴東知県	
11	張簡		呉県			
12	杜寅		呉県		岐寧衛知事	八年
13	兪寅					
14	殷弼					

監修と総裁は二次に亘る編纂で異動はない。監修に李善長がなっているが、これは唐代に正史が編纂された時、宰相が監修に任命されたのを初めとし、以降歴代の正史や国史編纂に時の宰相が任じられてきた。当時中書左丞相の李善長がなったのは、その制を踏襲したもので、李善長自身は直接「史事」に関与しなかった。[16] 総裁の宋濂と王緯は、倶に浙東の金華出身で、太祖が一三五八年に浙東を攻略した際帰属した建国前からの文臣であった。[17] とくに宋濂は、元朝に一時翰林院編修として仕えた前歴もあり、文人としても著名であった。この二人を中心にして編纂事業を実行したわけである。

纂修官は趙壎が両局に参加しているので、第一次と第二次を合わせて二十九名であった。『太祖実録』洪武二年二月丙寅の条に、

詔修元史。……徴山林遺逸之士汪克寛・胡翰……十六人、同為纂修。

とあり、「山林遺逸之士」を纂修官として徴したことがわかる。また「進元史表」では「遺逸之士」と表現されているが、いずれも語意的には在野読書人を意味している。纂修官二十九人を見ていくと、胡翰のみが『元史』編纂前に衢州教授として太祖に臣属した例がある。その他太祖ではなく元朝に仕官した者として、宋僖が繁昌教諭、陳基が経筵検討、趙壎が上猶教諭となった前歴をもつが、これらの者は当時在野していた。したがって総裁を除けば、纂修官は原則として、在野から徴辟されていたと認められる。太祖は治世中に広く在野読書人を官僚として登用しようとする政策を実施していた。『元史』の纂修官の徴辟例も、その政策の一環であったと考えるべきであろう。では「山林遺逸之士」とは具体的に如何なる者たちであったろうか。

Ⅱ表中の編纂官名上の算用数字は、「進元史表」と「元史目録後記」中に述べられた纂修官の記載順を示し、年齢順になっている。恐らく宋濂は、纂修官名を年齢順に記述したと思われる。したがって最高齢は六十六才の汪克寛であったと推察される。第二次編纂では朱右のみしか確認出来ない。同様な年齢順の記述方法をとっていたとすれば、筆頭の趙壎は最高齢で五十五才、殷弼が最年少者だったことになる。第二次編纂の年齢構成は第一次よりも全体的に若年化していた可能性が大きい。

纂修の出身地は、Ⅱ表にあるように第一次と第二次で合計二十六名、総裁をいれると二十八名が確認できる。その地域を元朝の統治区画で見ると、趙壎と曽魯が江西行省出身である他は、全て江浙行省の者で占めていた。それも江浙の北半部である浙西と浙東の地域であった。浙東は明建国前の太祖の地盤であったし、浙西は張士誠の地盤であった。いずれにしても長江下流の狭い地域に限定された出身者が、圧倒的割合で徴辟されていたと指摘できる。

纂修官がどのような経緯を経て徴辟されたかはほとんど不明である。『水東日記』巻二十四、正統辨に、

当元至正中、危素始建言修宋史、……蓋当是時、得入史館、以為至幸。

とある。元の至正年間のことであるが、史館に入ることは「至幸」であったとしている。『元史』の纂修も「至幸」な職に徴されたわけであるから、程度の差はあれ、それまでに文人として活動していたはずである。次のⅢ表は『元史』纂修官の著述を、明代の最も完備した著述目録といわれる『千頃堂書目』で検索したものである。

Ⅲ表
第一次編纂

	著述
宋濂	『燕書』一巻、『孝経新説』一巻、『周礼集説』、『心経文句』一巻、『潜渓先生文集』十八巻、『宋学士文集』七十五巻、『浦江人物記』二巻、『蘿山吟稿』三巻等
王褘	『王忠文公集』二十四巻、『華川卮詞』一巻、『華川前後集』二十五巻、『玉堂雑著』二巻
汪克寛	『周易程朱伝義音考』、『詩集伝音義会通』三十巻、『経礼補逸』九巻、『周礼類要』、『春秋胡伝付録纂疏』三十巻、『春秋提要』、『左伝分記』、『春秋作義要訣』一巻、『春秋尊王発微』八巻、『六書本義』、『通鑑綱目凡例考異』一巻、『環谷集』八巻等
胡翰	『胡仲子集』十巻、『長山先生集』、『信安集』
宋僖	『庸庵文集』三十巻
陶凱	『陶尚書集』
陳基	『夷白斎集』二十巻、『夷白斎尺牘』
曾魯	『守約斎集』、『南豊類藁弁誤』、『練川志』、『六一居士集正訛』
趙汸	『春秋師説』三巻附録二巻、『春秋属詞』十五巻、『春秋左氏補注』十巻、『春秋集伝』十五巻、『趙氏葬説』一巻、『東山文集』十五巻、『杜五言律注』四巻
徐尊生	『懐帰稿』十巻、『還郷稿』十巻、『春秋論』一巻、『制詔』二巻
傅著	『味梅斎稿』
謝徽	『蘭庭集』六巻

高　啓	『缶鳴集』十二巻、『凫藻集』五巻、『扣舷集』一巻、『姑蘇雑詠』一巻、『槎軒集』十巻、『高季廸大全集』十八巻

第二次編纂

	著　述
朱　右	『書伝発揮』十巻、『深衣考』、『春秋伝類編』、『元史補遺』十二巻、『新修唐李鄴侯伝』二巻、『禹貢凡例』一巻、『朱子世家』、『性理本原』三巻、『白雲稿』十二巻、『唐宋六家文衡』、『三史鈎元』、『歴代統記要覧』
貝　瓊	『清江貝先生文集』三十巻・詩集十巻
朱世濂	『朱世濂文集』十七巻
王　彝	『王常宗集』四巻
張孟兼	『白石山房稿』
高孫志	『嗇庵遺稿』二巻
張　宣	『春秋胡氏伝標注』、『五経標題』、『青暘集』
張　簡	『白羊山樵集』

著述の有無やその量の多寡によって直ちに文人としての力量を決定することはできない。ただしある程度の指標にはなると思われる。この表をみると、汪克寛等の史学系統の著述をもつ者だけが徴されたのではなく、高啓等の文章家や詩人も多く含まれていたとわかる。そして、著述を持たないとは断定できないが、『千頃堂書目』に記載されていない纂修も十名ほどいる。これは纂修官の全てが当時の一流の文人で占めていたとはいえない証左であろう。第一次と第二次の纂修官は、趙壎を除くと全部入れ替えられた。その理由は不明である。『元史』が「草率」の書となった以上、途中で纂修官が変わったことは、編纂方針に一貫性が欠け内容に悪影響を与えていたと思われる。

三 『元史』の編纂意図

『元史』掲載の宋濂の「進元史表」に、

馴致于至正之朝、……由是群雄角遂、九域瓜分。風波徒沸於重溟、海岳竟帰於真主。臣善長等誠惶誠恐、頓首頓首。欽惟皇帝陛下奉天承運、済世安民、建万世之丕図、紹百王之正統。大明出而爝火息、率土生輝、迅雷鳴而衆嚮銷、鴻音斯播。

とある。「真主」（太祖）が「奉天承運」して、「百王之正統を紹」いだとして、天命思想に依拠して太祖の皇帝としての正統性が述べられている。そして『元史』巻四十七、順帝本紀に、

〔洪武三年〕四月丙戌、帝因痢疾殂於応昌、寿五十一、在位三十六年。……大明皇帝以帝知順天命、退避而去、特加其号曰順帝。

とある。順帝は大都陥落後北方に逃れていて、三年後、上都のやや北にある応昌路にて五十一歳で死去した。太祖は、死去した順帝が大都を自ら退避したことを「天命に順」った行動としてとらえ、とくにそれにちなんで追号を「順帝」としたという。すでに太祖は即位の詔勅で、異民族王朝である元の正統性を認めていたが、この追号は元の滅亡と太祖の正統性を認め、かつ太祖の正統性が元の順帝から継承したと強調したのであろう。また、やはり宋濂撰の「元史目録後記」に、

昔者、唐太宗以開基之主、干戈甫定、即留神於晋書、勅房玄齢等撰次成編、人至今伝之。肆惟皇上竜飛江左、取天下於群雄之手、大統既正、亦詔修前代之史、以為世鑑、古今帝王能成大業者、其英見卓識、若合符節蓋如是。

とある。唐の太宗が「晋書」等の正史編纂事業を行った故事に倣って、天命を継承した位置にいると自認した太祖が、「前代之史」すなわち『元史』を編纂させたのである。「前代之史」の編纂は前王朝の滅亡と新王朝の統一が前提であるし、そして新王朝に正統性を与える意味があった。『元史』編纂の意図は、明のあるいは太祖の正統性を主張することにあった。それで『元史』を早急に編纂出版させたのであろう。

ところで、このような『元史』編纂の政治的意図は『元史』特有のものではない。旧来の正史編纂にも程度の差はあれ同様な意図をもっていた。しかし『元史』の特異な編纂過程や内容の異例の多さは、他の要素も編纂意図の中に内包していると思わせる。そこで建国前の太祖の活動をみていきたい。

元末紅巾の乱の最中、太祖が「亳州制節元帥」と称する郭子興[20]のもとに一兵卒として身を投じたのは一三五二年、二十五歳の時であった。程なくして太祖は郭軍の中で頭角を表わし、その存在が重視されるようになったらしい。一三五五年三月子興が病をえて没すると、子興の遺児郭天叙が子興の地位を継承し、さらに同年五月に白蓮教教主の韓林児を皇帝とする「大宋」国と郭軍との間に統属関係が生じた。この時韓林児は郭天叙を都元帥、張天佑を右副元帥に、太祖を左副元帥に任命した[21]。太祖は郭軍の中で第三位の地位に遇されたことになる。そして郭軍の文告は皆「大宋」国の年号である「竜鳳」を使用し始めた[22]。その年の九月、郭天叙と張天佑は集慶（南京）攻略戦で被殺したため、太祖が郭軍を統率するようになった。しかし、韓林児との主従関係は保たれていった。その後太祖の領域が拡大していくにつれ、韓林児は太祖の官位を昇格させた。一三五六年に枢密院同僉、つづいて江南等処行中書省平章、一三五九年に江南等処行中書省左丞相、一三六一年に呉国公、一三六四年に呉王に任命した。その間太祖と韓林児との実質的力関係は逆転していても、「竜鳳」の年号使用はそのままであった。一三六六年に出された張士誠討伐の檄文で、太祖は白蓮教を「妖術」、その教徒を「愚民」と決め付けているが、その末尾に「竜鳳十二年五月二十一日」と記されているので「竜鳳」の使用は明らかである。[23] それは一三六六年十二月に韓林児が長江で水死し「大宋」国が滅亡するまで継続された。

明側の根本史料である『太祖実録』は、韓林児と太祖の主従関係については忌諱隠蔽して述べていない。例えば一三六七年を太祖が呉元年と定めた時まで、「竜鳳」の年号を使用していたにもかかわらず、『太祖実録』は「乙巳年十月……」「丙午年正月……」等と記述して「竜鳳」の年号を表記していない。また太祖が呉国公や呉王に就いたとき、太祖の諸将に推されて即位したように『太祖実録』は記述しているが、これも韓林児が任命したものであった。和田清氏は「明の太祖と紅巾の賊」で、呉晗氏は「明教与大明帝国」で他にも多くの例証を提示し、『太祖実録』の偽瞞性を示されている。『国初群雄事略』巻一、宋小明王に、

洪武実録多舛誤、又諱言竜鳳事、吾亦未敢以為信也。

とある。著者の明末清初の人である銭謙益は、『太祖実録』の韓林児に関する記述を諱言していて信用できないと論断したのである。

さて『太祖実録』の編纂は三度行われた。初修は建文帝の命による洪武三十二年（建文元年）で、そのあとの洪武三十五年の再修と永楽九年の三修は、いずれも成祖の命によって編纂された。現存の『太祖実録』は第三次の永楽九年に修されたもので、初修『太祖実録』は焼棄され、再修『太祖実録』は廃毀されて現存しない。成祖が改編させた主な理由は、靖難の変で建文帝から帝位を奪った成祖の正統性を述べた内容にすることにあったらしい。[24] では太祖が行った八十五種以上の修史・修書事業のなかで、韓林児との関係について現存『太祖実録』のように忌諱し始めたは、いつごろのことであろうか。

太祖起兵から洪武六年までに関する『太祖実録』の原典になったと思われる『大明日暦』について、『太祖実録』

洪武六年九月壬寅の条に、

翰林学士承旨兼吏部尚書詹同等言、自上起兵渡江以来、征討平定之蹟、礼楽治道之詳、雖有紀載、而未成書。乞編日暦蔵之金櫃、伝与後世。上従其請、命同与侍講学士宋濂為総裁官、侍講学士楽韶鳳為催纂官、礼部員外郎呉伯宗、儒士朱右・趙壎・朱廉・徐一夔・孫作・徐尊生同纂修。郷貢進士黄昶、国子生陳孟暘等撰写。

とある。太祖の起兵から建国までの「征討平定」や「礼楽治道」の記録を「日暦」に編纂させた命の記事である。それは記録を後世に伝えるために始めたとしている。総裁の宋濂、纂修の朱右・趙壎・朱（世）廉・徐尊生は、『元史』編纂にも参加した。「日暦」は翌洪武七年（一三七四）五月に一百巻の史書として完成し、正書は金匱に蔵され、副書は秘書監に留められた。これが『大明日暦』である。(25)『大明日暦』は現存せず、内容は不明である。『宋学士文集』巻二十五に転載されている「大明日暦序」に、

洪武七年、歳在甲寅夏五月朔日、新脩大明日暦成。粤従皇上興臨濠、践天位、以至六年癸丑冬十又二月。凡戒飭之諄複、征伐之次第、礼楽之沿革、刑政之設施、群臣之功過、四夷之朝貢、莫不具載。……使它日修実録者、有所採掇、庶幾伝信於千万世也。

とある。総裁の宋濂は、この『大明日暦』を後日の実録編纂時に史料として採掇すべきだと述べている点を考慮すると、『太祖実録』の太祖の起兵から洪武六年十二月までの史料は、『大明日暦』に負うことが大きかったと推察される。そしてこの『大明日暦』も太祖と韓林児との関係については、現存『太祖実録』の筆法と同じく忌諱していたと考えられる。それは洪武三年に成立した『元史』順帝紀の記述によって明確となる。

『元史』は太祖の行動をつぎのような形で記述する。『元史』巻四十四、順帝本紀に、

［至正十五年六月］是月、大明皇帝起兵。自和州渡江取太平路。

とあり、『元史』巻四十四、順帝本紀に、

〔至正十六年三月〕庚寅、大明兵取集慶路。

とある。さらに『元史』巻四十六、順帝本紀に、

〔至正二十三年八月〕是月、大明兵与偽漢兵大戦于鄱陽湖。陳友諒敗績而死。

とある。太祖を「大明皇帝」とし、太祖の軍団を「大明兵」と記述する。太祖がまだ韓林児に臣属していて、皇帝にも即位しておらず、明も建国していない時代のことであった。このことを顧炎武が『日知録』巻二十六、元史で「曰大明者、史臣追書之也。古人記事之文、有不得不然者類如此」と、「大明兵」は史臣の追書であり、編纂時の状況を勘案してのことであろう、やむをえない筆法だと指摘している。

太祖は建国するまで、少なくとも形は「大宋」国の一軍団として行動していた。「大明兵」と表記していけば、「大宋」国との関係を隠せるし、独立した軍団の行動として記述できる。勿論、『元史』は他に太祖と韓林児の主従関係については一切触れていない。前掲史料の『国榷』洪武二年八月癸酉の条に「多くの忌諱あり」とするように、『元史』は忌諱が多かった。当然忌諱の中には「大宋」のことが大きな比重をもって入っていたに違いない。『元史』が異例な筆法を採用した理由は、太祖と「大宋」との関係を隠蔽するためだったとうけとれる。したがって『元史』上進の三年後に成った『大明日暦』は、『元史』と現存する『太祖実録』の時間的中間に位置したこと、総裁に宋濂、纂修に朱右・趙壎・朱（世）廉・徐尊生等が『元史』の編纂にも参加していたこと、これらを考え合わせると、「大宋」関係については『元史』と同様な編纂方針であったと推測できる。『元史』・『大明日暦』・『太祖実録』の三者は、「大宋」については忌諱するという同一の姿勢であったわけである。中でも『元史』はこの方針を建てた最初の史書であった。そしてこの『元史』の「大宋」に関する編纂意図を、つぎに受け継いだものが『大明日暦』で、『元史』

よりも詳細に直接的に建国前の太祖の行動を記述していたであろう。つまり、『元史』刊行より三十八年後に成立した現存『太祖実録』の筆法の原点もつきつめていくと『元史』にあったと考えられる。さらに『大明日暦』から抜粋編纂した『皇明宝訓』について述べておきたい。『太祖実録』洪武七年五月丙寅の条に、

修大明日暦成。……（宋）濂等又言於上曰、日暦蔵之天府、人欲見之、有不可得。臣請如唐太宗貞観政要分類、更輯聖政為書、以伝於天下後世。上従之。於是分為四十類、自敬天至制蛮夷釐為五巻、総四万五千五百余言、名曰皇明宝訓。自是以後、凡有聖政史官日紀録之、随類増入。

とある。宋濂は、「日暦」（『大明日暦』）は天府に蔵するために、人はこれを閲覧できない。そこで日暦の記事を『貞観政要』に倣って一書に分類編纂し、天下の人々に、あるいは後世の人に伝えるべきだと進言した。太祖はこれを許可し、四十類に分けた「四万五千五百余言」の『皇明宝訓』が成ったとしている。この時の『皇明宝訓』は、現存の『太祖実録』をもとにした『太祖宝訓』と異なるもので、内容について確かめられない。太祖の各方面の「聖政」が記載されていたと思われ、その中で太祖が白蓮教の「大宋」との関係を忌諱し、政治的には地主階級の理念である儒教主義的立場をとることを明らかにしていたと考えられる。洪武七年の『皇明宝訓』の編纂は、太祖の政治的立場を「天下や後世」に示す役割を果たさせようとしたといえよう。

太祖は建国前から地主階級を基盤とする封建王朝の建設を目指していた。反体制的な白蓮教系の「大宋」政権との関係清算は、必然的に行わなければならない大きな問題であった。さらにそれを歴史の中に抹殺しようとした最初の史書が洪武年間初頭の『元史』編纂であったといえる。したがって『元史』編纂の政治的意図に、太祖は天命思想に基づく正統性を主張する他に、韓林児と太祖との関係を隠蔽する目論見があったこともつけ加えることができよう。問題はその政治的要請の度合いだと思われる。

『元史』編纂の政治的重要性を計る意味で何点かを指摘したい。最初に編纂当時の統一戦争の状況である。洪武元年八月に元の京師である大都が陥落していたが、順帝は北方に走り北元として強勢を保持し、再南下の機会を狙っていた。四川に大夏国の明昇がいた。陝西には李思斎が、遼東には劉益がいた。当時は統一戦争の真最中であり、必ずしも国内は安定していなかった。そのような状況下での修史事業であるところに、緊急に必要とした『元史』編纂の政治性が窺える。

第二は以下の点である。建国前太祖は呉国公となり、さらに呉王となった。いずれも「大宋」国が与えた権威である。韓林児は一三六六年（竜鳳十二年）十二月長江で水死した。『元史』や『太祖実録』は韓林児の死さえ記載しないが、思うに太祖の命を受けた廖永忠が殺害した事件であった。[26] 翌一三六七年を太祖は「呉元年」と定め、初めて独自の元号を持った。ただしこの元号も太祖は呉王の位にあり、元号名も「呉王」に由来すると思われ、したがって「大宋」との関係が完全に断ち切れたわけではなかった。「呉」の元号も一年で終え、一三六八年に「大宋」との関係を完全に断った元号である洪武を使用し、その元年十二月、史料入手（大都陥落）から約六ヶ月後に『元史』の編纂の詔勅を下したことになる。『太祖実録』の再修例をみると、成祖が自己の都合に適した内容改定を命じたのは、洪武三十五年（建文四年）十月で、南京陥落の四カ月後のことであった。再修は成祖の正統性と歴史の隠蔽という政治的要請をもっていたが、『元史』同様に着手は早急であった。ここに自己の正統性の確立を急がねばならない状況下にある権力者が、共通してもった史書編纂に対する意識が窺える。

最後に『元史』の出来映えについてである。『元史』が「草率」の書であることは前述した。その原因の多くは早急な着手と短期間に区切られた編纂業務であった。速成させるために内容に無理が生じたのである。つまり内容が杜撰なほど『元史』に対して政治的要請がつよかったという一面も持っているのではないだろうか。

以上のように考察してくると、『元史』編纂は単に文化事業だけを目的としたとするよりも、政治的意図が強く働いて実施された修史事業であったと考えられるのである。

結

本章では明初に成った『元史』の編纂について述べてきたが、つぎのような要点が確認できたと考えられる。

一、『元史』は蕪雑で杜撰な書として有名であるが、そのようになった主な原因は短兵急に編纂された点に求められよう。編纂の早急な着手と、編纂業務の期限を短く区切り、三カ月で出版したのは太祖の意志が強く働いたからだと思われる。

二、『元史』の纂修官は、江浙行省の北半部の浙東・浙西の出身者が圧倒的な割合で占めていた。また当時、文人は史局に入ることは「至幸」とされていたが、纂修官の中には著述が『千頃堂書目』に記載されていない者も含まれており、必ずしも当時の一流の文人で占めていたとはいえない。

三、太祖は、元末の戦乱時、反体制的な宗教である白蓮教及びその系統の「大宋」政権と密接な関係にあった。ところが勅撰の『元史』・『大明日暦』・『太祖実録』の三書は、そのことについて忌諱隠蔽している。なかでも『元史』は、太祖が「大宋」と絶縁してから一年後、史料入手から半年後に編纂を開始して成った最初の史書であった。

四、『元史』編纂は文化事業であったが、それにも増して、太祖が天命思想に依拠して「大明」及び太祖の権力支配の正統性を主張し、さらに、「大宋」政権との関係を歴史から抹殺しようと図った政治的要請から実施された修史事業だと考えられる。とくに後者の意図には、地主階級を基盤とする封建的専制王朝政権を目指す太祖にとって、白蓮教とのかかわりを否定せねばならない重要な政治的意味合いが込められていたと思われる。

（1）李晋華『明代勅撰書考付引得　哈仏燕京学社引得特刊3』（燕京大学図書館）。
（2）酒井忠夫「明朝の教化策とその影響—特に勅撰書を主として—」（『中国善書の研究』国書刊行会・一九六〇年）。
（3）『太祖実録』洪武二年二月丙寅の条。
（4）『元史』付録（中華書局刊・一九七六年）。
（5）『太祖実録』洪武三年七月丁亥の条。ただし現存のものは本紀四十七巻・志五十八巻・表八巻・伝九十七巻の計二百十巻である。
（6）顧炎武『日知録』巻二十六、元史。銭大昕『二十二史考異』巻八十六～一百、元史。銭大昕「十駕斎養新録」巻九、元史。趙翼『二十二史箚記』巻二十九、元史。『陔余叢考』巻十四、元史。箭内亘「元史に対する悪評に就て」（『東洋学報』一～一・一九一一年）。小林高四郎『元史』（明徳出版社・一九七二年）。
（7）『廿二史箚記』巻三十一、明史。
（8）『日知録』巻二十六、元史。
（9）『十駕斎養新録』巻九、元史。『四庫全書総目提要』巻四十六、史部正史類の元史。箭内亘前掲論文「元史に対する悪評に就て」。内藤虎次郎『支那史学史』（弘文堂・一九四九年）。
（10）『余冬序録摘抄内外篇』巻四。銭大昕は『十駕斎養新録』巻九、元史で、第一次編纂期間は一百八十八日、第二次は一百四十三日、合計三百三十日であって、「古今史成之速、未有如元史者」としている。
（11）『四庫全書総目提要』巻四十六、史部二・正史類二・元史。また『余冬序録摘抄内外篇』巻四に「欧陽佑等采訪元統及至正間事跡、如今存葛氏庚申外紀之類、恐亦有所未見也」とある。
（12）増井経夫『中国の歴史書』（刀水書房・一九八四年）。前掲書『四庫全書総目提要』巻四十六、史部二・正史類。
（13）『宋学士文集』巻一、進元史表。
（14）『陔余叢考』巻十四、元史。

(15) 人員構成のⅡ表の年齢及び出身地等は、『明史』巻一百三十六・巻一百三十七・巻一百四十三・巻二百八十二・巻二百八十五等の各列伝、『国朝献徴録』巻二十一・巻三十五・巻七十・巻八十五・巻一百十四、『呉中人物志』等によって作成した。国立中央図書館編『明人伝記資料索引』(文史哲出版社・一九六五年)参照。
(16) 黄佐『翰林記』巻十二、監修に「洪武二年二月丙寅朔、勅修元史、以中書左丞相宣国公李善長為監修、不預史事」とある。
(17) 『国朝献徴録』巻二十、「宋太史伝」。『国朝献徴録』巻二十、翰林侍制華川王公禕行状。
(18) 『国朝献徴録』巻八十五、衢州府学教授胡公翰墓志銘。
(19) 山根幸夫「『元末の反乱』と明朝支配の確立」(『岩波講座世界史』十二・一九七一年所収)。山根氏は同論文中で在野読書人(＝儒士)を登用しようとしたのは「地主階級の意を迎えるためであるとともに、彼自身かつて属していた白蓮教＝異端に対する絶縁の反映でもあったと考えられる」と述べられている。
(20) 銭兼益『国初群雄事略』巻二、追封滁陽王にある所引の『皇明記事録』。
(21) 高岱『鴻猶録』巻一、集師滁和。『国初群雄事略』巻二、追封滁陽王。
(22) 和田清「明の太祖と紅巾の賊」(『東洋学報』十三―二・一九二四年)。呉晗『朱元璋伝』(人民出版社・一九六五年)中の朱元璋年表。
(23) 和田清前掲論文「明の太祖と紅巾の賊」。呉晗「明教與大明帝国」(『清華学報』十三―一・一九四〇年)のちに『読書劄記』(三聯書店・一九五五年)所収。
(24) 呉晗「記明実録」(『歴史語言研究所集刊』・一九四〇年)のちに『読書劄記』(三聯書店・一九五五年)所収、間野潜竜「明実録の研究」(『明代文化史研究』同朋舎・一九七九年)。
(25) 『太祖実録』洪武七年五月丙寅の条。
(26) 和田清前掲論文「明の太祖と紅巾の賊」。

明代北辺地図

『中国歴史大辞典・明史』(上海辞書出版社・1995年)
附録「明時期全図」参照

あとがき

四・五年前に恩師山根幸夫先生から、これまで書いてきた論文をまとめてみたらどうかという話をいただいた。自分のこれまでの論文を振り返ると、出版などあまり考えられなかったので、戸惑った記憶がある。その後何度か山根先生が同趣旨のことを話され、励ましていただいた。ようやくまとめる気持ちになった次第である。

『明代北辺防衛体制の研究』と標題に掲げたが、最初からしっかりとした意図で北辺防衛史を研究したわけではなかった。そのため本書で設定した主題が必ずしも系統的とはいえないし、明代北辺防衛史で問題とせねばならないテーマが相当数抜けている。例えば北辺防衛と国家財政との関係、あるいは北辺防衛と中央政界との関係、北辺防衛の社会的影響等が欠落している。内容そのものからしても羊頭狗肉の感があり、この書名とするにはいささか躊躇せざるをえないのである。また日本での北辺防衛史に関する研究についても、和田清氏・田村実造氏・萩原淳平氏等の北方民族史の研究を主体とされた先学の業績以降、「北虜南倭」と称されるわりには量的に研究が少なく、進展があまりなかったように思われる。とくに明側からのアプローチは少ないので、これから些少なりともその解明を目指したいと考えている。

以下は本書の基礎となった論文である。

「明代屯田子粒統計の再吟味－永楽年間を中心として－」(『史滴』三号・一九八三年)

「明代中都建設始末」(『東方学』六十七輯・一九八四年)

「明代中期の文官重視と総督巡撫」(『漢文学会報』三十二輯・一九八六年)
「明代中期の官員推薦制と『会官挙保』」(『栃木史学』創刊号・一九八七年)
「明代の武挙についての一考察」(『山根幸夫教授退休記念明代史論叢』汲古書院・一九九〇年)
「『元史』の編纂意図について」(『栃木史学』四号・一九九〇年)
「余子俊修築の『万里の長城』試論」(『栃木史学』六号・一九九二年)
「明代中期寧夏鎮的寘鐇之乱」(『第二届明清史国際学術討論会文集』天津人民出版社・一九九三年)
「総督宣大余子俊の失脚について」(『栃木史学』十号・一九九六年)
「明代前期の北辺防衛と北京遷都」(『明代史研究』二十六号・一九九八年)
「翁万達と嘉靖年間の馬市開設問題」
「明代中期北辺防衛史考―「北虜」との関係を中心にして―」

これらの論文のなかには発表後十数年以上たったものもあり、問題点も多々ある。その間に少しは新しく知りえた知識で、訂正は勿論のこと増補と修正を施した。それが適正かどうかは心許ないが、結果として全編に亘って大幅な増補と修正を施すことになった。そのなかで「明代の武挙と世襲武官」は、「明代の武挙についての一考察」を増補して改作したものである。「宣徳・正統年間の官員推薦制と『会官挙保』」は、「明代中期の官員推薦制と『会官挙保』」をもとにして書き直して改題し、また「明代中期の文官重視と総督巡撫」も「宣徳・正統期の文官重視と巡撫・総督軍務」と改題したものである。また「余子俊の『万里の長城』とその失脚」は、「余子俊修築の『万里の長城』試論」と「総督宣大余子俊の失脚について」を合して一章とした。「明代中期の寧夏鎮の乱」は中文で発表したものである。「翁万達と嘉靖年間の馬市開設問題」と「明代中期北辺防衛史考」は未発表の研究である。後者の「明代中期北辺防衛史考」は今後の見通しを考える意味で、中期北辺防衛史の概観を述べたかった。

山根先生には筆舌にし難いほど、公私に亘ってご指導いただいた。それに応えられない自分自身が大変残念に思っている。出版に際して、川越泰博氏からご教示ご助言をいただき、汲古書院の石坂叡志社長および坂本健彦相談役には色々お世話になった。深謝する次第である。

二〇〇一年十月

松本隆晴

索　　引

あ行

青木富太郎　115
青山治郎　107
阿刺知院　223
俺答　183,187
俺答汗　198,221
阿魯台　9,17,18
安化府　167
安南遠征　301
五十嵐正一　76
夷漢兌換　206
韋敬　154,156
石原道博　50
亦思馬因　224,231
尹耕　24
于謙　32,44,47
兀良哈　19,22,188,223
雲川衛　11
運納経費　139
衛所制　284
英宗　48,61,194
営堡　127,130
『永楽大典』　264
江嶋寿雄　188
也先　25,45,110,188,219
燕雲十六州　185
遠運辺糧　141
塩課銀　175
円丘　271
燕京　271
『弇山堂別集』　71
延綏　111,229
延綏巡撫　230
延綏鎮　114,151
『延綏鎮志』　137
延綏辺墻　151,231
オイラト　18,45,188,219,224,302
王緯　311
王以旂　247
王毓銓　285,287
王鋭　111,133
王圻　58,285
王瓊　105,240
王翺　37,43
王瓚　238
応州の役　239
『応詔陳言屯田疏』　298
王崇古　253
王崇武　292
王世貞　273
汪直　97
王禎　111
王復　126,132
翁万達　178,205,241
『翁万達集』　184,205
王夢弼　103
欧陽佑　311
小川尚　51
奥山憲夫　147
オルドス　11,113,116,140,229
阿羅出　117,224

か行

「会官挙保」　59,66,73
「会官推選」　88
会挙　60,72
開原　188
開原南関馬市　188
回賜　191,227
華夷思想　204
会州　19
界石　130
会同館　188
会武　102
開平　21
開平衛　4,10,11,24
開平五屯衛　4
外辺　182
海陵王　271
火器　159
科挙　55

何錦 170
郭子興 321
画地分守 130,245
郭天叙 321
郭鏜 97
郭敦 35
夏言 247
夏元吉 18
夏原吉 302
下程 192
河套 116,229
河套外辺墻 231,240
河東墻 115
花馬池 115,230
何孟春 313
嘉峪関 5,116
川越泰博 107,200
館駅 193
官豪人 131,142
監試官 101
監修 312
官撰史書 313
監鎗営 163
『関中奏議』 167
管屯官 289,295
管屯官隊 171
韓林児 321,322,326
魏煥 142,222
「議軍務事」 141
魏源 193
羈縻 196,206,235
仇鉞 166
求貢 179,187,197,244
丘濬 13
弓馬 91,96
丘福 17
九辺鎮 221
仇鸞 207,248
『丘隅意見』 274
京営 23,82,152
姜漢 167
玉林衛 11
御史 62
挙主 58
居庸関 238
「挙用将材」 89,96,99
金華 316
『今言』 42,196,275,293
金幼孜 21
クビライ 3
栗林宣夫 32
軍伍清理 300
軍餉問題 134,136
軍士与奪の大権 294
勲臣 83,105
軍田一分 288
京官 34,41
「京師」 270
薊州鎮 253
『継世紀聞』 173
『経世大典』 313
「計虜賊情疏」 137
月糧 294
『元史』 311
『元史』続修 311,314
「元史目録後記」 311,314,320
厳従簡 20
厳嵩 247
建文帝 292
胡惟庸の獄 29,277
高拱 253
紅巾の乱 321
行軍体制 82
壕塹 159
考試 68
貢市 201
考試官 90,95,101
康戌の変 181,186,208,248
溝墻 133
侯仁之 213
孝宗 237
高岱 167
皇太子標 13,32,260,274
行大都督府 267
皇地祇 271
誥勅 80
昊天上帝 271
広寧 188
紅牌 289
黄福 89
考満 55,68
『皇明九辺考』 222,231
『皇明条法事類纂』 93,96
『皇明職方地図』 21,23
『皇明世法録』 22,117,131
『皇明宝訓』 325
皇明北虜考 20
『鴻猷録』 167

行糧　113,138
口糧　192,227
光禄寺　99
興和　21
興和守禦千戸所　9
顧炎武　54,270
呉王　326
胡概　35
呉晗　260,322
谷王　5
国子監　54
『国初群雄事略』　322
『国朝典彙』　98
後軍都督府　12
五軍都督府　30,69,81,83
『固原州志』嘉靖　240
固原総制府　234
固原鎮　234
固原内辺墻　234,240
『呉興続志』　264
胡子祺　273
呉絹華　147
『古穣雑録摘抄』　63,67
呉世忠　162
『国榷』　33,66,143
五方之土　272
古北口　14,248

さ行

『罪惟録』　96,104
『塞語』　24
坐営　82
佐伯富　287
削藩策　292
佐久間重男　214
策問　91
策略　96
坐司　82
山海衛　15
山海関　238
三関　184,244
三京都体制　261
参賛軍務　42
三司　30,35,168
纂修　316
参将　83
山西行都司　4
三大営　82
三堂　168
三途並用　54
三年一試　100
三楊　47,56
三楊当国　47
賜宴　99,102
四海冶　158,182
紫荊関　184,238
私市　188,225
使臣貿易　188,207
史道　203,205,241,244
清水泰次　266,285
徙民政策　266
『殊域周咨録』　20,184,245
周王　154
集慶　321
周昴　170
『十三朝実録』　311
「集衆論酌時宜以図安辺疏」　182
周尚文　179,200,205,206
周忱　33,47
十団営　82
朱永　128
朱欽　157
『菽園雑記』　30,35,273
粛王　5
寿春　275
守城兵　290
朱仲玉　208
手把銅銃　152
朱勇　88
順義王　253
順帝　320
巡撫　31,32,35
巡辺　17,18
『春明夢余録』　66,96,104,276,290,296
循例銓除　84
小王子　149,187,232
『貞観政要』　325
焼荒　22
城隍神　272
賞賜　192
『漳州府志』　289
葉盛　64,140
承宣布政使司　30
『昭代経済言』　14
陞調　79
上都　10
『諸司職掌』　80

女直 188
徐廷章 230
神英 195
「進元史表」 314
秦紘 234
親征 17,20,82,237,302
親政体制 279
仁宗 26
寘鐇 166,169
寘鐇の乱 167
推挙 65,69,86
『水東日記』 44,64,318
綏徳州 111
世官 81
西三辺 224
征戍 300
清水営 115,230
成祖 3,17,22,82,291,301,322
靖難の変 3,292,293,322
清理条例 301
正糧 288
靖虜衛 240
戚継光 253
石亨 91
石天爵 205,241
世襲 79
浙西 317
浙東 317
薦挙 54,57
『千頃堂書目』 318
選人之法 64,70
陝西行都司 5
宣宗 11,16,19,34
宣大総督 178
遷都 13,25,273
洗馬林 18
宣府 8,160
「選武臣条式」 85
『双槐歳蒋鈔』 72
『宋学士文集』 323
曹家荘の戦 180
曹弘 32
総裁 312
曾銑 184,245,247
捜套 113,128,139,229
総督軍務 31,40,44,153,222
総兵営 33,163
総兵官 38,83,91,111,222
臧鳳 238
曹雄 166
宋濂 311
『続文献通考』 58,285
祖法 31,46
蘇祐 199
孫継魯 185
孫承沢 66,104
存留大同使臣 191,194

た行

代王 5,246
『大学衍義補』 13
太監営 163
大元大可汗 232
大元天盛大可汗 223
太祖 29,31,321,324
大宋 321
『太祖実録』 322
『太祖宝訓』 325
大都 311,320,326
大同 160
大同五堡 244
大同巡撫 150
大同の宗室 245
大同馬市 193
大同兵変 201,240
大寧都司 4,7,9
太廟 271
「題北虜求貢疏」 203
『大明会典』正徳 82
『大明会典』万暦 69,81,138,288
『大明日暦』 322,323
『大明日暦序』 323
孝宗 237
タタール 17,224,302
達力扎布 216
達力札布 200
谷光隆 53,105,148
田村実造 26,147,219
朶顔 186
達延汗 190,195,221,232
壇上寛 260
譚綸 253
察哈爾部 251
中三辺 224
中都 261
『中都志』成化 263,267

中都直隷地域　264,276
中都留守司　278
潮河川　14
張居正　208,252,253
趙壥　311,317
朝貢使臣　189
朝貢貿易　188,225,233
張瓚　102
張子初　60
張士誠　266,277,317
趙新　32,304
張天佑　321
張文錦　239
趙輔　128,140
趙翼　55
勅書　36
陳鎰　37,131
陳恭　62
陳建　14
陳講　184,245
鎮守　36
鎮戍　69,83
鎮守太監　31
陳仁錫　22
鎮虜衛　11
鄭暁　20,196
提刑按察使司　30
丁広　170
提督　82
提督軍務　40,43
定辺営　240
鄭和　3
翟鵬　245
鉄器　195
鉄砲　152
寺田隆信　139,287
『天下郡国利病書』　159
『典故紀聞』　91,174
天然痘　203,242
天命思想　325
道衍　292
鄧広　168
東三辺　224,251
討賊大将軍　170
『東里続集』　34
唐竜　205
套虜　113,228
独石　10,11
脱脱不花可汗　223
督撫　32,45
杜謙　156
脱歓　223
都司　81,87
都指揮使　84
都指揮使司　30
『図書編』　144
都督　84
土木の変　25,44,63,110,
194,223
屯倉　289
墩台　130,158,232
屯田　142,174
屯田科則　288,291,297
屯田再建策　303
屯田賞罰例　290,294
屯田子粒　303
屯田子粒額　290
屯田子粒統計　286
屯田制　288
屯田兵　290
屯田糧　115

な行

内閣大学士　47,48
内辺　182,238,244
南京　261,326
南北直隷制　265
『廿二史箚記』　55
『二十二史箚記』　66
『廿二史箚記』　312
『日知録』　54,270,312,324
入関使臣　189,227,233
入京使臣　189
任瀛　103
寧王　4
寧夏巡撫　230
『寧夏新志』弘治　115,230
寧武関　245
年例銀　174

は行

擺辺　245
萩原淳平　201,260
馬市　187,221,235,248,253
八達嶺　185
杷漢那吉　253
馬文升　24,89,116
林章　200
伯顔猛可　224

板升　253
万全都司　11,12
盤費　143
万里の長城　110
『万暦野獲編』　39,41,70
費克光　203
白蓮教　321
武科　85,86
武官世襲　80
武官鎮守　38
武官任用法　79
武挙　93
武挙会試　101
「武挙会試条格」　102
「武挙議」　105
武挙郷試　101
「武挙条格」　100
武挙法　92
『伏戎紀事』　252
副総兵　83
副総兵営　163
復套之議　221,229,247
撫順馬市　188
撫賞　191,227
武選　79
武宗　238
『武備志』　232,296
文官鎮守　38
文挙　101
「併守」案　180,182,208,246
平虜将軍総兵官　128,229
北京　7,14,262
北京留守行後軍都督府　8
乩加思蘭　118,189,224
辺墻　110,111,238
偏頭関　158,160,182
辺防策　152
「辺防修守事宜」　246
本雅失里　15,21
茅元儀　296
『鳳洲雑篇』　273
宝鈔　293
方面部属官　43
保挙　46,57
保挙令　56
北元　326
『北征録』　21
北平　262
北平行都司　4
北辺巡行　238
北辺防衛　269
北辺防衛体制　25
北虜朝貢貿易　187,191
北虜南倭　218
北虜富民　195,204
鶺鴒峪の戦役　178
保定府　244
保徳州　182
孛来　189,223,226
孛羅忽太子　224

ま行

満都魯　224
弥蛇山の戦役　180
密貿易　200,202,207,242
宮崎市定　26,30
『明経済文編』　14,24,99,126,127,131,141,144,203,298
『明史窃』　23,83
『明臣奏議』　105
『明代勅撰書考付引得』　310
『明通鑑』　9
『明督撫年表』　44
民夫経費　141
毛伯温　244
毛里孩　189,118,223
モンゴル　15

や行

山根幸夫　50,280
山本隆義　52,74
遊撃営　163
遊撃将軍　83
楡木川　16
楡林衛　111
楊一清　144,167,237
楊琚　132,139
楊士奇　34,46,47,59,67
楊信　128,229
余子俊　111,135,150,230
余糧　288

ら行

羅亨信　37
羅汝敬　34
蘭州辺垣　248

李侃　93
李侃案　94
李瑾　244
陸容　273
李賢　63,67,128
李普華　310
李善長　263,316
李増　167
『李朝実録』　15
李天爵　179
吏部　55,64
流官　69,81,87
劉基　272,284
劉瑾　173
隆慶の和議　177,205,254
劉健　237
劉聚　128
劉大夏　99,237
竜鳳　321
遼王　4
両京武学　95
糧長　264
遼東　163
遼東都司　4
遼東馬市　188,193,225
糧料費　113
虜衆　197
林希元　298
臨濠　261
礼館　192
零賊　202
六年一試　103

わ行

和田清　28,322

著者略歴

松本隆晴（まつもと　たかはる）

1946年　福岡県で生まれる

1970年　国学院大学文学部史学科卒業

1981年　早稲田大学大学院文学研究科後期課程東洋史専攻修了

現在　国学院大学栃木短期大学教授

汲古叢書29

明代北辺防衛体制の研究

二〇〇一年一一月　発行

著者　松本隆晴

発行者　石坂叡志

整版印刷　富士リプロ

発行所　汲古書院

〒102-0072 東京都千代田区飯田橋二-五-四

電話　〇三（三二六五）九七六四

FAX　〇三（三二二二）一八四五

ISBN4 - 7629 - 2528 - 4　C3322

汲古叢書

1	秦漢財政収入の研究	山田勝芳著	16505円
2	宋代税政史研究	島居一康著	12621円
3	中国近代製糸業史の研究	曾田三郎著	12621円
4	明清華北定期市の研究	山根幸夫著	7282円
5	明清史論集	中山八郎著	12621円
6	明朝専制支配の史的構造	檀上　寛著	13592円
7	唐代両税法研究	船越泰次著	12621円
8	中国小説史研究－水滸伝を中心として－	中鉢雅量著	8252円
9	唐宋変革期農業社会史研究	大澤正昭著	8500円
10	中国古代の家と集落	堀　敏一著	14000円
11	元代江南政治社会史研究	植松　正著	13000円
12	明代建文朝史の研究	川越泰博著	13000円
13	司馬遷の研究	佐藤武敏著	12000円
14	唐の北方問題と国際秩序	石見清裕著	14000円
15	宋代兵制史の研究	小岩井弘光著	10000円
16	魏晋南北朝時代の民族問題	川本芳昭著	14000円
17	秦漢税役体系の研究	重近啓樹著	8000円
18	清代農業商業化の研究	田尻　利著	9000円
19	明代異国情報の研究	川越泰博著	5000円
20	明清江南市鎮社会史研究	川勝　守著	15000円
21	漢魏晋史の研究	多田狷介著	9000円
22	春秋戦国秦漢時代出土文字資料の研究	江村治樹著	22000円
23	明王朝中央統治機構の研究	阪倉篤秀著	7000円
24	漢帝国の成立と劉邦集団	李　開元著	9000円
25	宋元仏教文化史研究	竺沙雅章著	15000円
26	アヘン貿易論争－イギリスと中国－	新村容子著	8500円
27	明末の流賊反乱と地域社会	吉尾　寛著	10000円
28	宋代の皇帝権力と士大夫政治	王　瑞来著	12000円